Führung, Kommunikation und Teamentwicklung im Bauwesen

Brigitte Polzin · Herre Weigl

Führung, Kommunikation und Teamentwicklung im Bauwesen

Grundlagen – Anwendung – Praxistipps

3., aktualisierte und erweiterte Auflage

 Springer Vieweg

Brigitte Polzin
Neuss, Nordrhein-Westfalen, Deutschland

Herre Weigl
Neuss, Nordrhein-Westfalen, Deutschland

ISBN 978-3-658-31149-0   ISBN 978-3-658-31150-6   (eBook)
https://doi.org/10.1007/978-3-658-31150-6

Die Deutsche Nationalbibliothek verzeichnet diese Publikation in der Deutschen Nationalbibliografie; detaillierte bibliografische Daten sind im Internet über http://dnb.d-nb.de abrufbar.

Lektorat: Karina Danulat
Springer Vieweg ist ein Imprint der eingetragenen Gesellschaft Springer Fachmedien Wiesbaden GmbH und ist ein Teil von Springer Nature.
Die Anschrift der Gesellschaft ist: Abraham-Lincoln-Str. 46, 65189 Wiesbaden, Germany

Geleitwort

Die Situation auf Baustellen ist komplex. Die erfolgreiche Führung von Menschen unterschiedlicher Qualifikationen und verschiedener Nationalitäten ist neben der Bewältigung technischer Herausforderungen ein relevanter Erfolgsfaktor, der auch im Bauwesen in den Fokus betriebswirtschaftlicher Überlegungen einfließen sollte. Effiziente Personalführung und Zusammenarbeit sind seit langen als wichtige strategische Erfolgsfaktoren der Projekt- und Unternehmensführung bekannt. Die hohe Komplexität von Großprojekten und der Einsatz neuer Methoden, wie z. B. Building Information Modeling, führen dazu, dass viele Führungskräfte nicht mehr in der Lage sind, jede Aufgabe im Detail zu kennen, die von Kollegen und Mitarbeitern erledigt werden.

Führung durch Befehl und Kontrolle ist ein Relikt aus der Vergangenheit. Qualifizierte Fachleute akzeptieren nur ungern das Verhalten von Projektleitern oder Vorgesetzten, die ihnen in ihre Aufgabe hineinreden, obwohl sie nur wenig davon verstehen. Zeitgemäßes Führungsverhalten umfasst fachliche und soziale Kompetenzen, denn eine Führungskraft agiert als Vorbild sowie als Koordinator, Berater und Coach bei fachlichen und zwischenmenschlichen Fragen. Erfahrungsgemäß ist die Qualität des Führungsverhaltens von Führungskräften sehr unterschiedlich; dies zeigt sich kurzfristig durch die Qualität und Kosten täglicher Arbeitsergebnisse bzw. Bauleistungen und langfristig durch die Motivation, Qualifikation und Loyalität der Mitarbeiter. Diese Hard und Soft Skills der Mitarbeiter bilden einen relevanten strategischen Wettbewerbsfaktor, der in der Verantwortung der Führungskräfte liegt. Zeitgemäßes Führungsverhalten im Bauwesen ist nicht mehr von Befehl und Kontrolle geleitet. Zeitgemäße Führungskräfte verhalten sich vorbildlich und authentisch, verfügen über soziale und kommunikative Kompetenzen, die es ihnen ermöglichen, Experten zu koordinieren und sie gleichzeitig zu fördern und zu motivieren.

Das vorliegende Fachbuch kombiniert das Fach- und Erfahrungswissen aus den Bereichen Bauwesen und Führungslehre. Die Autoren haben es sich in diesem Buch zum Ziel gesetzt, die Relevanz der sogenannten Soft Skills für ein erfolgreiches Bauen deutlich zu machen. Dies ist ihnen gelungen mit zahlreichen Beispielen aus dem Baubereich, die eher abstrakte Themen zu Führung, Kommunikation und Teamentwicklung gut veranschaulichen.

Ich wünsche diesem Werk weiterhin eine weite Verbreitung!

Universität der Bundeswehr München   Prof. Dr. Conrad Boley
Juni 2020

Vorwort zur überarbeiteten und erweiterten dritten Auflage

Über die Anfrage nach einer dritten Auflage unseres Lehrbuchs sind wir sehr erfreut, zeigt dies doch ein stetig zunehmendes Interesse an den Themen Führung, Kommunikation und Teamentwicklung im Bauwesen. Auch für die dritte Auflage halten wir an dem bewährten didaktischen Konzept fest, unser Fach- und Erfahrungswissen aus den Bereichen Bauwesen und Führungslehre mit konkreten Fallbeispielen und Checklisten zu untermauern.

Zur Vermeidung juristischer Auseinandersetzungen weisen wir darauf hin, dass jegliche Ähnlichkeiten der in verschiedenen Beispielen beschriebenen Personen mit lebenden oder verstorbenen Personen rein zufällig sind.

Für die dritte Neuauflage haben wir erhebliche Ergänzungen und Aktualisierungen vorgenommen. Wir danken Dipl.-Ing. Bau Peter Ringler, der uns mit seinen umfangreichen Erfahrungen bei der Ausarbeitung von Beispielen unterstützte.

Bei der Vorbereitung der Neuauflage haben wir kleinere Fehler beseitigt und u. a. ergänzend das Thema Lean Management aufgenommen. Wir wünschen Ihnen Freude und eine interessante Zeit beim Lesen unseres Buches.

Neuss
im Juni 2020

Herre Weigl
Brigitte Polzin

Vorwort zur überarbeiteten und erweiterten zweiten Auflage

Ein Mensch sagt, und ist stolz darauf,
er geht in seiner Arbeit auf.
Bald aber, nicht mehr ganz so munter,
geht er in seiner Arbeit unter (Eugen Roth).

... und oft sind es Unerfahrenheit und Unwissenheit, die Menschen „in ihrer Arbeit untergehen" lassen.

Von Führungskräften im Bauwesen werden Allround-Fähigkeiten erwartet: profunde Fachkenntnisse für den Entwurf, die Planung, Berechnung und Konstruktion von Bauwerken, Erfahrungen im Projekt- und Qualitätsmanagement sowie soziale und kommunikative Kompetenzen für eine erfolgreiche Mitarbeiterführung. Das alles gehört u. A. zum Anforderungsprofil von Führungskräften in der Bauwirtschaft.

Nun werden im Rahmen des Studiums umfangreiche technische und methodische Kenntnisse im Bauwesen vermittelt. Hingegen werden Fragen zu Führungs-anforderungen und Führungsverhalten leider oftmals vernachlässigt. Dabei erfordern Probleme in Bauprojekten nicht nur technische Lösungen. Häufig sind es die zwischen-menschlichen Schwierigkeiten, die zu Störungen im Betriebsablauf führen. Hier hilft nur effizientes Führungsverhalten, Fehlentwicklungen entgegenzutreten und ggf. Nachteile abzuwenden, sodass Projekte im Rahmen der Planung abgewickelt werden können.

Bereits im Rahmen der Hochschulausbildung sollten daher Führungsthemen und das Einüben von Führungsverhalten stärker integriert werden. Sie können nicht zeitig genug vermittelt werden. Je früher die Führungsthematik in die Persönlichkeitsentwicklung der künftigen Führungskräfte mit eingebunden ist, desto selbstverständlicher und müheloser wird ihre spätere Beherrschung ausfallen.

Das vorliegende Fachbuch ist eine auf das Bauwesen abgestimmte Einführung in relevante Führungsthemen und eignet sich für praxisorientierte Seminare zu den Themen Führung, Teamentwicklung, Kommunikation, Konfliktmanagement, Change Management und Fair-Management. Die Anforderungen an Führungskräfte sowie ver-schiedene Führungsinstrumente werden anhand konkreter Beispiele dargestellt.

Mit seinen Checklisten und Fallbeispielen ist es eine Arbeitshilfe für Studierende des Bauwesens und für Fachleute in der Praxis, Ingenieure und Architekten, Planer und Sachverständige, Projektleiter und Abteilungsleiter – kurz gesagt, für Führungskräfte[1] im Bauwesen.

Mit der Kombination des Fach- und Erfahrungswissens aus den Bereichen Bauwesen und Managementberatung haben wir die eher abstrakten Managementthemen in einen konkreten bauspezifischen Kontext gestellt, um die Relevanz der weichen Faktoren für ein erfolgreiches Bauen deutlich zu machen.

Über den Anklang unseres Buches und die Anfrage nach einer zweiten Auflage sind wir sehr erfreut, zeigt dies doch, dass wir mit unserem Fachbuch eine bestehende Lücke in dem ansonsten reichen Literaturangebot zum Thema Führung, Kommunikation und Teamentwicklung haben füllen können. Bei der Vorbereitung der Neuauflage haben wir kleinere Fehler beseitigt und ergänzend das Kapitel Change Management aufgenommen.

Neuss
im Frühjahr 2015

---

[1]Aus Gründen der besseren Lesbarkeit wird auf die gleichzeitige Verwendung weiblicher und männlicher Personenbegriffe verzichtet. Gemeint und angesprochen sind natürlich immer beide Geschlechter.

Inhaltsverzeichnis

Einleitung

Probleme auf Baustellen sind nicht zu übersehen, denn sie stehen im Fokus der Öffentlichkeit. Technisches Fachwissen und Erfahrungen reichen offensichtlich nicht aus, um Bauprojekte erfolgreich durchzuführen. Managementwissen und die sogenannten Softskills sind ebenfalls relevante Erfolgsfaktoren, die dazu führen, dass Bauvorhaben erfolgreich und termingerecht realisiert werden.

Als Führungskraft im Bauwesen sind Sie für das Management einer Baustelle, Abteilung, Geschäftsstelle oder Ähnliches zuständig. Zu Ihren Aufgaben gehört es, z. B. eine Baustelle optimal zu organisieren und die Grundlagen für einen möglichst reibungslosen Arbeitsablauf zu schaffen. Die klassischen Erfolgsgrößen lauten Dauer, Aufwand und Qualität, denn Sie müssen in einem vereinbarten Zeitraum, mit einem eingeplanten Budget, ein qualitativ akzeptables Bauwerk erstellen (vgl. Hachtel und Holzbau 2010, S. 32).

Um mit Ihrem Team erfolgreich zu sein, motivieren Sie Ihre Mitarbeiter und fordern von ihnen, mitzudenken, anzupacken und Leistung zu erbringen. Mit den Erfolgsfaktoren Kommunikation und Führung können Sie Menschen davon überzeugen, Ihnen zu folgen. Die Autoren Polzin und Weigl haben das klassische Dreieck des Projekterfolgs weiterentwickelt zum kommunikativen Fünfeck des Projekterfolgs (Abb. 1).

Erfahrungsgemäß gehören Sie mit Ihrem Team und den sogenannten Stakeholdern[2] zu den wichtigsten Erfolgsfaktoren eines Projektes, denn es hängt vom Faktor Mensch ab, ob Bauprojekte erfolgreich abgeschlossen werden oder als gescheiterte bzw. unrentable Projekte enden. Das berühmte technische Versagen oder die widrigen Umstände sind oft nur eine Konsequenz des menschlichen Verhaltens.

---

[2]Stakeholder sind Personen, Gruppen oder Institutionen, die direkt oder indirekt von einem Projekt bzw. einer Situation betroffen sind und sie beeinflussen können, z. B. als Mitarbeiter, Vorgesetzte, Auftraggeber, Lieferanten, Bürgerinitiativen, Aktionäre, Behörden und Ähnliches. (vgl. Eberhardt 1998, S. 146). Aus dem Englischen übersetzt bedeutet „stake" im Deutschen u. a. „Anteil" und der Begriff Stakeholder kann als Interessenvertreter oder Interessengruppen übersetzt werden.

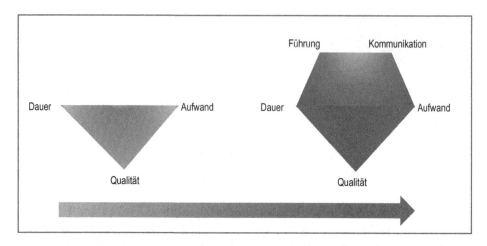

Abb. 1 Das klassische Dreieck des Projekterfolgs wird abgelöst vom kommunikativen Fünfeck des Projekterfolgs nach Polzin/Weigl (2009)

Sie und Ihr Team sind relevante Erfolgsfaktoren für das Gelingen eines Projektes oder einer Aufgabe.

Als Führungskraft im Bauwesen sind Sie sowohl Manager als auch Führungskraft im Sinne von Leadership.

Management und Führung im Sinne von Leadership unterscheiden sich bezogen auf Aufgaben und Wirkungen (Kotter 1990, S. 6):

Management sorgt für eine gewisse Vorhersehbarkeit des organisatorischen Ablaufs und Ordnung sowie für eine konstante Leistungserstellung; Kernfunktionen sind:

1. Planen und Budgetierung
2. Organisation und Stellenbesetzung
3. Controlling und Problemlösungen.

Führung im Sinne von Leadership erzeugt Veränderung und hat das Potenzial auch disruptiven Wandel zu initiieren; Kernfunktionen sind:

1. Richtung vorgeben mit Vision und Strategie
2. Mitarbeiter danach ausrichten
3. Motivation und Inspiration.

Management und Leadership sind zentrale Themen dieses Fachbuchs:

Kap. 1 Baumanagement erläutert im Kontext des Bauwesens die Ansätze des Performance Managements, der Balanced Scorecard und des Lean Managements.

In Kap. 2 Leadership werden die notwendigen Kompetenzen einer Führungskraft im Sinne eines erfolgreichen Leaders im Bauwesen beschrieben. Ergänzend werden praxisrelevante Führungsstile und bewährte Führungsinstrumente vorgestellt. Abschließend werden die führungstheoretischen Konzepte Situative Führung, Transaktionale und Tranformationale Führung sowie Lean Leadership vorgestellt.

Kap. 3 Teamarbeit legt die Grundlagen einer erfolgreichen Teamarbeit, Teamrollen und die Phasen der Teamentwicklung dar. Weiterhin werden praxisorientierte Vorgehensweisen für eine gewinnbringende Teamarbeit aufgezeigt.

Grundlagen der Kommunikation sowie unterschiedliche Kommunikationsformen werden in Kap. 4 ausgeführt, sodass Sie bewusst unterschiedlich kommunizieren sowie Kommunikationsprobleme leichter erkennen und lösen können. Zudem werden die u. a. die Führungsinstrumente Feedback- und Zielvereinbarungsgespräche erläutert sowie Empfehlungen zur Kommunikation mit schwierigen Gesprächspartnern vermittelt.

Das Kap. 5 Kommunikationsmethoden bezieht sich auf Methoden für eine systematische Durchführung von Besprechungen, Workshops und Präsentationen. Dabei werden u. a. Kreativitäts- und Problemlösungstechniken dargestellt, wie z. B. die Methode der Six Thinking Hats und die Nutzwertanalyse als Entscheidungsmethode.

Change- und Transformation Management[3] in Kap. 6 beschreiben ein professionelles Management von Veränderungen, um einen Wandel erfolgreich zu steuern und zu gestalten Kapitel. Das Grundlagenwissen zu Change- und Transformation Management fokussiert praxisrelevante Aspekte und wurde für die 3. Auflage um das Praxisbeispiel „Einführung Lean Management" ergänzt.

Konflikte können positive Auswirkungen haben, wie die Thematisierung von Missständen, die Findung von Ideen und die Initiierung von Problemlösungen, aber auch schädliche, wenn sie die Arbeitsfreude und Motivation beeinträchtigen. In Kap. 7 Konfliktmanagement wird aufgezeigt, wie Konflikten vorgebeugt werden kann, frühzeitig erkannt sowie konstruktiv bearbeitet werden.

Für eine faire und partnerschaftliche Zusammenarbeit im Bauwesen wurden unterschiedliche Vorgehensweisen entwickelt wie das Wertemanagement oder das Partnering-Modell. Diese Ansätze werden in Kap. 8 Fair-Management vorgestellt.

Führungskräfte sind verschiedenen Aufgaben verpflichtet: Mitarbeiter sind zu fordern und zu fördern, Unternehmensziele sind zu erreichen und Kundeninteressen sind zu fokussieren. In diesem Spannungsfeld ist Führung eine herausfordernde Aufgabe.

---

[3]Die Führungsaufgabe Change- und Transformation Management umfasst die Funktionen Leadership und Management.

Die Führungskraft als Performance Manager

1

Zusammenfassung

Wieso sind einige Bauunternehmen erfolgreicher als andere? Entscheidend für den Unternehmenserfolg sind u. a. die Managementleistungen. Erfolgreiches Management ist als Performance Management leistungs- und ergebnisorientiert. In diesem Kapitel wird der Ansatz des Performance Managements als Leistungsmanagement und Möglichkeiten seiner Umsetzung beschrieben. Zur Umsetzung werden das strategische Managementinstrument Balanced Scorecard (BSC) und das Management- und Organisationskonzept Lean Management vorgestellt und je anhand von Praxisbeispielen aus dem Bauwesen erläutert.

Woran liegt es, dass von 2 Baustellen, die unter ähnlichen Umständen ein vergleichbares Bauwerk errichten, Baustelle A eher Verluste produziert und Baustelle B überwiegend Gewinn erwirtschaftet?

Die Antwort lautet:

- Baustelle A wird von einer Bauleitung geführt, die in Führungsfragen und Projektmanagement eher unerfahren ist.
- Baustelle B wird von einem Bauleiter geführt, der sich als leistungsorientierter „Performance Manager" versteht.

Performance Management bedeutet Leistungsmanagement und ist eine Managementmethode die aufgrund ihrer Erfolge zunehmend an Popularität gewinnt.

Bei einer Managementmethode handelt es sich um ein Set von Prinzipien zur betrieblichen Führung.

© Springer Fachmedien Wiesbaden GmbH, ein Teil von Springer Nature 2021   1
B. Polzin und H. Weigl, *Führung, Kommunikation und Teamentwicklung im Bauwesen*,
https://doi.org/10.1007/978-3-658-31150-6_1

1.1   Performance Management

Performance Management berücksichtigt unterschiedliche, systematisch eingesetzte Methoden, Techniken und Prozesse zur Verbesserung der Leistungsfähigkeit und der Rentabilität eines Projektes bzw. einer Abteilung oder eines
Unternehmens. Wesentlich für das Performance Management ist eine ganzheit-
liche Vorgehensweise. Für einen Performance Manager im Bauwesen ist z. B. ein
Bauprojekt nicht nur eine technische Herausforderung, sondern auch ein **soziales
System,** in dem Mitarbeiter, Auftraggeber und Lieferanten sowie Prozesse mit
ihren internen und externen Schnittstellen eng miteinander vernetzt sind. In diesem
Managementsystem nimmt der Mensch als Leistungsträger eine zentrale Rolle ein:
Er muss in seinem Schaffen unterstützt werden, um den Projekterfolg zu sichern.

Kennzeichnend für ein Performance Management System sind die Planung der Performance, Aktivitäten zur Steuerung der Performance, die Messung der Performance
sowie die Belohnung der Performance (vgl. Hoffmann 2000, S. 30).

Als Performance Manager berücksichtigen Sie, dass die Leistungsfähigkeit Ihrer Mitarbeiter und Kollegen durch verschiedene Faktoren der Arbeitswelt und ggf. der Privat-
sphäre beeinflusst wird. Konkret bedeutet dies, dass Sie dafür sorgen, dass für eine
optimale Leistungserbringung die materiellen und immateriellen Voraussetzungen erfüllt
sind (vgl. Jetter 2000, S. 31 ff.).

Materielle Voraussetzungen
Zu den materiellen Voraussetzungen gehören z. B. funktionale Arbeitskleidung,
funktionsfähiges Werkzeug, gewartete Maschinen, ausreichendes Baumaterial, arbeits-
ablauforientierter Abtransport von Aushub – sodass Warte- und Ausfallzeiten verhindert
bzw. minimiert werden.

Immaterielle Voraussetzungen
Immaterielle Voraussetzungen sind z. B. fachliches Know-how, Praxiserfahrung, eine
Personaleinsatzplanung, die regelt, dass der richtige Mann am richtigen Platz ist, eine
hohe Arbeitszufriedenheit und Motivation der Mitarbeiter, ein Streben nach kontinuierlicher Verbesserung sowie Informationen über Projektziele und -strategien und den
daraus abgeleiteten Maßnahmen.

Sofern diese fördernden Faktoren fehlen, verringert sich die quantitative und
qualitative Leistungsfähigkeit Ihres Teams – und somit auch Ihres Erfolges.

Beispiel

Ein Bauunternehmen hat einen Auftrag zum Ausbau eines U-Bahn-Netzes erhalten
und überträgt die Projektdurchführung einem Team von Oberbau- und Bauleitern,
Polieren und Bauarbeitern. Nach rund 12 Monaten ist erkennbar, dass

- der Terminplan nicht eingehalten wird
- das Budget erheblich überschritten wird
- der vereinbarte Leistungsumfang und die erforderliche Qualität nicht durchgängig eingehalten werden.

Aufgrund der negativen Entwicklung tauscht der Geschäftsführer des Bauunternehmens die Projektleitung aus und ein neuer Projektleiter soll das Projekt wieder „auf den richtigen Kurs" bringen. Der neue Projektleiter beginnt mit einer Bestandsaufnahme und kommt zu folgendem Ergebnis:

- Die überwiegende Anzahl der Mitarbeiter sind ungelernte Hilfskräfte. Ihre fehlenden Fachkenntnisse führten zu Minderleistung und Minderqualität.
- Auch den Bauleitern fehlen zum Teil notwendige Fachkenntnisse, um die Arbeiten fachlich anleiten und überwachen zu können.
- Den Mitarbeitern fehlen Informationen bezogen auf Projektziele und Projektverlauf.
- Im Bereich des Projektmanagements ist das Projektcontrolling unzureichend, das Qualitätsmanagement nur ansatzweise installiert und das Risikomanagement fehlt vollständig.
- Maschinen und Werkzeuge werden nicht kontinuierlich gewartet, was zu Ausfällen und Minderleistung der Maschinen führt.
- Die Beschaffung von Baustoffen ist mangelhaft organisiert, was wiederholt zu Leerzeiten bei den Mitarbeitern führt.
- Die Beschaffungskosten sind sehr hoch, da regionale Anbieter vernachlässigt werden.
- Die Bauleitung war nur selten vor Ort auf der Baustelle und führte das Projekt überwiegend vom Schreibtisch aus. ◄

Wie Sie aus Ihrer Erfahrung wissen, ist das obige Beispiel kein Einzelfall. Erfahrungsgemäß sind verschiedene Faktoren dafür verantwortlich, dass Bauprojekte heruntergewirtschaftet werden, wie

- Entscheidungsschwäche
- mangelnde Führungskompetenz
- fehlendes Know-how
- defizitäres Projekt- und Risikomanagement
- Vernachlässigung des Wissens und der Erfahrung der Mitarbeiter
- Denken in Teilaufgaben und Teilabschnitten
- Unerfahrenheit
- Trägheit
- …

Leistungs- und ergebnisorientierte Führungskräfte haben eine ganzheitliche Sichtweise. Diese ist aufwendiger und anstrengender als ein Denken in Teilabschnitten und Einzelaufgaben, da stets die Auswirkungen einer Entscheidung oder Handlung auf andere Aufgaben und Teilbereiche zu berücksichtigen sind. Nicht jede Führungskraft ist bereit, diese Mehrarbeit auf sich zu nehmen.

Beispiel

In einem Projekt war ein Bauleiter zuständig für die Bodensicherung einer Bahntrasse. Angrenzend an dieser Bahntrasse verlief ein Fahrradweg. Als auffiel, dass sich der Boden des Fahrradweges absenkte, wurde er darauf angesprochen, wieso diese 2 m nicht mit abgesichert worden sind. Der Bauleiter antwortete darauf, dass der Boden hinter dem Bauzaun nicht zu seinen Aufgaben gehören würde und er deswegen den Fahrradweg bewusst ignoriert hatte. Dem Mann war nicht klar, dass er durch seine eingeschränkte Sichtweise seiner Firma geschadet hatte, denn die musste den Schaden beheben, was mit erheblichen Zeit-, Personal- und Materialkosten verbunden war. ◄

Dimensionen des Performance Managements
Als Performance Manager im Bauwesen sollten Sie folgende Ebenen mit den entsprechenden Methoden und Techniken beachten:

Unternehmens- bzw. Projektebene
Der Erhalt und die Verbesserung der Wettbewerbsfähigkeit sowie die erfolgreiche Umsetzung von Unternehmensstrategie und -zielen sind zentrale Aufgaben auf Unternehmens- bzw. Projektebene. Die Unternehmensstrategie ist eine i. d. R. langfristig geplante Vorgehensweise, um Unternehmensziele zu erreichen.

Dabei steht das Leistungsstreben in Einklang mit der Unternehmenskultur.

Die Unternehmensstrategie ist eine i. d. R. langfristig geplante Vorgehensweise, um Unternehmensziele zu erreichen.

Die Unternehmenskultur umfasst Werte und Normen, die von den Führungskräften und Mitarbeitern gelebt werden. Sie spiegelt sich wider z. B. in der täglichen Interaktion der Mitarbeiter, im Arbeitsverhalten sowie im Verhalten gegenüber Lieferanten und Auftraggebern.

Kunden- bzw. Auftraggeberebene
Die Qualität der Leistungserbringung sowie die Zufriedenheit von Kunden bzw. Auftraggebern sind wesentliche Faktoren für den Projekterfolg.

Mit einem systematischen Kundenmanagement wird eine optimale Kundenzufriedenheit angestrebt.

Erfolgskriterien für die Leistungserbringung sind z. B. Kundenzufriedenheit und Kundentreue.

Prozessebene

Die leistungsorientierten Projekt- bzw. Unternehmensziele müssen sich auch in der Prozess- und Aufbaustruktur widerspiegeln.

Wenn das Projektziel lautet hohe Qualität, dann sollten zur Erreichung des Ziels auf Ebene der Projektstruktur ein Qualitätsmanagement installiert und auf der Prozessebene die Vorgaben des Qualitätsmanagements in den Arbeitsablauf integriert sein. Als Führungskraft sind Sie verantwortlich für eine optimale Prozessgestaltung, um bestmögliche Leistungen zu erbringen, unter Berücksichtigung der jeweiligen Schnittstellenproblematik.

Mit Projektmanagement unterstützen Sie die Prozessleistung durch eine systematische, geplante und ganzheitlich orientierte Vorgehensweise, die die Konsequenzen des Handelns bezogen auf Mitarbeiter, Schnittstellen, Meilensteine, Kosten, Produktivität, Qualität sowie das Gesamtunternehmen, der Umwelt etc. berücksichtigt.

Der Prozess der kontinuierlichen Verbesserung unterstützt die Wirtschaftlichkeit und Qualität der Leistungserbringung, was für die Zukunftssicherung eines Projektes und Unternehmens entscheidend ist. Befähigen Sie Ihre Mitarbeiter sich als Mitglieder einer lernenden Organisation zu verstehen, die eine stetige Verbesserung der Prozesse und Leistungen anstrebt.

Mitarbeiterebene

Die Leistung auf Mitarbeiterebene ist ein zentraler Erfolgsfaktor für den Projekt- bzw. Unternehmenserfolg.

Sie als Führungskraft sorgen dafür, dass relevante Voraussetzungen erfüllt sind, um die Leistung Ihrer Mitarbeiter zu unterstützen. Daneben sollten Sie Instrumente der Personalführung nutzen wie z. B.

- Mitarbeitergespräche: Strukturierte Mitarbeitergespräche ermöglichen Ihnen,
  - Mitarbeiter über Ziele und Strategien zu informieren,
  - individuelle Kenntnisse und Fähigkeiten Ihrer Mitarbeiter zu erkennen und diese bei der Personaleinsatzplanung zu berücksichtigen,
  - Arbeitszufriedenheit und Motivation zu fördern.
- Zielvereinbarungen: Mit Zielvereinbarungen nutzen Sie die Chance,
  - Projekt- oder Unternehmensziele individuell zu konkretisieren,
  - ein Anreizsystem zu schaffen, dass die Motivation Ihrer Mitarbeiter fördert.
- Personalentwicklung als Performance Improvement: Durch den Vergleich des Soll-Zustands mit dem Ist-Zustand ermitteln Sie die Lücke zwischen gewünschter und aktueller Performance. Ausgehend von den Defiziten werden Ursachen analysiert sowie Lösungen erarbeitet und umgesetzt. Lösungen können sein, z. B.
  - eine Optimierung leistungsrelevanter Einflussfaktoren,
  - Training on the Job,
  - Training off the Job.

Um die komplexen und mehrdimensionalen Anforderungen des Performance Managements zu erfüllen, haben sich die Unternehmens- und Projektsteuerung mit der Balanced Scorecard bewährt.

1.2   Performance Management mit Balanced Scorecard

> Die Balanced Scorecard (vgl. Kaplan und Norton 1997) ist ein Instrument der Unternehmensführung, das die Unternehmensvision und -strategie mit dem operativen Geschäft verknüpft und ein strategieorientiertes Handeln fördert. Sie berücksichtigt i. d. R. folgende 4 Perspektiven: Finanzen, Kunden, Prozesse, Mitarbeiter. Für die Perspektiven werden jeweils kritische Erfolgsfaktoren definiert und deren Leistung wird anhand von quantitativen und qualitativen Indikatoren bewertet (vgl. Jung et al. 2013, S. 352 ff.).

Das Steuerungsinstrument Balanced Scorecard (BSC) ist auch geeignet, die Mehrdimensionalität komplexer Projekte zu berücksichtigen und zu managen (vgl. Friedag, Schmidt 2008, S. 22 ff.).

1.2.1   Grundlagen der Balanced Scorecard

Nachfolgend werden die Perspektiven der Balanced Scorecard beschrieben.

Perspektive Finanzen
Die Finanzperspektive berücksichtigt die Erwartungen der Investoren an das Unternehmen und die finanziellen Ziele mit ihren jeweiligen Indikatoren, die das finanzielle Ergebnis der Strategieumsetzung messen. Sie dokumentiert, inwiefern wirtschaftliche Ziele realisiert werden konnten.

Kritische Erfolgsfaktoren sind z. B. Profitabilität und Kosteneffizienz.

Indikatoren finanzieller Ziele sind z. B.:

- Umsatz,
- Deckungsbeiträge,
- Cash flow,
- Gewinn,
- Rendite,
- Dividende.

Perspektive Kunden

Auf der Kundenperspektive wird hinterfragt, welche Erwartungen die Kunden an die Unternehmensleistung stellen und zu erfüllen sind. Das Ziel der Kundenorientierung ist die Sicherstellung profitabler Kundenbeziehungen (vgl. Bruhn 2012, S. 14).

Kritische Erfolgsfaktoren sind z. B. Kundenzufriedenheit und Kundenorientierung. Indikatoren für Kundenzufriedenheit sind z. B.

- Anzahl und Umfang von Folgeaufträgen,
- Anzahl der Weiterempfehlungen durch den Kunden,
- Terminverspätung in Tagen,
- Anzahl der Reklamationen.

Zu den Indikatoren der Kundenorientierung gehören z. B.

- die Dauer zwischen Kundenanfrage und Antwort,
- Anzahl der Analysen der Kundenerwartungen,
- Anzahl nicht erfüllter Kundenanforderungen bzw. Beschwerden.

Eine geringe Kundenorientierung besteht, wenn Sie z. B. auf Anfragen des Auftraggebers nur mit erheblichen Verzögerungen reagieren oder auf Vorstellungen des Auftraggebers nicht oder nur widerwillig eingehen.

Kennzeichnend für eine hohe Kundenorientierung sind die regelmäßige Analyse der Kundenerwartungen und die daraus folgende Ableitung von Dienstleistungen oder Produkten. Wenn z. B. der Umweltschutz für den Auftraggeber sehr wichtig ist, sollten Sie aus eigener Initiative Umweltschutzmaßnahmen dem Kunden vorschlagen und nach Absprache mit ihm umsetzen.

Perspektive Prozesse

Die Prozessperspektive berücksichtigt, in welchen Prozessen exzellente Leistungen erbracht werden müssen, um Erfolg zu haben. Anhand von Formalzielen wie Qualität, Flexibilität, Zeit und Kosten werden Prozesse analysiert und bewertet (vgl. Schmidt 2012, S. 5).

Kritische Erfolgsfaktoren sind z. B. die Prozessstruktur, die Prozessdauer und die Schnittstellenqualität.

Indikatoren für die Qualität der Prozessstruktur sind z. B.

- Wiederholungsschleifen,
- Doppelarbeiten,
- Höhe des Ausschusses,
- Material- und Werkzeugverlust,
- Minderqualität nach Aufwand für Sanierungsarbeiten (Tage/Euro).

Zu den Indikatoren für Prozessdauer gehören z. B.

- Dauer der Arbeitsvorbereitung (Rüstzeiten),
- Dauer der Erstellung von Teilaufgaben und Teilabschnitten,
- Wartezeiten.

Indikatoren für die Qualität von Schnittstellen sind z. B.

- Dauer zwischen Anfrage und Reaktion,
- Zufriedenheit mit der Zusammenarbeit.

Perspektive Mitarbeiter/Lernen und Entwicklung
Im Rahmen der Perspektive Mitarbeiter/Lernen und Entwicklung wird angestrebt, bei Führungskräften und Mitarbeitern die Fähigkeit der Veränderung und Verbesserung zu fördern sowie neue Möglichkeiten bezogen auf Leistungen und Produkte zu erschließen.
Kritische Erfolgsfaktoren sind z. B. die Motivation der Mitarbeiter und die Aspekte Lernen und Entwicklung.
Indikatoren für Mitarbeiterengagement sind z. B.:

- Mitarbeiterzufriedenheit,
- Mitarbeiterproduktivität,
- Mitarbeiterfluktuation,
- Krankenstand[1].

Indikatoren für Lernen und Entwicklung sind z. B.:

- Anzahl der Einarbeitungen in neue Technologien, wie z. B. computergesteuerte Kräne,
- Anzahl Weiterbildungen,
- Anzahl Verbesserungsvorschläge,
- Installation eines kontinuierlichen Verbesserungsprozesses.

Die Methode der Balanced Scorecard soll Ihnen helfen, Ihr Blickfeld auf alle relevanten Aspekte des Projektes zu lenken. Diese umfassende Sicht unterstützt Sie dabei, die konkrete Projektarbeit erfolgreich durchzuführen und in Einklang zu bringen mit den strategischen Zielen Ihres Unternehmens.

---

[1]Krankenstand gilt als Indikator für die Mitarbeiterzufriedenheit: Je niedriger der Krankenstand, desto höher ist die Mitarbeiterzufriedenheit bzw. je höher der Krankenstand desto niedriger ist die Mitarbeiterzufriedenheit.

Abb. 1.1 zeigt, wie eine Balanced Scorecard aufgebaut ist und die Projektziele auf die Unternehmensziele und -strategie abgestimmt werden können.

Für die 4 Perspektiven der Balanced Scorecard sind die kritischen Erfolgsfaktoren mit ihren jeweiligen Kennwerten auf die entsprechenden Unternehmens- und Projektspezifika anzupassen. Das bedeutet, dass die Art und Anzahl der Perspektiven variieren kann.

Als Performance Manager sollten Sie vor Erstellung der Projektplanung Ihre Projekt-Balanced Scorecard entwickeln. Somit schaffen Sie die Grundlage, um Unternehmensziele und -strategien von Anfang an in die Projektplanung integrieren zu können.

1.2.2 Praxisbeispiel einer Projekt-Balanced Scorecard

Anhand des nachfolgenden Beispiels wird die praktische Umsetzung einer Balanced Scorecard vorgestellt.

Beispiel

Das Unternehmensziel Marktführerschaft will Ihr Unternehmen erreichen mit der langfristigen Strategie kontinuierlicher Ausbau einer Spitzenposition auf Märkten im In- und Ausland. Mit Kompetenz, Innovation, Partnerschaftlichkeit, Transparenz und Nachhaltigkeit soll die Strategie umgesetzt werden.

Als Projektleiter bekommen Sie den Auftrag, einen Tunnel für eine U-Bahn in Wien zu bauen. Bei der Durchführung dieses Referenzprojektes sollen Sie das Unternehmensziel: Ausbau einer Spitzenposition in Österreich mit der vorab genannten Unternehmensstrategie verfolgen.

In der Phase der Projektinitiierung planen Sie, wie diese abstrakte Strategie im Rahmen des Projektes umgesetzt werden kann. Für die Perspektiven Finanzen, Kunden, Prozesse und Mitarbeiter formulieren Sie messbare und somit überprüfbare Teilziele und erarbeiten für die jeweiligen kritischen Erfolgsfaktoren Kennzahlen, mit denen Sie den Erfolg überprüfen können.

Mit dieser Vorarbeit integrieren Sie die Unternehmensstrategie in Ihr Projekt bezogen auf die Projektstrategie, Projektkalkulation und -planung, Projektdurchführung und -steuerung bis hin zum Projektabschluss. ◄

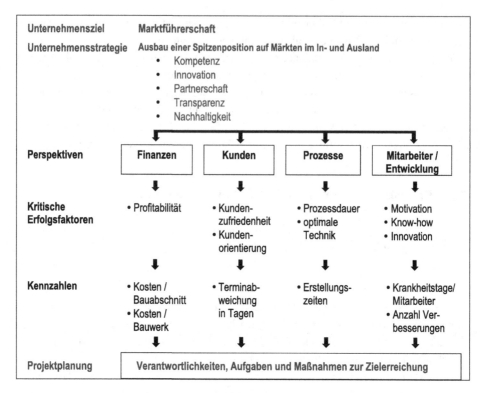

Abb. 1.1 Balanced Scorecard

Projektstrategie

Vor Beginn der konkreten Projektplanung werden eine Projektstrategie und eine darauf abgestimmte Projekt-Balanced Scorecard entwickelt.

- **Finanzperspektive**

  Das generelle Ziel Ihres Unternehmens, Gewinn zu erwirtschaften, unterstützen Sie mit einem ertragreichen Projekt. Für eine profitable Projektdurchführung handeln Sie kostenbewusst und überprüfen bei „technisch möglichen" Entscheidungen auch die „wirtschaftliche Sinnhaftigkeit".

  Die Indikatoren zur Überprüfung der Zielerreichung sind z. B. DB I und Cash flow.

- **Kundenperspektive**

  Bezogen auf die Unternehmensstrategie Ausbau einer Spitzenposition im In- und Ausland wollen Sie eine hohe Kundenzufriedenheit, ein positives Unternehmensimage und Folgeaufträge erreichen. Die Kundenzufriedenheit und das positive Firmenimage fördern Sie durch eine ausgeprägte Kundenorientierung, die eine Einhaltung von Termin- und Qualitätszusagen sowie einen partnerschaftlichen Umgang umfasst. Zudem achten Sie darauf, dass auch die Beziehungen zu Lieferanten und Subunternehmern fair und transparent sind.

Die Kundenzufriedenheit des Auftraggebers sowie die Zufriedenheit von Lieferanten und Subunternehmern werden überprüft mittels regelmäßiger Feedback-Interviews.

- **Prozessperspektive**
  Für die Erstellung des Bauwerks setzen Sie effizienzsteigernde Maschinen ein und arbeiten überwiegend mit Facharbeitern sowie Experten zusammen. Relevante Prozesse werden definiert und dokumentiert.
  Die regelmäßige Überprüfung der Prozessqualität erfolgt anhand der Indikatoren der kritischen Erfolgsfaktoren Prozessqualität, Prozessdauer und Schnittstellenqualität.

- **Mitarbeiter- und Entwicklungsperspektive**
  Der Umgang mit und zwischen den Mitarbeitern ist von Fairness geprägt. Führungskräfte und Mitarbeiter verstehen sich als ein Team, das gemeinsam Ziele erreichen will.
  Weiterbildungen werden gefördert und der Prozess der kontinuierlichen Verbesserung wird durch die Einrichtung von Qualitätszirkeln installiert.
  Anhand der o. g. Indikatoren (siehe oben: Perspektive Mitarbeiter/Lernen und Entwicklung) und durch regelmäßige Mitarbeitergespräche auf allen Ebenen soll sichergestellt werden, dass drohende Missstände frühzeitig erkannt und verhindert werden können.

Projektkalkulation und -planung
Als Projektleiter haben Sie die Aufgabe, dafür zu sorgen, dass die erarbeitete Projektstrategie im Rahmen der Projektkalkulation und -planung umgesetzt wird:

- **Finanzperspektive**
  Auf der Finanzebene installieren Sie ein Controllingsystem, um ein wirtschaftliches Handeln aller Projektmitarbeiter zu unterstützen. Mit einem differenzierten Berichtswesen schaffen Sie eine wesentliche Grundlage für eine kontinuierliche Erfolgsüberprüfung. Zudem sollte durch Richtlinien für Bestellungen und Verträge festgelegt werden
  - bis zu welcher Summe Teilprojektleiter, Bauleiter und Poliere eigenständig Bestellungen aufgeben und Verträge abschließen dürfen,
  - ab welcher Auftragshöhe mindestens 3 Angebote eingeholt werden müssen,
  - die Berücksichtigung regionaler Anbieter, um Transportkosten und -zeiten zu minimieren.

- **Kundenperspektive**
  Bei der Aufstellung der Projektplanung wird eine Stakeholder-Analyse durchgeführt und Beziehungsmanagement für eine partnerschaftliche Zusammenarbeit mit dem Auftraggeber und relevanten Lieferanten entwickelt.
  Eingeplant werden regelmäßige Arbeitstreffen für die Besprechung von Kunden- und Lieferantenbedürfnissen sowie die Erarbeitung von Problemlösungen, um die Effizienz der Zusammenarbeit zu fördern.

Sie beachten interkulturelle Unterschiede und berücksichtigen gemäß dem obigen Beispiel, dass die österreichische und deutsche Kultur unterschiedlich ist. Beispielsweise hat in Österreich die Anrede mit Titeln einen höheren Stellenwert als in Deutschland und entsprechend sollten die Vertreter des Auftraggebers mit ihren jeweiligen Titeln und Amtstiteln angesprochen werden. Auch unterscheiden sich das deutsche und österreichische Kommunikationsverhalten.

Die deutsche Kommunikation ist i. d. R. direkt und zielorientiert; österreichische Kommunikation ist i. d. R. offener und schafft somit einen Spielraum für Interpretationen. Wenn Sie das wissen, können Sie in Arbeitsbesprechungen und Verhandlungen mit dem österreichischen Auftraggeber auf das österreichische Sprachverhalten eingehen und so eine konstruktive Gesprächssituation fördern[2].

- **Prozessperspektive**
  Ein praxisorientiertes Qualitätsmanagement mit Maßnahmen zur Qualitätssicherung wird installiert und in den Prozess der Planung und des Bauablaufs integriert. Durch eine Qualitätssicherung der Planung soll sichergestellt werden, dass eventuelle Planungsfehler frühzeitig erkannt und verhindert werden können.

  Prozesse werden optimal definiert und sind im Qualitätsmanagement-Handbuch dokumentiert. Arbeitsanweisungen, Qualitätskennzahlen und Verhaltensregelungen sollen einen reibungslosen Bauablauf unterstützen.

  Es wird darauf geachtet, dass die Baustelle funktionsfähige und gewartete Maschinen erhält, um maschinenbedingte Ausfallzeiten zu minimieren. Verwendet werden Baustoffe mit einem guten Preis-Leistungsverhältnis und kurzen Lieferzeiten.

- **Mitarbeiter- und Entwicklungsperspektive**
  Bei der Personalbesetzung Ihres Projektes setzen Sie sich dafür ein, dass kompetente Mitarbeiter zu Ihrem Team gehören, um eine effiziente Bauleistung erbringen zu können. Sie sorgen dafür, dass die Projektmitarbeiter motiviert sind, eine positive Arbeitsstimmung herrscht und eine gute Leistung erbracht wird. Weiterbildungen werden gefördert und Maßnahmen der kontinuierlichen Verbesserung installiert.

  Motivierend wirkt es auf Ihre Mitarbeiter, wenn sie mit Arbeitskleidung, Werkzeuge und Maschinen für die Arbeitssicherheit gut ausgerüstet sind.

  Planen Sie ein Prämiensystem ein, um übergewöhnliche Arbeitseinsätze belohnen zu können und so die Motivation Ihrer Mitarbeiter zu fördern. Vergewissern Sie sich, bevor Sie Ihre Mitarbeiter über mögliche Prämien informieren, dass die Finanzierung der Prämien abgesichert ist. Weisen Sie ihre Mitarbeiter darauf hin, dass die Prämie nur ausgezahlt wird, wenn die Qualität und Arbeitssicherheit eingehalten werden.

---

[2]Zur Konfliktvermeidung sollten Sie zeitnah Besprechungsprotokolle erstellen, um getroffene Vereinbarungen eindeutig und ggf. rechtssicher formuliert mit dem Auftraggeber abzustimmen.

Beispiel

Auf einer Baustelle musste für einen Bauabschnitt ein Termin unbedingt eingehalten werden. Um dies zu gewährleisten wurden den gewerblichen Mitarbeitern für die Termineinhaltung Prämien in Aussicht gestellt. Die gewerblichen Mitarbeiter waren durch die Chance auf eine Prämie dermaßen motiviert, dass die Arbeiten sogar eine Woche vor dem geplanten Termin beendet wurden, unter Einbehalt der Qualität, Arbeitssicherheit und Unfallfreiheit. Durch diese Beschleunigungsmaßnahme hatte das Projekt einen großen finanziellen Vorteil gewonnen. ◄

Da Mitarbeiterführung Zeit erfordert, sollten Sie in Ihrer Planung Zeiten für Teamaufbau und Mitarbeitergespräche berücksichtigen, damit dieser relevante Aspekt nicht im Stress des Alltagsgeschäftes untergeht.

Projektdurchführung und -steuerung

- **Finanzperspektive**
  Im Rahmen Ihres Projektcontrollings sollten Sie z. B. wöchentlich informiert werden über angefallene Kosten, verbrauchte Ressourcen und Erlöse. Eine zeitnahe Bericht- erstattung ermöglicht Ihnen, frühzeitig Gegenmaßnahmen einzuleiten, falls das Projekt droht, finanziell aus dem Ruder zu laufen.
- **Kundenperspektive**
  Kunden-Beziehungsmanagement fördert systematisch die partnerschaftliche Kommunikation und Zusammenarbeit mit dem Auftraggeber durch z. B. regelmäßige Arbeitstreffen, in denen Probleme und Risiken angesprochen und Lösungen diskutiert werden können. Kundenzufriedenheit erreichen Sie z. B. durch Termintreue, Verbind- lichkeit und die Bereitschaft, auf Wünsche des Auftraggebers einzugehen.
- **Prozessperspektive**
  Als Projektleiter sind Sie für die Koordination der verschiedenen Aufgabenbereiche und den Gesamterfolg des Projektes verantwortlich. Dafür benötigen Sie die Unter- stützung Ihrer Bauleiter oder Poliere, die als Teilprojektleiter kompetent und erfolg- reich die verschiedenen Aufgabenbereiche mit einer optimalen Prozessqualität führen sollten. Das Qualitätsmanagement mit seinen Arbeitsanweisungen, Qualitätskenn- zahlen und Verhaltensregelungen soll Ihre Mitarbeiter unterstützen, qualitätsorientiert und kostenbewusst die Bauarbeiten durchzuführen.
- **Mitarbeiter- und Entwicklungsperspektive**
  Zufriedene und motivierte Mitarbeiter, die bereit sind, ihr Wissen und ihre Erfahrung einzubringen, sind Gold wert: Die Bereitschaft in Notsituationen zu helfen, bis das Problem gelöst ist, kann Millionen von Euro retten. Mitarbeiter, die sich für ihr Projekt bzw. Unternehmen engagieren, arbeiten erfahrungsgemäß gern und sehen einen Sinn in ihrer Arbeit. Als Führungskraft sollten Sie eine solche positive Arbeits- einstellung in Ihrem Team fördern. Nehmen Sie sich die Zeit, um mit Ihren Mit- arbeitern aller Hierarchieebenen zu kommunizieren und finden sie heraus, ob und wo der Schuh drückt und wie was besser sein kann.

Projektabschluss

- **Finanzperspektive**

  Welchen Gewinn haben Sie erwirtschaftet? Wie hoch ist der Deckungsbeitrag in Prozent? Ab wann sind Sie mit Ihrem Projekt in der Gewinnzone? Wie hoch ist die Rendite? Sind Gewinne durch Nachträge noch zu erwarten? Welche Kosten könnten ggf. zukünftig eingespart werden?

- **Kundenperspektive**

  Wie zufrieden ist der Auftraggeber mit Ihrer Leistung? Würde er Ihrem Unternehmen weitere Aufträge erteilen? Haben Sie ein positives Image beim Auftraggeber? Wird er Ihr Unternehmen weiterempfehlen? Haben Sie im Rahmen Ihres Projektes den Ausbau der Marktposition Ihres Unternehmens unterstützt?

- **Prozessperspektive**

  Ist das Bauwerk termingerecht erstellt worden? Wurde die angestrebte Qualität erreicht? Ist der Arbeitsschutz eingehalten worden? Gab es Unfälle? Welche Arbeitsabläufe könnten zukünftig verbessert werden?

- **Mitarbeiter- und Entwicklungsperspektive**

  Waren die Mitarbeiter zufrieden mit ihrer Arbeit und ihren Vorgesetzten? Wie hoch war der Krankheitsausfall? Zeigten die Mitarbeiter ein überdurchschnittliches Engagement z. B. bei Terminengpässen? Herrschte ein offenes Arbeitsklima? Wie viele Verbesserungsvorschläge wurden von den Mitarbeitern eingereicht? Wurde die Weiterbildung der Mitarbeiter gefördert? Sind Sie mit Ihrem Führungsstil und dem Ihrer Teilprojektleiter zufrieden?

  Das obige Beispiel zeigt, dass eine ganzheitliche Projektleitung aufwendig und komplex ist. Eine ganzheitliche Vorgehensweise hat sich im Bauwesen noch nicht durchgesetzt. Als Performance Manager im Bauwesen können sie davon ausgehen, dass nicht alle Mitarbeiter mit einem ganzheitlichen Projektansatz einverstanden sind und Sie Überzeugungsarbeit leisten müssen, um Ihr gesamtes Team an Bord zu haben.

1.3   Performance Management mit Lean Management

Lean Management ist ein Management- und Organisationskonzept, das Kundenanforderungen fokussiert und dabei darauf abzielt, in allen Geschäftsbereichen Verschwendung, Fehler und unnötige Kosten zu vermeiden. Dafür werden alle Aktivitäten eines Projekts, einer Produktion oder Dienstleistung aufeinander abgestimmt, sodass keine überflüssigen Arbeitsschritte und kein unnötiger Ressourcenverbrauch an Zeit, Material sowie Arbeitskraft zustande kommen.

Die Philosophie des Lean Managements umfasst die optimale Erfüllung von Kundenwünschen und eine profitable Leistungserbringung, die Verbesserung der Wettbewerbsfähigkeit durch kontinuierliche Verbesserung und Vermeidung von Verschwendung sowie die

Wertschätzung und Weiterentwicklung der Mitarbeiter. Entsprechend sind auf strategischer und operationaler Ebene Prozesse auf diese Ziele ausgerichtet und zeigen bedingt durch die konsequente Vermeidung von Verschwendung eine hohe wirtschaftliche Effizienz. (vgl. Liker 2009, S. 64 ff.). Die Lean-Philosophie spiegelt sich im Lean Thinking wider.

> Lean Thinking zeigt sich durch eine Einstellungs- und Verhaltensweise, mit der alle Mitarbeiter und Führungskräfte, also alle Beschäftigte eines Unternehmens, Verschwendung suchend erkennen, ihre Ursachen eliminieren, Prozesse kontinuierlich verbessern und Kunden zufriedenzustellen. Dadurch werden Dienstleistungen und Produkte mit einem optimierten Aufwand an Zeit, Arbeit und Material erbracht, was letztlich auch die Personalentwicklung und die Mitarbeiterzufriedenheit fördert (vgl. Womack und Jones 2013, S. 23).

Lean Thinking ist handlungsleitend für die Unternehmensentwicklung hin zu einem erfolgreichen Lean Enterprise.[3]

Historisch gesehen geht Lean Management auf das Toyota Production System zurück. Die Entstehung des Toyota Production System beginnt mit dem Toyota-Gründer Toyoda Sakichi, der Anfang des 20. Jahrhunderts u. a. mit der Entwicklung der Lean-Prinzipien *Jidoka* (selbstgesteuerte Fehlererkennung) und dem Streben nach *kontinuierlicher Verbesserung* (KVP) in seiner Manufaktur für Webstühle wesentliche Grundlagen des TPS schuf. Sein Sohn und Nachfolger Kiichiro Toyoda baute entsprechend der Philosophie und des Managementansatzes seines Vaters das Automobilunternehmen Toyota auf und konzipierte das Lean-Prinzip *Just-in-Time*. In den 1950er Jahren hatte der Ingenieur und Produktionsleiter Taiichi Ohno auf Basis der o.g. Lean-Prinzipien das Toyota Production System (TPS) systematisch weiterentwickelt und methodisch umfangreich ergänzt (vgl. Liker 2009, S. 43 ff.; Zollondz 2013, S. 119; Ohno 2013), mit dem es Toyota gelang, seine weltweite Spitzenposition in der Automobilproduktion auf- und auszubauen.

Die Wissenschaftler Womack, Jones und Roos des Massachusetts Institute of Technologie (MIT) veröffentlichten 1990 die Ergebnisse eines internationalen Forschungsprojekts über effiziente Produktionsbedingungen der Automobilindustrie in ihrem Buch „The Machine That Changed the World: The Story of Lean Production" Im Rahmen dieser Studie wurden u. a. die Ursachen des Erfolgs der Firma Toyota untersucht und das Toyota Production System wurde aufgrund seiner hohen Effizienz und Qualität als Lean Production und Lean Manufacturing bezeichnet, womit der Lean-Begriff weltweit eingeführt wurde (vgl. Bertagnolli 2018, S. 204).

---

[3]Wenn ein Gedanke oder eine Idee die vorausgehende Bedingung für eine nachgelagerte Handlung ist, dann ist Lean Thinking quasi die Mutter aller Lean-Prinzipien und des Konzepts Lean Management.

Gemäß des Lean-Prinzips der kontinuierlichen Verbesserung wird auch das Toyota Production System ständig weiterentwickelt und ist mit den Prinzipien des *Toyota Way 2001* ein umfassendes, ganzheitliches Managementsystem. Der Toyota Way umfasst die Unternehmensphilosophie mit ihren Kernwerten *Respekt vor dem Menschen* und *kontinuierliche Verbesserung* (vgl. Liker 2006, S. 10).

Gegenseitiger Respekt

- Um aufrichtige Kommunikation und den Respekt gegenüber allen am Geschäft Beteiligten: **„Respect".**
- Und um die besondere Leistung, die entsteht, wenn alle an einem Strang ziehen: **„Teamwork".**

Kontinuierliche Verbesserung

- Es geht um den Mut, Herausforderungen mit Kreativität zu begegnen: **„Challenge".**
- Um kontinuierliche Optimierungsprozesse: **„Kaizen".**
- Darum, an die Basis zu gehen und so die richtigen Entscheidungen zu treffen: **„Genchi Genbutsu".**

Text: zitiert aus: www.toyota.de/finanzdienste/toyotaway, *Stand: 04.2020.*

Der Toyota Way basiert auf diesen fünf Grundprinzipien. Aber er ist weit mehr als ein Richtlinienkatalog. Er ist ein ganzheitlicher Ansatz, dessen Einzelkomponenten virtuos ineinandergreifen. Er ist der unveräußerliche Kern des Toyota Selbstverständnisses.

Ein umfassendes Lean Management betrifft Führungskräfte und Mitarbeiter aller Hierarchieebenen und entwickelt alle Geschäftsbereiche in einem ganzheitlichen Ansatz hin zu einem schlanken Unternehmen. Durch die genaue Definition von Prozessen und Schnittstellen, der Zuordnung klarer Rollenverantwortlichkeiten und das konsequente Umsetzen von Lean-Prinzipien, wie z. B. die kontinuierliche Verbesserung und Kundenorientierung sowie Respekt vor dem Menschen, entstehen hochwertige Produkte und Dienstleistungen.

Die Offenheit des TPS-Rahmenwerks und der Prinzipien des Toyota Way ermöglicht es Unternehmen, das TPS-Managementsystem mit einer unternehmensspezifischen Anpassung zu übernehmen. Im Rahmen der branchen- und unternehmensspezifischen Adaptierung haben sich unterschiedliche Lean-Konzepte entwickelt, wie z. B. Lean-Office, Lean-Government, Lean Hospital und Lean Construction.

Einen Überblick über die Prinzipien und Elemente des Toyota Production System zeigt die nachfolgende Grafik, in der für die TPS-Darstellung üblichen Form eines Hauses (Abb. 1.2).

Beste Qualität – niedrigste Kosten – kürzeste Durchlaufzeiten - größte Sicherheit – hohe Arbeitsmoral		
Verkürzung der Produktionszeit durch die Eliminierung nicht werthaltiger Teile		
Logistik: Just in Time	**Werte**	**Qualität: Jidoka**
▪ Kundenorientierte Produktion ▪ Pull-System ▪ Ausbalancierte Produktion ▪ Kontinuierlicher Materialfluss ▪ Getaktete Fertigung ▪ Geschulte Mitarbeiter	▪ Respekt ▪ Partnerschaft ▪ Vertrauen ▪ Teamwork	▪ Produktionsstopp bei Abweichungen ▪ Standardisierte Prozesse ▪ Fehlervorbeugung
Eliminierung jeglicher Verschwendung (Muda, Mura, Muri)		
Mitarbeiterbeteiligung, -verantwortung und -zufriedenheit = Kundenzufriedenheit		
Einbeziehung der Lieferanten (Kenbutsu)		
Standardisierte Prozesse und kontinuierliche Verbesserung (Kaizen)		

Abb. 1.2 Toyota Production System (vgl. „The Toyota Production System", Toyota, Tokio, 1998; eigene Darstellung)

Das Dach des TPS-Hauses steht für die Ziele des Fertigungs- und Managementsystems. Die Lean-Prinzipien Just-in-Time und Jidoka bilden die Grundpfeiler des TPS-Hauses und relevante TPS-Grundsätze bilden das Fundament dazu. In der TPS-Philosophie nehmen Werte eine tragende Rolle ein, da sie die Unternehmenskultur, Unternehmensregeln, Führungsverhalten und Arbeitsweisen maßgeblich prägen.

Die Lean-Prinzipien des TPS-Hauses sind auch auf ein Lean Management im Bauwesen, auch Lean Construction genannt, übertragbar. Nachfolgend werden Lean-Prinzipien mit Bezug zum Toyota Production System erläutert und ihre Übertragbarkeit auf das Bauwesen anhand von Praxisbeispielen demonstriert.

Prinzip Just-in-Time

> Bei dem Prinzip Just-in-Time (JIT) handelt es sich um ein logistisches Abruf- und Anlieferungsverfahren, bei dem das Material erst bei tatsächlichem Bedarf direkt zur Produktionsstätte geliefert wird.

Das Prinzip Just-in-Time wird im Bauwesen z. B. mit jeder Betonlieferung angewandt (vgl. Kamiske und Brauer 2012, S. 46).

- Der Beton wird je nach Betonrezeptur spezifisch für die Lieferung produziert.
- Der Zulieferer verpflichtet sich vertraglich, innerhalb einer definierten Vorlaufzeit den Beton zu liefern.
- Der Beton wird direkt am Verbauort oder in unmittelbarer Nähe abgeladen, damit er möglichst direkt verbaut werden kann. ◀

Ein relevantes Ziel der Just-in-time-Fertigung ist ein ausbalancierter Produktionsprozess, also eine Produktionsweise, die mit einem optimalen Mitarbeitereinsatz und einem optimalen Maschineneinsatz für einen kontinuierlichen Produktionsprozess sorgt, ohne Pufferbestände, Überstunden oder Zusatzschichten. Mit einem ausbalancierten Produktionsprozess kann höchste Produktivität erreicht werden (vgl. Fiedler 2018, S. 49 f.).

Prinzip Jidoka

> Das Jidoka-Prinzip basiert auf einer selbstgesteuerten Fehlererkennung durch Menschen oder Maschinen.

Es veranlasst, dass bei Fehlern oder Störungen sofort die Produktion gestoppt wird, um die Ursache für den Fehler bzw. die Störung zu untersuchen und abzustellen, sodass keine weiteren Fehler produziert werden. Diese Vorgehensweise entspricht einer kontinuierlichen Prozessoptimierung, die sich auch positiv auf die Produktqualität auswirkt (vgl. Fiedler 2018, S. 48).

Das Ziel des Jidoka-Prinzips ist eine höchste Qualität mit einem Null-Fehler-Ziel. Zur Absicherung des reibungslosen und fehlerfreien Prozessablaufs hat das Jidoka-Prinzip das Poka Yoka[4]-Verfahren der Fehlervermeidung oder Fehlerverhinderung in den Produktionsprozess integriert. Durch Poke Yoka soll eine falsche oder unvollständige Prozessausführung ausgeschlossen werden, indem Fehlerquellen vor Auftreten des Fehlers erkannt und beseitigt werden. Das Verfahren Poke Yoka unterscheidet zwischen *Verhinderung und Vermeidung* von Fehlern (vgl. Bertagnolli 2018, S. 125).

- Die Fehlerverhinderung bezieht sich auf eine Vorgehensweise, bei der Fehler gar nicht erst entstehen können. Ein Beispiel dazu ist der USB-Stick mit der USB-Buchse: Aufgrund der Bauweise beider Teile kann ein USB-Stick nur in der richtigen Position in die USB-Buchse eingesetzt werden.
- Eine Fehlervermeidung besteht, wenn ein Fehler bereits eingetreten ist und dieser Fehler nicht an den nächsten Prozess weitergegeben wird.

---

[4]Das japanische Poka bedeutet unachtsamer bzw. zufälliger Fehler und Yoke steht für verhindern oder vermeiden.

Beispiel

- Der Bauleiter erstellt die gesamte Bohrpfahltabelle für die Baustelle und übergibt sie an seinen Polier, der sie im Rahmen eines 4-Augen-Prinzips überprüft. In den meisten Fällen findet die überprüfende Person einige Fehler, da diejenige Person, die eine Planung erstellt hat, leicht „blind für eigene Fehler" wird. Durch das 4-Augen-Prinzip wird sichergestellt, dass Fehler erkannt werden und eine fehlerfreie Bohrpfahltabelle an die Baustelle übergeben wird.
- Für den Bau von Primärpfählen hatte der Polier versehentlich den Beton C40/50 bestellt. Erst bei der Anlieferung stellt er fest, dass er den falschen, da zu harten Beton geordert hatte. Diesen Beton wird er **nicht** verbauen, da das zu harte Material den späteren Einbau der Sekundärpfähle erheblich erschweren würde, was die Dauer für diese Arbeit erheblich verlängern und bei den eingesetzten Baugeräten zu einem starken Verschleiß mit erheblichen Material- und Reparaturkosten führen würde.

  Einerseits hat der Polier durch den Nicht-Verbau des falschen Betons eine große Verschwendung verhindert, andererseits hat er aufgrund der falschen Bestellung die Zeit für die Aufgabe der Bestellung sowie die Kosten für den falschen Beton verschwendet. ◄

Eliminierung jeglicher Verschwendung

Die Erhöhung der Wirtschaftlichkeit soll durch eine konsequente und gründliche Beseitigung jeglicher Verschwendung erreicht werden. Dabei ist auch der Respekt vor dem Menschen eine wesentliche Grundlage der Lean Production. (vgl. Ohno 2013, S. 28). Dies führte zu den 3 M: Muda (Verschwendung), Mura (Unausgeglichenheit) und Muri (Überlastung). Denn unausgeglichene Prozesse führen zu über- oder unterlasteten Prozesseinheiten und zwangsläufig zur Verschwendung (vgl. Bertagnolli 2018, S. 44).

Muda

„Unter Muda wird jede Aktivität verstanden, die Ressourcen verbraucht, also Kosten verursacht, aber keinen Wert erzeugt." (Zollondz 2013, S. 28).

Ohno hat 7 Typen von Muda identifiziert (vgl. Ohno 2013, S. 54), die in den letzten Jahren um eine 8. Verschwendungsart erweitert wurden:

1. Überproduktion: Mehr als notwendig und mehr als der Kunde bezahlt wird gefertigt.

> **Beispiel**
>
> Ausgeschrieben wurde eine Pauschale für eine Baustraße nach Wahl des beauftragten Bauunternehmens. Die Baustraße wird ausschließlich von Baumaschinen (Bohrgeräten, Kettenbagger, Dumper) genutzt, befindet sich in ebenem Gelände und muss im Rahmen des Bauablaufs mehrfach umgebaut werden. Das Bauunternehmen führt die Baustraße mit Schwarzdecke aus. Das ist insofern Verschwendung, als dass eine Befestigung mit Grobschlag für die Nutzungsanforderung völlig ausreichen würde und zusätzlich noch umgesetzt werden kann, da zumindest teilweise das Material weiter nutzbar ist. ◄

2. Wartezeiten: Untätigkeit eines Mitarbeiters bzw. nicht optimierte Prozesstaktung.

> **Beispiel**
>
> Bei der Herstellung von Bohrpfählen ist es sehr schwer genau zeitlich einzuschätzen, um wie viel Uhr am Bautag Beton gebraucht wird. Denn erst wenn die Endteufe erreicht ist, kann der Bewehrungskorb eingebaut und betoniert werden. Bedingt durch die Bodenverhältnisse, wie z. B. unerwartete Hindernisse im Boden, kann es bei den Bohrarbeiten zu Verzögerungen kommen. Aufgrund dessen sind die Beton-Liefertermine nur schwer zu prognostizieren. Um Stillstand zu vermeiden sollte man jeden Tag erneut anhand der Planung für den kommenden Tag, geschätzte Zeiten für Betonlieferungen dem Betonwerk mitteilen und diesen am Bautag durch direkte Kommunikation mit dem Betonwerk präzisieren. Diese Vorgehensweise sollte möglichst vorab mit dem Herstellwerk vereinbart werden. ◄

3. Transporte: Überflüssige Transporte von Materialien/Produkten sind nicht wertschöpfend.

> **Beispiel**
>
> Aufgrund einer unzureichenden Kommunikation zwischen Maschinentechnik und Bauausführung wurde ein Schwertransport von A nach B durchgeführt. Auf der Baustelle B stellte man fest, dass das Gerät nicht benötigt wird und es wird daher 4 Wochen später wieder zum Lagerplatz zurücktransportiert. Im Rahmen einer vorausschauenden Planung wäre es wirtschaftlich sinnvoller, das Gerät nicht über den Lagerplatz von Baustelle 1 zu Baustelle 2 zu transportieren. Das Gerät sollte nach seiner Freimeldung mietfrei auf Baustelle 1 verbleiben und von dort direkt zum nächsten Einsatzort transportieren werden, um Transportkosten zum und von dem Lagerplatz einzusparen. ◄

4. Bearbeitung: Ein Übermaß an Aufwand im Produktionsprozess, der nicht zur Produktverbesserung führt und dem Kunden keinen Mehrwert bietet.

> **Beispiel**
>
> Auf Baustellen werden umfangreiche Baumaterialien angeliefert, wie z. B. eine komplette Spund- und Stahlträgerlieferung, um diese beim Auftraggeber abzurechnen und um Umsatz zu generieren. Wegen des knappen Lagerplatzes auf Baustellen werden die Baumaterialien ggf. mehrfach umgelagert, was zu einem erheblichen Mehraufwand führt. Die umfangreiche Lagerung von Baumaterialien auf der Baustelle führt nicht zu einer Leistungsverbesserung und bietet den Kunden auch keinen Mehrwert. ◄

5. Lagerbestand: Materialien, Produkte etc., die als Bestände lagern, sind nicht wertschöpfend.

> **Beispiel**
>
> Zu Beginn einer Baustelle wird jeder Polier für den Materialcontainer Werkstoffe und Equipment in mehr als ausreichender Menge bestellen. Hier sollte überprüft werden, welches Equipment nicht gebraucht wird, um es zurückzuschicken oder freizumelden. ◄

6. Überflüssige Bewegungen: Unnötige und unergonomische Bewegungen, führen zu Ermüdung und verbrauchen Zeit.

> **Beispiel**
>
> Auf einer Baustelle stand der Aufenthaltscontainer für die gewerblichen Mitarbeiter ca. 15 min Fußweg vom Bauplatz entfernt. Da die Bauleitung nicht bereit war, ein Fahrzeug zur Erreichung des Aufenthaltscontainer zu stellen, mussten die Arbeiter den Weg zu Fuß zurücklegen, d. h. jeder Arbeiter hatte 30 min Wegezeit pro Pause und bei 2 Pausen waren es 1 h Arbeitszeit, die verschwendet wurde. ◄

7. Produktion defekter Teile: Die Produktion fehlerhafter Teile führt zu Ausschuss und aufwendigen Nachbesserungen.

> **Beispiel**
>
> Eine Fehlstelle in einer wasserdichten Bohrpfahlwand oder Schlitzwand wird zur Bauzeitverlängerung und zusätzlichen Kosten führen. Oft führen solche Nachbesserungen zu Kosten in einer Höhe, die den Auftragswert des Gesamtprojekts übersteigen. ◄

8. Nicht genutztes Potenzial der Mitarbeiter: Mitarbeiterwissen und -erfahrung wird nicht genutzt.

Beispiel

Es ist seit Jahrzehnten für Pfahl-Bewehrungskörbe üblich die Abstandshalter, die aus Bewehrungsstahl bestehen, an die Körbe anzuschweißen. Diese Vorgehensweise hat sich bewährt, da ansonsten bei der Einbringung des Bewehrungskorbs alle Abstandshalter an der Außenverrohrung abplatzen würden. Ein unerfahrener Bauleiter, mit Tendenz zur Besserwisserei, hatte das Rad neu erfinden wollen und entgegen des Erfahrungswissens seiner Kollegen, normale Kunststoffabstandshalter für die Pfahl-Bewehrungskörbe vorgesehen. Alle Kunststoffabstandshalter wurden beim Ablassen der Bewehrungskörbe ins Bohrrohr zerstört. Nach einer Weile stellte man die Abstandshalter wieder von Kunststoff auf Stahl um. Wäre Erfahrungswissen genutzt worden, wäre diese Verschwendung von Ressourcen nicht entstanden. ◄

Mura

> Der japanische Begriff Mura bezieht sich auf unausgeglichenes, nicht-zyklisches Arbeiten, Prozessschwankungen, eine Unter- oder Überlastung von Menschen und Maschinen sowie auf Maßnahmen, um diese Unregelmäßigkeiten auszugleichen.

Beispiel

Typisch für das Bauwesen ist die Tendenz in immer kürzeren Bauzeiten zunehmend komplexe Bauprojekte mit Subunternehmern durchzuführen. Wenn die Koordination der Subunternehmer nicht optimal abgestimmt ist, die Kommunikation gestört ist, kommt es zu Stillständen einzelner Subunternehmer, was wiederum zu Bauzeitverlängerungen führt. ◄

Muri

> Der japanische Begriff Muri bezieht sich auf die Überlastung von Menschen und Maschinen.

Diese Überlastung kann einerseits zu Mura (Unausgeglichenheit) und Muda (Verschwendung) führen, andererseits kann Muri auch eine Konsequenz von Muda und Mura sein.

Auf einer Baustelle waren die gewerblichen Arbeiter froh, dass eine zweite Schicht eingeführt wurde, denn dadurch konnte ihre tägliche Arbeitszeit auf max. 10 h reduziert werden. Unter einer extrem langen Schichtdauer leidet die Qualität, die Geräte werden überlastet und die Einhaltung der Arbeitssicherheit ist infrage zu stellen. Zudem werden arbeitsrechtliche Regelungen nicht eingehalten. ◄

Mitarbeiterbeteiligung, -verantwortung und -zufriedenheit = Kundenzufriedenheit

In einer schlanken Unternehmenskultur wird der Mitarbeiter als ein kreativer, mitdenkender Mensch gesehen, der in den Prozess der kontinuierlichen Verbesserung aktiv eingebunden ist.

Die Arbeit des Mitarbeiters beschränkt sich nicht nur auf festgelegte Aufgaben, sondern umfasst auch darüberhinausgehende Tätigkeiten. Entsprechend sind schlanke Organisationen darauf ausgerichtet, engagierte Mitarbeiter zu entwickeln, die bereit und fähig sind, Probleme zu lösen und im Sinne des Kaizens nach kontinuierlicher Verbesserung streben. Ein solches Arbeiten fördert einerseits die Mitarbeiterzufriedenheit und andererseits fördern die Arbeitsergebnisse die Kundenzufriedenheit (siehe dazu Kap. Lean Leadership).

Auf einer Baustelle hatte ein sehr erfahrener Gerätefahrer einen Verbesserungsvorschlag zum Bohrablauf. Der Polier, der für die Baustelle zuständig war, antwortete darauf: „Du bist nicht zum Denken hier, das mache ich". Die Motivation und Leistung des Gerätefahrers verschlechterten sich in der darauffolgenden Zeit deutlich. ◄

Einbeziehung der Lieferanten (Kenbutsu)
Mit der Integration der Lieferanten in das Produktionssystem (Kenbutsu) wird erreicht, dass Lieferanten das gleiche Qualitäts- und Produktivitätsverständnis besitzen wie die Produzenten. Handlungsleitend sind der Flussgedanke und die Kundenorientierung, denn eine Just-in-time-Produktion ist auf Lieferanten angewiesen, die in die produktionsbedingte Taktung eingebunden sind und entsprechend liefern. Zur Vermeidung von Mudra und Mura ist es erforderlich, dass eine kooperative Zusammenarbeit mit den Zulieferern reibungslos abläuft (vgl. Ohno 2013, S. 106).

Auf einer Großbaustelle hatte der Bauleiter ein gutes Verhältnis zu den Mitarbeitern eines Subunternehmers aufgebaut. Wenn die Mitarbeiter des Subunternehmers z. B.

kurzfristig Werkzeuge oder Material benötigten, wurde ihnen dieses von der Baustelle zur Verfügung gestellt – und umgekehrt. Der Bauleiter hatte den Subunternehmer perfekt in den Bauablauf integriert, sodass Mudra und Mura vermieden werden konnten. ◄

Standardisierte Prozesse und kontinuierliche Verbesserung (Kaizen)
Kennzeichnend für ein Lean Enterprise ist die kontinuierliche Prozessverbesserung. Eine solche kann z. B. im Rahmen eines PDCA = Plan-Do-Check-Act -Zyklus erfolgen.

- Die Phase Plan beginnt mit einer Situationsanalyse, Problembeschreibung und Ursachenanalyse. Daraus werden Verbesserungsziele abgeleitet sowie die Durchführung von Verbesserungsmaßnahmen geplant.
- In der Phase Do wird werden die Verbesserungsmaßnahmen als Pilotprojekt bzw. Pretest im geschützten Bereich durchgeführt.
- In der Phase Check werden die Ergebnisse des Pilotprojekts bzw. Pretests ausgewertet und hinterfragt, ob die angestrebte Verbesserung erreicht wurde oder nicht.
- In der Phase Act wird die Verbesserung standardisiert und in das Prozessmodell integriert. In der Phase Act wird wieder nach Verbesserungsvorschlägen gesucht, die zyklisch in der darauffolgenden Phase Plan bearbeitet werden.

Im Bauwesen hat sich eine Vorgehensweise nach der PDCA-Methode bewährt, wenn es darum geht, sich in neue Verfahren einzuarbeiten und dafür entsprechende Zertifizierungen anstrebt.

Beispiel

BIM steht für Building Information Modeling und ist eine Methode für eine optimierte Planung, Ausführung und Bewirtschaftung von Gebäuden und Anlagen mithilfe von Software. Eine Zertifizierung als BIM-fähiges Unternehmen Bauwesen (Standard z. B. PAS 1192 Großbritannien) erfolgt in folgenden Schritten:

- **Phase Plan** mit Situationsanalyse und Problembeschreibung und Verbesserungsziele
  - Die Projektbeteiligten arbeiten aneinander vorbei. Die Schnittstellen führen dazu, dass im Bauablauf Störungen auftreten.
  - Das Verbesserungsziel ist die Abstimmung der Planung durch Kollaboration in einem möglichst frühen Stadium, um kurzfristiges Reagieren durch langfristige Vorausplanung zu ersetzen.
- **Phase Do** mit Verbesserungsmaßnahmen als Pilotprojekt
  Pilotprojekt: Für eine Baugrube mit geankertem Verbau wird ein 3-Modell einschließlich der Nachbarbebauung und der umliegenden Versorgungsleitungen erstellt. Die Daten sind i. d. R. heute schon verfügbar und müssen „nur" vorab zusammengeführt werden. Dann wird eine „clash detection" durchgeführt (Kollisionsprüfung).

- **Phase Check** mit Auswertung der Ergebnisse des Pilotprojekts
  Anschließend wird durch statischen Vergleich z. B. des „Tatbestandes" zerstörter
  Lichtwellenleiter analysiert, ob die vorausschauende Planung Vorteile gebracht hat.
- **Phase Act** mit Standardisierung der Verbesserung
  Der erfolgreiche Ablauf wird als Prozess standardisiert. ◄

Lean Management im Bauablauf bedeutet, dass relevante Prozesse und Abläufe in detaillierten Message Statements[5] dokumentiert und vorgegeben sind, die einem kontinuierlichen Verbesserungsprozess unterliegen. Auf der Baustelle werden in täglichen kurzen Arbeitsbesprechungen der Prozessablauf kritisch beobachtet, mögliches Optimierungspotenzial auf eine Realisierbarkeit geprüft und ggf. umgesetzt. Denn auf Baustellen sind bedingt durch unsichere Umweltbedingungen wie Bodenhindernisse oder Wetterverhältnisse und technische Probleme auch standardisierte Prozesse, wie z. B. eine Bohrverfahren, kontinuierlich auf die aktuelle Bausituation abzustimmen, um optimale Leistung zu erbringen.

Bei einfacheren Problemen hat sich die Lean-Problemlösungsmethode der „5 Warum" bewährt. Die Abkürzung „5 W" bedeutet „fünfmal Warum" und symbolisiert, dass durch mehrfaches Hinterfragen die eigentliche Ursache für ein Problem zu ermitteln ist. Eine nachhaltige Problemlösung erfordert Kenntnisse über die tatsächliche Ursache des Problems. Denn werden lediglich Symptome behandelt, wird das Problem immer wieder auftreten.

Beispiel

Eine Maschine läuft nicht mehr. Die Ursache des Nichtfunktionierens wird mit fünf aufeinander aufbauenden Fragen ermittelt (Ohno 2013, S. 51):

1. Warum hat die Maschine angehalten?
   Es hat eine Überlastung gegeben, und die Sicherung ist durchgebrannt.
2. Warum hat es eine Überlastung gegeben?
   Das Lager war nicht ausreichend geschmiert.
3. Warum war es nicht ausreichend geschmiert?
   Die Ölpumpe hat nicht genügend gepumpt.
4. Warum hat sie nicht genügend gepumpt?
   Die Welle ist ausgeschlagen und rattert.
5. Warum ist die Welle ausgeschlagen?
   Es war kein Sieb angebracht, und deshalb gerieten Metallsplitter in die Maschine. ◄

---

[5]Message Statements werden im deutschen Sprachraum auch als Arbeitsanweisung oder Bauablauf-Dokumentation bezeichnet.

„Wenn man fünfmal warum fragt und jedes Mal nach der Antwort sucht, hat man gute Chancen, die wahre Ursache des Problems aufzudecken, die oft hinter offensichtlicheren Symptomen versteckt ist." (Ohno 2013, S. 51).

Ein weiterer Vorteil der 5-W-Methode ist, dass die am Problem beteiligten Bauleiter, Poliere und Bauarbeiter trainieren, eigenständig Fehler systematisch zurückzuverfolgen und für Problemursachen Lösungen zu erarbeiten (vgl. Zollondz 2013, S. 147).

Die obigen Beispiele aus dem Bauwesen zeigen deutlich, dass sich Lean-Prinzipien auch auf das Bauwesen übertragen lassen. Lean Construction als Synonym für Lean Management im Bauwesen hat Anfang der 1990er Jahre aufgrund des Erfolges des Lean Managements auch angefangen sich in der Baubranche zu entwickeln (vgl. Kitzmann und Brenck 2018, S. 86).

Der Mehrwert durch Lean Construction umfasst: „Kundenzufriedenheit, Stabilisierung Bauprozesse, Reduzierung Verschwendung, Termin-/Planungssicherheit, Transparenz Ist-Zustand, Reduzierung Störungen, stetiger Arbeitsfluss, Qualitätssicherung, Prozesstransparenz, Integrale Planungs- & Ausführungsprozesse, Schnittstellenoptimierung" (Kröger und Fiedler 2018, S. 430).

Jedoch tun sich insbesondere Bauunternehmen mit einer hierarchisch-orientierten Unternehmenskultur und traditionellen Denk- und Arbeitsstrukturen schwer, ein Lean-Management erfolgreich einzuführen und umzusetzen, da es eine Neuausrichtung der gesamten Organisation bezogen auf die Unternehmenskultur, Strategie sowie Führung bedeuten würde.

Der Schlüssel zu einer erfolgreichen Lean Organisation liegt in der Unternehmensphilosophie und -kultur sowie dem Verhalten einer jeden Führungskraft und eines jeden Mitarbeiters.

Erfolgsrelevant ist die „Ausbalancierung der Rolle Mensch in einer Unternehmenskultur, die eine kontinuierliche Verbesserung seiner Mitarbeiter erwartet und würdigt, sowie eines technischen Systems, dessen Schwerpunkte eine hohe Wertschöpfung und fließende Prozesse sind." (Liker 2009, S. 14).

Der Performance Manager als Führungskraft

2

Zusammenfassung

Das Führungsverhalten einer Führungskraft wird von ihrem Charakter, den persönlichen Einstellungen sowie von ihrem Wissen, Wollen, Können und Dürfen beeinflusst.

Einleitend werden die Kompetenzanforderungen an eine Führungskraft im Bauwesen vorgestellt. Kompetenzen beziehen sich auf erlernbare Fähigkeiten und sind eher veränderbar als charakteristische Verhaltensweisen, die sich im Laufe eines Lebens herausbilden. Der Charakter und die Persönlichkeit eines Menschen beeinflussen maßgeblich das Führungsverhalten. Dazu wird das Menschenbild der Theorie X und der Theorie Y dargestellt, da das jeweilige Menschenbild maßgeblich den Führungsstil beeinflusst. Daran anschließend werden klassische und moderne Führungsstile erörtert. Mit den Führungsinstrumenten Management by Objectives und Objectives and Key Results werden zwei Methoden vorgestellt, die die Führungskraft dabei unterstützen, das Verhalten der Mitarbeiter auf gemeinsame Ziele auszurichten. Abschließend werden die Führungskonzepte der situativen Führung, der transaktionalen und transformationalen Führung sowie das Konzept des Lean Leadership erläutert, die mit entsprechenden Kompetenzen, Führungsstilen und Führungsinstrumenten umgesetzt werden.

Im Rahmen des Studiums wird vermittelt, wie Tunnel, Straßen, Brücken, Hochhäuser, Wohnsiedlungen, Kraftwerke, Fabrikanlagen und vieles mehr zu entwerfen oder zu bauen sind. Was dabei in der Regel zu kurz kommt, ist die Ausbildung zur Führungskraft.

„Führung wird verstanden als ziel- und ergebnisorientierte, aktivierende und wechselseitige, soziale Beeinflussung zur Erfüllung gemeinsamer Aufgaben in einer strukturierten Arbeitssituation." (Wunderer 2011, S. 4).

© Springer Fachmedien Wiesbaden GmbH, ein Teil von Springer Nature 2021   27
B. Polzin und H. Weigl, *Führung, Kommunikation und Teamentwicklung im Bauwesen*,
https://doi.org/10.1007/978-3-658-31150-6_2

Abb. 2.1 Charakteristika eines idealen Chefs

Als Führungskraft im Bauwesen werden von Ihnen Allround-Qualitäten erwartet: Als kompetenter Chef sollten sie über profunde Fachkenntnisse verfügen, kommunikativ sein und mit Menschen umgehen können, denn in Bauprojekten entstehen immer Probleme, die nicht nur technisch zu lösen sind. Überwiegend sind es die zwischenmenschlichen Schwierigkeiten, die dazu führen, dass Termine nicht eingehalten werden, Pannen sich häufen und das Budget überschritten wird.

Wenn Sie sich überwiegend auf die technischen und organisatorischen Fragen Ihrer Baustelle bzw. Abteilung konzentrieren, vernachlässigen Sie zwangsläufig den Faktor Mensch. Da das menschliche Verhalten in der Zusammenarbeit erfolgsrelevant ist, sollten Sie die Mitarbeiterführung und die Zusammenarbeit mit externen Partnern, wie Auftraggebern und Subunternehmern, genauso wichtig nehmen wie die organisatorischen und technischen Aspekte.

Als Führungskraft im Bauwesen sind Ihre Aufgaben durch eine hohe Organisations- und Technikorientierung geprägt und erfordern zudem die Fähigkeit, mit sehr unterschiedlichen Menschen gemeinsam Ziele zu erreichen.

Abb. 2.1 gibt einen Überblick, wie Teilnehmer des Seminars „Der Bauleiter als Führungskraft" den idealen Chef charakterisieren.

2.1 Kompetenzen einer Führungskraft

Die grundlegenden Führungsaufgaben wie Motivation, Delegation, Steuerung und Entwicklung verlangen von Ihnen, dass Sie über verschiedene Kompetenzen verfügen.

Kompetenz
Der Begriff Kompetenz leitet sich ab von dem lateinischen Wort „competere" und bedeutet i. w. S. „befähigt sein". Kompetenzen werden geprägt durch Fachwissen und überfachliche Fähigkeiten (vgl. Kromrei 2006, S. 21).

- Kennzeichnend für Fachwissen ist ein konkreter Verwertungsbezug wie z. B. die Kalkulation von Baupreisen oder spezielle Software-Kenntnisse.
- Überfachliche Fähigkeiten beziehen sich z. B. auf analytisches und unternehmerisches Denkvermögen sowie sozialpsychologische Befähigungen wie z. B. Kommunikations- und Teamfähigkeit.

Die unterschiedlichen Kompetenzen lassen sich verschiedenen Kompetenzfeldern zuordnen (vgl. Kromrei 2006, S. 21 f.). Zum **Kompetenzfeld Fachkompetenz** gehören z. B. Fremdsprachenkenntnisse und Grundkenntnisse im Arbeitsrecht. Das **Kompetenzfeld Methodenkompetenz** umfasst z. B. Zeitmanagement und Präsentation. Dem **Kompetenzfeld Sozialkompetenz** werden z. B. Teamfähigkeit und Kommunikationsfähigkeit zugeordnet. Und das **Kompetenzfeld Führungskompetenz** beinhaltet z. B. Handlungsorientierung und Motivationsfähigkeit. In der Literatur gibt es keine einheitliche Definition von Kompetenzen, Kompetenzfeldern und Kompetenzmodellen (vgl. Grote et al. 2012, S. 15 ff.).

Der Unterschied zwischen Fachwissen und Kompetenz besteht u. a. darin, dass

- Fachwissen sich durch einen konkreten Verwertungsbezug auszeichnet, wie z. B. die Erlangung eines Bagger-Führerscheins oder eines Fremdsprachenzertifikats.
- Kompetenz die Fähigkeit umfasst, aus verschiedenen Handlungsmöglichkeiten diejenige zu wählen, die situativ angemessen und richtig ist.

Fachwissen ist nicht mit Kompetenz zu verwechseln. Auch wenn z. B. ein Führerscheinanfänger sich für das Fahren eines Fahrzeugs qualifiziert hat, so fehlen i. d. R. noch Fahrpraxis und Erfahrungen, um ein kompetenter Fahrer zu sein.

Die hier vorgenommene Definition und Auswahl von Kompetenzen, ihre Zuordnung zu den jeweiligen Kompetenzfeldern und die Zusammenfassung zu dem hier beschriebenen Kompetenzmodell orientieren sich an den Anforderungen für eine erfolgreiche Führung im Bauwesen.

Das nachfolgende Allgemeine Kompetenzmodell für Führungskräfte im Bauwesen von Polzin/Weigl gibt einen schematischen Überblick über notwendige Kompetenzen einer erfolgreichen Führungskraft (Abb. 2.2).

Abb. 2.2 Allgemeines
Kompetenzmodell für
Führungskräfte im Bauwesen

Allgemeines Kompetenzmodell für Führungskräfte im Bauwesen			
Fachkompetenz			
Fachkenntnis Technik	Grundkenntnisse Arbeits-/ Vertragsrecht	Grundkenntnisse BWL	Fremdsprachen -kenntnisse
Methodenkompetenz			
Projekt- management	Qualitäts- management	Zeit- und Selbst- management	Präsentation/ Moderation
Sozialkompetenz				
Team- fähigkeit	Kommunikations- fähigkeit	Konflikt- fähigkeit	Selbst- reflexion	Einfühlungs- vermögen
Führungskompetenz			
Motivations- fähigkeit	Ziel- und Handlungs- orientierung	Strategisch- unternehmerisches Denken	Analytisches und Systemisches Denken

2.1.1 Fachkompetenz

> **Fachkompetenz** ist die Fähigkeit, die berufs- und positionsspezifischen Aufgaben
> und Anforderungen fachgerecht, selbstständig und eigenverantwortlich zu erfüllen.

Das Kompetenzfeld Fachkompetenz einer Führungskraft im Bauwesen umfasst
technische Fachkenntnisse, Grundkenntnisse zum Arbeits- und Vertragsrecht, betriebswirtschaftliche Grundkenntnisse und Fremdsprachenkenntnisse.

Technische Fachkenntnisse
Sie brauchen als Führungskraft die Fachkenntnisse, die notwendig sind für die sachgerechte Planung, Durchführung und Bewertung von Bauleistungen.

Als Führungskraft sollten Sie in der Lage sein, Ihre Mitarbeiter in neue oder komplexe
Verfahren einzuweisen und die sachgerechte Durchführung der Arbeiten zu überprüfen
(vgl. Triantafyllidis 2003, S. 19 ff.; Weigl 2001, S. 147 ff.). Dazu gehören z. B.

- die Beschreibung von Arbeitsprozessen (Prozessmodellierung),
- die Erstellung von Arbeitsanweisungen,
- die Unterstützung bei Problemen, die bei der Werkerstellung auftreten,
- die Kontrolle von Qualität und Umfang der erbrachten Leistungen.

Für die Erstellung von Angeboten sollten Sie zudem Bauleistungen kalkulieren können.
Dafür ist es erforderlich, dass Sie die verschiedenen Arbeiten und Aufwände der diversen
Gewerke einschätzen und monetär bewerten können, denn nur so können Sie gravierende
Fehlkalkulationen verhindern.

Grundkenntnisse zum Arbeits- und Vertragsrecht
Als Führungskraft sollten Sie über grundlegende, praxisnahe Kenntnisse zum Arbeits- und Vertragsrecht verfügen, um typische Fehler aus vertragsrechtlicher Sicht zu vermeiden. Unkenntnis oder unsachgemäßer Umgang mit den gesetzlichen Regelungen führen immer wieder zu unnötigen gerichtlichen Auseinandersetzungen.

Arbeitsrecht
Basale Kenntnisse zu den Rechten und Pflichten des Arbeitsrechtes helfen Ihnen, schwierige Konflikte mit Mitarbeitern arbeitsrechtlich einwandfrei zu lösen, z. B. bei sogenannter Minder- bzw. Schlechtleistung (vgl. Bährle 2010, S. 89 ff.). Zu den Basiskenntnissen des Arbeitsrechtes gehören z. B. die

- Treue- und Fürsorgepflicht,
- Arbeitspflicht,
- Arbeitsleistung und Arbeitszeit,
- Lohnzahlung, Urlaub und Krankenvergütung.

Vertragsrecht
Verhandlungen mit Subunternehmern, Lieferanten, Kunden und Auftraggebern gehören zu dem Alltagsgeschäft einer Führungskraft im Bauwesen. Dafür sollten Sie mit den Grundzügen des Vertragsrechts vertraut sein, denn nur dann können Sie vertragsrechtliche Probleme frühzeitig erkennen und zutreffende Lösungsansätze selber finden oder sie durch einen Rechtsbeistand einholen. Mit vertragsrechtlichen Kenntnissen können Sie Schwachstellen und Mängel in Verträgen identifizieren und Fehler bei der Vertragsgestaltung vermeiden (vgl. Walhalla Fachredaktion 2013, S. 37 ff.).
Zu den erforderlichen Kenntnissen des Vertragsrechts gehören z. B.

- Maßnahmen vor Vertragsschluss wie z. B. die Bindungswirkung eines Angebots oder die Auftragsbestätigung,
- Maßnahmen und Risiken bei Vertragsdurchführung,
- Nachvertragliche gerichtliche sowie außergerichtliche Durchsetzbarkeiten.

Das Wissen über rechtliche Möglichkeiten und Grenzen hilft Ihnen, im Tagesgeschäft mit praktischen Vorgehens- und Verhaltensweisen wirksam und sicher Probleme zu verhindern bzw. zu lösen.

Betriebswirtschaftliche Grundkenntnisse
Um Projekte wirtschaftlich und finanziell erfolgreich führen zu können, sind praxisorientierte Kenntnisse der Betriebswirtschaftslehre (BWL), insbesondere im Bereich Controlling erforderlich (vgl. Thommen und Achleitner 2012, S. 419 ff.). Zu den grundlegenden BWL-Kenntnissen einer Führungskraft im Bauwesen zählen z. B.

- Kosten- und Leistungsrechnung,
- Deckungsbeitragsrechnung,
- Planung und Budgetierung.

> Als Führungskraft im Bauwesen verantworten Sie auch **betriebswirtschaftliche Konsequenzen,** denn bei technisch möglichen Entscheidungen haben Sie ebenso den Aspekt des wirtschaftlich Sinnvollen zu berücksichtigen.

Fremdsprachenkenntnisse

Erfolgreiche Bauunternehmen sind auf dem nationalen und internationalen Markt aktiv. Mit der internationalen Zusammenarbeit haben sich die Anforderungen an die Fremdsprachenkenntnisse im Bauwesen stark erhöht. Als Führungskraft im Bauwesen sollten Sie zumindest über solide Englischkenntnisse verfügen (vgl. Heidenreich 2010).

Es ist ein Irrtum davon auszugehen, dass allein mit Sprachkenntnissen wie mit der englischen Sprache als „lingua franca"[1] alle Verständigungsprobleme gelöst wären. International unterschiedliches Kommunikationsverhalten kann zu Missverständnissen oder sogar zum Scheitern eines Geschäftsabschlusses oder Projektes führen.

> Erfolgreiches Handeln im internationalen Umfeld erfordert die **interkulturelle Fähigkeit,** sich angemessen auf ausländische Geschäftspartner und Mitarbeiter einzustellen und landestypische Besonderheiten zu beachten.

2.1.2 Methodenkompetenz

> **Methodenkompetenz** ist die Fähigkeit, zielgerichtet, systematisch und planmäßig Aufgaben zu bearbeiten und Projekte durchzuführen.

Zu dem Kompetenzbereich Methodenkompetenz für Führungskräfte im Bauwesen gehören:

Projektmanagement

Komplexe Bauprojekte mit dynamischen Umfeldbedingungen gehören zum Alltagsgeschäft im Bauwesen. Solche Projekte effizient und kostengünstig zu meistern, ist die Herausforderung, der Sie sich zu stellen haben.

---

[1]Lingua Franca ist eine so genannte Verkehrssprache, die es ermöglicht, dass Menschen unterschiedlicher Sprachgemeinschaften sich mittels dieser Sprache verständigen können. Weit verbreitete Verkehrssprachen sind heute zum Beispiel die englische, französische und spanische Sprache.

Die Steuerung komplexer und dynamischer Projekte erfordert ein systematisches und geplantes Vorgehen, denn nur so können Projekte in time and budget, in angemessener Qualität und hinreichendem Umfang erfolgreich durchgeführt werden.

Mit der Methode Projektmanagement können Sie Projekte zügig und zielkonform durchführen sowie den Aufwand für die Aktualisierung von Projektplänen und -strukturen möglichst gering halten (vgl. Birker 2002, S. 31 ff.).

Als Führungskraft sollten Sie folgende Projektmanagement-Aufgaben beherrschen:

- Projektleitung in den Phasen Planung, Durchführung und Nachbereitung,
- Projektentwicklung z. B. bezogen auf Zieldefinition, Anforderungsprofile, Ablaufplanung/Masterplanung, Risikomanagement, Finanzmanagement, Projektorganisation und Behördenmanagement,
- Projektsteuerung und begleitende Kontrolle während der einzelnen Projektphasen.

Die Durchführung von Bauobjekten ist vergleichbar mit einem „Unternehmen auf Zeit" und die Aufgabe des Projektmanagements erfordert von Ihnen unternehmerisches Denken und Handeln, denn nur so kann eine optimierte Wertschöpfung erreicht werden.

Qualitätsmanagement

Für Baumaßnahmen wie eine Straße, ein Kraftwerk oder Hochhaus investieren Auftraggeber sehr viel Geld und sie erwarten dafür ein solides Bauwerk mit einer dauerhaften Qualität. Als Führungskraft im Bauwesen gehört es zu Ihren Aufgaben, erforderliche Qualitätsanforderungen zu erfüllen (vgl. Kochendörfer et al. 2004, S. 58 ff.).

Erfahrungsgemäß entstehen Baumängel häufig durch Planungsfehler, entsprechend sollte bereits in der Planungsphase das Qualitätsmanagement als integrierter Bestandteil eines Auftrages installiert werden.

Die nachfolgenden Maßnahmen sind grundlegende Bestandteile eines praxisorientierten Qualitätsmanagements:

- Genaue Definition der Ziele und Aufgaben sowie der Verantwortlichkeiten und Kompetenzen.
- Erstellung eines Qualitätsmanagementhandbuchs mit Verfahrens- und Arbeitsanweisungen sowie Qualitätssicherungsmaßnahmen, die für einen störungsfreien Projekt-ablauf erforderlich sind.
- Einweisung aller Mitarbeiter in das Qualitätsmanagement, denn die im Handbuch festgelegten Verfahrens- und Arbeitsanweisungen bilden die Richtschnur der täglichen Arbeit.
- Kontinuierliche Kontrolle der festgelegten Ausführungspläne und Ausführungsqualität.

Qualitätsmängel führen zu Mehrkosten und zeitlichen Engpässen: Sanierungsarbeiten verursachen zusätzlichen Materalaufwand und Personaleinsatz und führen häufig dazu, dass Termine nicht eingehalten werden.

Erfahrungsgemäß ist Qualitätsmanagement bei vielen Mitarbeitern eine unbeliebte Methode, da ihnen vorgeschrieben wird, wie sie was zu tun haben. Hier gehört es zu Ihren Aufgaben als Führungskraft, Ihre Mitarbeiter zu motivieren, die Vorgaben des Qualitätsmanagements einzuhalten und zu kontrollieren, ob Qualitätsstandards beachtet werden.

> Qualitätsmanagement hat das grundsätzliche Ziel, die gesamte Arbeit zu verbessern und dabei eine höhere Effizienz und Wirtschaftlichkeit zu erreichen.

Selbst- und Zeitmanagement

- **Selbstmanagement**

  Der Begriff Selbstmanagement stammt ursprünglich aus der Verhaltenstherapie und bezeichnet in der Managementlehre die Fähigkeit, die eigene Person sowie das Arbeits- und Privatleben bewusst zu gestalten. Dazu sind Fertigkeiten erforderlich wie z. B. Selbstbeobachtung, Zielsetzung, Selbstkontrolle, Selbstmotivation, Flexibilität, Ausdauer und Frustrationstoleranz.

  Hohe Eigenverantwortung, zunehmender Zeitdruck sowie vielschichtige Aufgaben und komplexe Projekte bestimmen den Arbeitsalltag von Führungskräften im Bauwesen. Auch die hohe Projektdynamik im Bauwesen führt dazu, dass es vielen Führungskräften leichter fällt, ihr Bauprojekt zu managen als mit den eigenen Kräften zu haushalten (vgl. Jäger 2007, S. 16 ff.).

  Selbstmanagement fördert, bewusster zu leben und beruflich sowie privat erfolgreich zu sein. Durch Selbstbeobachtung können Sie eigene Stärken und Schwächen erkennen und automatisches Reagieren in bewusstes Handeln umwandeln. Klare Ziele im Arbeits- und Privatleben ermöglichen Ihnen, Prioritäten zu setzen; Selbstkontrolle sowie Selbstmotivation unterstützen Sie bei Ihrer Zielerreichung. Langfristige Ausdauer erreichen Sie durch einen sorgfältigen Umgang mit der eigenen Arbeitszeit sowie die Erhaltung der eigenen Leistungsfähigkeit durch ausreichende Freizeit und Urlaub.

> Die Konzentration auf die wichtigen Aufgaben, die Setzung von Prioritäten, eine verantwortungsbewusste Delegation und einen optimalen Umgang mit der Zeit können Sie durch **Selbstmanagement** erreichen.

- **Zeitmanagement**

  Zeitmanagement bedeutet, dass die Zeit für Aufgaben und Termine systematisch geplant wird. Durch das Setzen von Prioritäten und eine systematische Zeitnutzung können Zeitfresser eliminiert und somit Zeit gewonnen werden.

Abb. 2.3 Zeitmanagement-Matrix

	Ihre Aufgaben sind …	
	dringend	**nicht-dringend**
wichtig	▪ Konflikte ▪ Krisen ▪ Abgabetermine ▪ …	▪ Ziele / Strategien erarbeiten ▪ Planung ▪ Beziehungsarbeiten ▪ …
nicht-wichtig	▪ Unterbrechungen ▪ Routine-Meetings ▪ unnötige Panik ▪ …	▪ Unwichtige Konferenzen ▪ Spam lesen ▪ …

Um den eigenen Umgang mit Zeit zu verbessern, sollten Sie zuerst überprüfen, mit welchen Aktivitäten Sie Ihre Zeit verbringen und in einem zweiten Schritt die Tätigkeiten aus Ihrer Tagesplanung streichen, die Ihnen unnötig Zeit stehlen (vgl. Hoffmann 2007, S. 17 ff.).

Die Unterscheidung nach dem Eisenhower-Prinzip zwischen wichtigen und dringlichen Aufgaben hilft Ihnen, über die Auswahl und zeitliche Abfolge von Aufgaben zu entscheiden (Abb. 2.3). Die Dringlichkeit einer Aufgabe wird durch den Faktor Zeit bestimmt und die Wichtigkeit einer Aufgabe wird durch ihre Ergebnisrelevanz definiert (vgl. Covey 1989, S. 139 ff.).

Konflikte und Krisen lassen sich in der Arbeitswelt nicht vermeiden – und sie auszusitzen kann sehr teuer und langwierig werden; entsprechend sollten wichtige und dringende Aufgaben sofort erledigt werden.

Vermeiden Sie, wichtige und nicht-dringende Arbeiten aufzuschieben. Setzen Sie sich für wichtige und nicht-dringende Arbeiten Anfangs- – und Endtermine, um sie in Ruhe und ohne Zeitdruck abzuarbeiten. Somit verhindern Sie, dass wichtige Aufgaben plötzlich dringend und dann auch noch stressend werden.

Entlasten Sie sich, indem Sie dringende und nicht-wichtige Aufgaben durch kompetente Mitarbeiter erledigen lassen und nicht-dringende und nicht-wichtige Aufgaben in den Papierkorb werfen.

Der Projektplan gibt vor, welche Aufgaben mit welchem Aufwand innerhalb welchen Zeitraumes zu erledigen sind. Ergänzen Sie die allgemeine Planung um Ihre persönliche Tagesplanung. Strukturieren Sie mit einer kurzen, schriftlichen Tagesplanung den zeitlichen Verlauf Ihres Arbeitstages. Im Rahmen Ihrer täglichen Planung entscheiden sie aktuell und situationsgemäß, welche Tätigkeiten Sie an diesem Tag zurückstellen und was Sie auf keinen Fall versäumen dürfen.

Selbst- und Zeitmanagement ist eine relevante Methodenkompetenz, denn sie fördert eine langfristige Leistungsfähigkeit, beruflichen und persönlichen Erfolg sowie eine systematische Arbeitsorganisation und -strukturierung.

Präsentation/Moderation

Zu dem Alltagsgeschäft einer Führungskraft im Bauwesen gehört eine Vielzahl von Besprechungen, Verhandlungen und Einzelgesprächen.

Je nach Art und Ziel der Besprechung sollten Sie unterschiedliche Formen der Gesprächsführung kennen und anwenden können. Beispielsweise erfordern Präsentationen, Beratungsgespräche oder Diskussionen zur Problemerkennung und -analyse jeweils andere Vorgehensweisen in der Gesprächsführung, um angestrebte Gesprächsergebnisse erzielen zu können (vgl. Seifert 2002).

Die Qualität von Besprechungen und Präsentationen wird entscheidend von der Fähigkeit der professionellen Gesprächsführung bestimmt.

2.1.3 Sozialkompetenz

Sozialkompetenz ist die Fähigkeit situativ angemessenen kommunizieren und handeln zu können.

Teamfähigkeit

Die Komplexität von Bauprojekten ist i. d. R. nur mit Teamarbeit zu bewältigen. Teamfähigkeit drückt sich durch das Wollen und Können aus, möglichst produktiv und konstruktiv gemeinsam mit anderen Menschen Ziele anzustreben und sich dabei in eine Gruppe einordnen zu können (vgl. Linde und Heyde 2007, S. 169 ff.).

Teamfähigkeit erfordert von einer Führungskraft, die Bereitschaft auf ein Team einzugehen, die Vorschläge anderer zu berücksichtigen, für die Beteiligung aller zu sorgen, Konflikte anzusprechen und Lösungen mit den Beteiligten zu erarbeiten.

Kommunikationsfähigkeit

Ohne Kommunikation ist Teamarbeit nicht möglich. Kommunikationsfähigkeit bedeutet, sich verständlich auszudrücken und die Botschaften der Gesprächsteilnehmer richtig zu interpretieren wie z. B. durch intensives Zuhören und die Berücksichtigung von Mimik, Gestik und Körperhaltung (vgl. Schulz von Thun 2011a, S. 48 ff.).

„Zu kommunikativer Kompetenz gehören die Fähigkeiten, die eigene Position angemessen zu vertreten und passende Wege sowie Modi zur Übermittlung einer Nachricht zu finden." (Röhner und Schütz 2018, S. 7).

Als kommunikative Führungskraft gehen Sie aktiv auf andere zu und steuern ggf. das Gespräch durch gezielte Fragen. Zudem hören Sie Ihren Gesprächspartnern zu und lassen sie ausreden.

Zur **Kommunikationsfähigkeit** gehören das rhetorische Geschick, die Gesprächspartner überzeugen zu können sowie die Bereitschaft, sich argumentativ überzeugen zu lassen.

Konfliktfähigkeit

Konflikte gehören zum Arbeitsalltag, sei es mit dem Bauherrn, Lieferanten, Subunternehmern, Mitarbeitern, Kollegen oder dem eigenen Vorgesetzten.

Als Führungskraft sollten Sie bereit und fähig sein, sich mit Konflikten auseinanderzusetzen und sie zu managen. Dazu gehört es, Konflikte zu erkennen, zu analysieren, zu steuern und zu lösen (vgl. Haeske 2008, S. 81 ff.).

> Ziel der **Konfliktbewältigung** ist das Finden und Umsetzen einer dauerhaften Lösung, die von allen Konfliktbeteiligten akzeptiert wird. Dies kann u. U. auch bedeuten, dass Sie eine Lösung vorgeben, an die sich die Konfliktparteien halten müssen.

Selbstreflexion

Als Führungskraft gehört es zu Ihren Aufgaben, eine Arbeitssituation zu gestalten und voranzutreiben. Gleichzeitig müssen Sie sich selbst dabei kritisch beobachten, wie Sie als Teil der Arbeitssituation reagieren. Selbstreflexion umfasst die Fähigkeit, zu handeln und dabei auch die eigene emotionale Betroffenheit wahrzunehmen und zu berücksichtigen (vgl. Kranz 2011, S. 21 ff.; Linde und Heyde 2007, S. 19 f.; Stahl und Alt 2011, S. 16 ff.).

> Selbstreflexion ermöglicht, dass Ihnen Ihre eigenen Vorlieben und Schwächen bewusst sind, um damit situationsgemäß angemessen handeln zu können.

Einfühlungsvermögen

Einfühlungsvermögen (Empathie) ist die Bereitschaft und Fähigkeit sich in andere Menschen hineinzuversetzen und ihre Gefühle wahrzunehmen.

Empathie ermöglicht es Ihnen, die emotionalen Reaktionen Ihrer Mitarbeiter, Kollegen und anderer wie z. B. Auftraggebern oder Lieferanten zu verstehen und darauf einzugehen (vgl. Goleman 1997, S. 127 ff.; Waal de 2011, S. 113 ff.).

> Mittels **Empathie** können Sie Ihren Gesprächspartnern das Gefühl vermitteln, ernst genommen zu werden und schaffen so eine relevante Grundlage für eine erfolgreiche Kommunikation und Zusammenarbeit.

2.1.4 Führungskompetenz

> Führungskompetenz umfasst die Fähigkeiten, Menschen zu motivieren, zielorientiert zu handeln, Probleme zu lösen und Richtungen vorzugeben.

Motivationsfähigkeit

> **Motivation** ist die Bereitschaft zur Handlung, dabei wird zwischen intrinsischer und extrinsicher Motivation unterschieden . Die intrinsische Motivation basiert auf dem eigenen inneren Antrieb und ist der innere Motor für das Engagement, die Eigenverantwortung und Zuverlässigkeit eines Menschen. Bei der extrinsischen Motivation ist die Bereitschaft zu Handeln von äußeren Anreizen abhängig, wie z. B. der Höhe der Entlohnung, sozialen Kontakten oder Möglichkeiten der Weiterentwicklung.

Als Führungskraft sollten Sie Ihre Mitarbeiter auf intrinsischer und extrinsischer Ebene motivieren können (vgl. Sprenger und Plaßmann 1999, S. 21):

- Auf intrinsischer Ebene, beispielsweise durch die Vermittlung von Sinn und Nutzen einer Aufgabe sowie der Schaffung eines Gestaltungsspielraums für die Aufgabenbearbeitung (vgl. Umbach 2000, S. 247).
- Auf extrinsischer Ebene, beispielsweise durch materielle Anerkennungen wie Bonusleistungen, Förderung des sozialen Teamklimas, Genehmigung von Weiterbildungen und Beförderungen sowie Ausdruck einer Wertschätzung durch Lob oder auch Kritik.

Sorgen Sie dafür, dass Sie von einem engagierten Team unterstützt werden.

Ziel- und Handlungsorientierung

> Ziel- und Handlungsorientierung ist die Fähigkeit, Ziele aktiv zu verfolgen.

Ziel- und handlungsorientierte Führungskräfte sorgen dafür, dass Prozesse optimal ablaufen, die notwendigen Ressourcen für die Zielerreichung zur Verfügung stehen und überprüfen regelmäßig den Grad der Zielerreichung (vgl. Linde und Heyde 2007, S. 14 ff.).

Ihr Verhalten als ziel- und handlungsorientierte Führungskräfte ist geprägt von einer lösungsorientierten Sichtweise und der Bereitschaft, die Verantwortung auch für risikohafte Entscheidungen zu übernehmen.

Strategisch-unternehmerisches Denken

> **Strategisches Denken** ist die Fähigkeit, zu erkennen, welches Potenzial einer Entwicklung der Situation innewohnt und dieses für eine Zielerreichung zu nutzen.

> **Unternehmerisches Denken** ist die Fähigkeit, eigenverantwortlich, zielorientiert und leistungsbereit zu handeln.**Unternehmerisches Denken** ist die Fähigkeit, eigenverantwortlich, zielorientiert und leistungsbereit zu handeln.

Strategisches Denken ermöglicht Ihnen auch im operativen Alltagsgeschäft grundlegende und i. d. R. langfristige Entwicklungsaspekte zur Zielerreichung zu berücksichtigen wie z. B. neue Produkte, Partnerschaften und Märkte oder die Wirkungen eines ethischen Managements. Es führt dazu, dass Sie über den operativen Tellerrand schauen, um zukünftige Entwicklungen frühzeitig zu erkennen und diese dann für sich zu nutzen. (vgl. Karst 2000, S. 7 ff.).

Unternehmerisches Denken fördert die Bereitschaft, den eigenen Verantwortungsbereich zu optimieren und zu erweitern. Strategisch-unternehmerisch handelnde Führungskräfte sind innovativ und versuchen die Qualität und Effizienz ihres Aufgabenbereichs zu verbessern, indem sie z. B. kontinuierlich Prozesse und Strukturen überprüfen, um Arbeitsabläufe effizienter zu gestalten und Kosten zu reduzieren.

Analytisches und systemisches Denken

> **Analytisches Denken** ist die Fähigkeit, Situationen und Probleme systematisch zu hinterfragen, z. B. nach Wenn-Dann-Konsequenzen.

Das erfordert, Zusammenhänge zu erkennen, sie zu strukturieren, zu interpretieren und die folgerichtigen Schlüsse zu ziehen. Diese Art zu denken ermöglicht Ihnen, komplexe Fragen oder Aufgaben schnell zu durchschauen und folgerichtige Lösungen zu erarbeiten.

> **Systemisches Denken** ist die Fähigkeit, Ursachen-Wirkungszusammenhänge als Teil eines komplexen Systems mit seinen verschiedenen Aspekten und Einwirkungen zu verstehen.

Als Führungskraft mit analytischem und systemischem Denkvermögen können Sie einerseits Vorgänge isoliert beurteilen und andererseits sie im Gesamtkontext bewerten, da Sie die verschiedenen Abhängigkeiten und Beeinflussungen berücksichtigen (vgl. Königswieser et al. 2006, S. 87 ff.).

Das hier beschriebene Kompetenzmodell ist als Allgemeines Kompetenzmodell für Führungskräfte im Bauwesen entwickelt worden.

Abb. 2.4 Der Chef als
Supermann

> Ein allgemeines Kompetenzmodell umfasst generelle berufliche Anforderungen
> und Verhaltensweisen.

Klar ist, dass in der Realität keine Führungskraft allen Kompetenzanforderungen gerecht
werden kann. Niemand ist gleichzeitig analytisch, ganzheitlich, sensibel, engagiert,
durchsetzungsfähig und gelassen. Als Führungskraft sollten Sie entscheiden, welche
Anforderungen Sie erfüllen können, wollen oder müssen, um erfolgreich zu sein. Wer
alle obigen Kompetenzanforderungen erfüllen kann, hat das Potenzial eines Supermanns
(Abb. 2.4).

Allgemeines und funktions- und positionsspezifisches Kompetenzmodell
Das funktions- und positionsspezifische Kompetenzmodell berücksichtigt ausschließlich
jene Kompetenzen, über die Führungskräfte verfügen sollten, um in ihrem jeweiligen
Aufgabenbereich erfolgreich zu sein.

Im Rahmen des funktions- und positionsspezifischen Kompetenzmodells wird anhand
einer konkreten Funktion und Position festgelegt, welche Kompetenzen für die jeweilige
Aufgabenerfüllung erfolgsrelevant sind. Je nach Stellenanforderungen entstehen unterschiedliche funktions- und positionsspezifische Kompetenzprofile, dies gilt für alle
Hierarchiestufen. Zunehmend erwarten auch Bauunternehmen, dass ihrer Führungskräfte und Mitarbeiter eine sogenannte T-shaped-Qualifikation aufweisen. Das bedeutet,
dass von den Beschäftigten ein Spezialisten- und Breitenwissen gefordert wird. Dabei
symbolisiert der senkrechte Strich des Ts die Spezialkenntnisse, d. h. der Beschäftigte
verfügt über ein profundes Fach- und Erfahrungswissen, also ein tiefgreifendes und
umfassendes Expertenwissen. Der waagerechte Oberstrich des Ts steht für ein Breitenwissen als Ergänzung zum Expertenwissen. T-shaped-qualifizierte Beschäftigte
haben z. B. Kenntnisse über vor- und nachgelagerte Arbeiten, die mit ihrem Expertenwissen zusammenhängen (vgl. Maehrlein 2020, S. 49 f.). Dies ermöglicht ihnen Bedarf
Kollegen zu unterstützen oder in einem gewissen Umfang auch vertreten zu können.
T-shaped-Qualifikationen kompensieren auf Baustellen personelle Ausfälle und sind
förderlich für einen durchgehenden Bauablauf.

Beispiel

- Ein T-shaped-qualifizierter Gerätefahrer ist Experte für Bohrgeräte und Generalist für die Bedienung anderer Maschinen, wie z. B. Dumper und Bagger. ◄

Generell sollten Führungskräfte, die auf dem internationalen Markt Bauprojekte leiten, neben Fach- und Führungskompetenzen zumindest auch über gute Englischkenntnisse und interkulturelle Kenntnisse und Erfahrungen verfügen.

Wie Sie als Führungskraft mit Ihren Kompetenzen handeln, drückt sich in Ihrem Umgang mit Ihrer Umwelt aus.

2.2 Führungsstile

Die Verhaltensweise eines Menschen wird von seinem Charakter, seinen persönlichen Einstellungen sowie seinem Wissen, Wollen, Können und Dürfen beeinflusst – und entsprechend individuell ist der Führungsstil eines jeden Vorgesetzten (vgl. von Rosenstiel, 2010, S. 134).

Die Art und Weise, wie Sie sich gegenüber Ihren Mitarbeitern, Kollegen, Subunternehmern, Lieferanten u. Ä. verhalten, um Ziele zu erreichen, prägt Ihren **Führungsstil**. Ein Führungsstil ist eine rollenbedingte Verhaltensweise.

„Hinter jeder Entscheidung oder Maßnahme eines Managers stehen Auffassungen über die Natur des Menschen und sein Verhalten." (McGregor[2] 1986, S. 27). Von dieser Prämisse ausgehend hatte McGregor die Vorurteile bezogen auf einen traditionell-anweisenden Führungsstil in seiner Theorie X und seine Annahmen über einen modernen Führungsstil in seiner Theory Y zusammengefasst.

- Theorie X mit Menschenbild X: Der Mensch *„hat eine angeborene Abneigung gegen Arbeit"* und versucht sie möglichst zu vermeiden. Für seine Leistungserbringung muss er stark kontrolliert und angewiesen werden.
- Theorie Y mit Menschenbild Y: Der Mensch arbeitet prinzipiell gerne, ist leistungsorientiert und ehrgeizig. Führungskräfte schaffen motivierende Arbeitsbedingungen, die den Menschen ein selbstverantwortliches Arbeiten ermöglichen.

---

[2]Douglas Murray McGregor (*1906,+ 1964) war Professor für Management am Massetschusetts Institute of Technology (MIT) und ein Vordenker und Mitgründer moderner Managementkonzepte. McGregor veröffentlichte 1960 die Theorie X und Y in seinem Buch The Human Side of Enterprise. Er lehnte die Theorie X als menschenverachtend ab, sein persönliches Menschenbild spiegelt sich in seiner Y-Theorie.

Persönlichkeit Führungskraft	Führungs- verhalten	Reaktion Mitarbeiter	Ergebnisse	
			Entwicklungen	Finanzseite
▪ Sozial	▪ Interpretation der	▪ Engagement	▪ Problemlösungen	▪ Umsatz
▪ Integer	Führungsrolle	▪ Arbeitszufriedenheit	▪ Innovationen	▪ Gewinn
▪ Fair	▪ Führungsstil	▪ Teamorientierung	▪ Planabweichungen	▪ Marktanteil
▪ Kommunikativ	▪ Vorbildverhalten	▪ Innere Kündigung	▪ Arbeitsunfälle	▪ Produktivität
▪ …	▪ …	▪ …	▪ …	▪ …

Abb. 2.5 Die Persönlichkeit und das Führungsverhalten einer Führungskraft beeinflussen maßgeblich die Ergebnisse (vgl. von Rosenstiel 2010, eigene Darstellung)

In Unternehmen mit ausgeprägten Hierarchien, wie z. B. im Bauwesen, arbeiten auch heute noch Führungskräfte mit einem Verhalten, dass der Theorie X mit Menschenbild X entspricht. Aussagen von Führungskräften und Polieren in der Art wie „Du bist hier, um zu arbeiten – und nicht um zu denken!" sind nicht akzeptabel und sollten nicht toleriert werden.

Moderne Führungskräfte haben erkannt, wie sehr ihr Charakter, ihre Sichtweise auf den Menschen und ihr persönliches Verhalten den Führungserfolg maßgeblich beeinflussen (Abb. 2.5). Entsprechend kommen Sie nicht nur einer disziplinarischen Vorgesetztenrolle nach, sondern unterstützen und fördern ihre Mitarbeiter. Qualifizierte und verantwortungsbewusste Führungskräfte und Mitarbeiter sind notwendig, um langfristig auf dem hart umkämpften Markt im Bauwesen bestehen zu können, denn Unternehmensziele werden nur mithilfe der Mitarbeiter erreicht.

2.2.1 Klassische Führungsstile

Zu den klassischen Führungsstilen gehören das autoritäre, partizipative und delegierende Führungsverhalten, die nachfolgend vorgestellt werden.

Der autoritäre und direktive Führungsstil

> Kennzeichnend für den autoritären und direktiven Führungsstil ist, dass nur die Führungskraft Entscheidungen fällen darf, von Mitarbeitern Gehorsam gefordert und Widerspruch nicht geduldet wird.

In den letzten Jahren wurden für die Bezeichnung „autoritäre Führung" Synonyme entwickelt wie direktive Führung, anweisungsorientierte Führung oder direkte Führung.

Bei autoritären bzw. direktiven Führungskräften gilt häufig: Regel Nr. 1: Der Chef hat immer recht. Regel Nr. 2: Wenn der Chef einmal nicht Recht haben sollte, tritt automatisch Regel Nummer eins in Kraft.

Generell gehen autoritäre Führungskräfte davon aus, dass nur sie den notwendigen Überblick haben, um anstehende Aufgaben und Problemlösungen zu erkennen (vgl. Mahlmann 2011, S. 13). Im Rahmen eines strikten Top-down-Prinzip, werden z. B.

- Entscheidungen allein getroffen und angeordnet,
- Aufgaben direkt und ohne Rückfragen den Mitarbeitern zugewiesen,
- Aufträge detailliert erteilt und die Art der Auftragsbearbeitung diktiert,
- für fast alle Probleme detaillierte Lösungen vorgegeben,
- die Ausführungen streng kontrolliert,
- strenge Regeln für die Mitarbeiter aufgestellt, die von der Führungskraft willkürlich außer Kraft gesetzt werden können.

Ein Vorteil des direktiven Führungsstils ist die hohe Entscheidungsgeschwindigkeit, da auf Diskussionen verzichtet wird. Direktives Führen ist sinnvoll, wenn rasche Entscheidungen und schnelles Handeln erforderlich sind, beispielsweise in Krisen und Notfällen. Wenn z. B. in einen Tunnel große Wassermengen eindringen oder ein Feuer ausbricht, dann ist i. d. R. keine Zeit für Teamdiskussionen, da sofort über Gegenmaßnahmen entschieden werden muss, um die Situation zu retten.

Nachteile des direktiven Führungsstils sind z. B., dass

- Fehlentscheidungen der Führung nicht mehr aufgehalten werden können,
- das Wissen und die Erfahrung der Mitarbeiter nicht genutzt werden,
- die Mitarbeiter auf Dauer unselbstständig werden,
- die Mitarbeiterzufriedenheit und -motivation eher gering sind.

Beispiel

Auf einer Baustelle wurde ein Polier von einem Gerätefahrer auf eine Optimierungsmöglichkeit im Bauablauf hingewiesen. Statt sich für den Hinweis zu bedanken, brüllte der Polier den Gerätefahrer mit den Worten an: „Du bist zum Arbeiten hier, fürs Denken bin ich zuständig!"

Ein hohes Risiko des autoritären Führungsstils im Bauwesen besteht darin, dass Führungskräfte das Fach- und Spezialwissen der eigenen Mitarbeiter oder Kollegen verschiedener Gewerke nicht nutzen. Bei einer zunehmenden Technisierung und Spezialisierung der Gewerke erhöhen einsame Entscheidungen autoritärer Führungskräfte die Gefahr, Fehlentscheidungen zu treffen, die ggf. Terminverzögerungen, Qualitätsmängel und hohe Kosten verursachen. ◄

Der partizipative Führungsstil

In einfach strukturierten Projekten hat eine Führungskraft u. U. noch die Chance, allein und basierend auf ihrem Fachwissen eine sinnvolle Entscheidung treffen zu können. In komplexeren Bauprojekten mit parallel ablaufenden Arbeitsprozessen und einer hohen Spezialisierung verschiedener Gewerke ist hingegen ein Führungsstil erforderlich, der das Wissen und die Erfahrung von Mitarbeitern und Fachexperten berücksichtigt (vgl. Mahlmann 2011, S. 28).

> Der **partizipative Führungsstil** zeichnet sich durch eine Einbeziehung der Mitarbeiter aus.

Die Führungskraft fordert von ihren Mitarbeitern z. B.

- an bestimmten Entscheidungen mitzuwirken, wie bei der Aufstellung der Projektplanung, wobei die Entscheidung durch die Führungskraft gefällt wird,
- sich an Entscheidungen zur Art der Arbeitsdurchführung zu beteiligen,
- eine im Wesentlichen selbstständige Arbeitsweise,
- das Einbringen von Ideen und Verbesserungsvorschlägen,
- eine eigenständige Ziel- und Leistungsorientierung.

Partizipative Führungskräfte fördern

- die partnerschaftliche Zusammenarbeit mit ihren Mitarbeitern,
- die Personalentwicklung ihrer Mitarbeiter,
- den Austausch von Informationen und die Teamarbeit.

Vorteilhaft an der partizipativen Führung ist z. B., dass die Zufriedenheit, Motivation und Selbstständigkeit der Mitarbeiter gefördert und das Wissen der Mitarbeiter genutzt werden.

Ein Nachteil der partizipativen Führung ist die Verlängerung von Entscheidungsprozessen durch Sachdiskussionen. Zudem kann es unter Umständen demotivierend auf Mitarbeiter wirken, wenn einerseits ihre Fachkenntnisse von der Führungskraft eingefordert werden und andererseits die Führungskraft dann bei Entscheidungen dieses Fachwissen nicht berücksichtigt.

Zu sachkundigen und selbstständig arbeitenden Mitarbeitern bzw. Teams passen partizipative Führungselemente.

Der delegative Führungsstil

> Der delegative Führungsstil ist eine Führung durch Aufgabenübertragung.

Kennzeichnend für diese Führungsweise ist eine ausgeprägte Einbeziehung der Mitarbeiter (vgl. Wunderer 2011, S. 228; Lobscheid 1998, S. 98 ff.) wie zum Beispiel:

- Aufgaben werden den Mitarbeitern mit eigener Verantwortlichkeit und Zuständigkeit übertragen.
- Der Mitarbeiter ist in seiner Kompetenz zur eigenen Entscheidung nicht nur berechtigt, sondern verpflichtet.
- Es wird vorausgesetzt, dass die Mitarbeiter nach selbstständigen Aufgaben und Zuständigkeiten streben. Dazu gehört auch, dass er Initiativen ergreift und sich gern neuen Aufgaben stellt.

Die delegative Führungskraft fungiert als Controller des Teams und überprüft, ob die Mitarbeiter ihre Verpflichtung erfüllen. Dabei fordert er von seinen Mitarbeitern, dass sie eigenständig auf Wirtschaftlichkeit und Qualität sowie Quantität und Termintreue achten.

Auch wenn die Durchführungs- und Ergebnisverantwortung intern delegiert wird, so bleibt doch die Ergebnisverantwortung nach außen bei der Führungskraft, wie z. B. gegenüber dem Auftraggeber oder dem eigenen Vorstand.

Vorteile des delegativen Führungsstils sind z. B. die Entlastung der Führungskraft sowie die Zusammenführung von Fachkompetenz und Fachentscheidung. Nachteilig kann die delegative Führung wirken, wenn die Führungskraft ihre Steuerungsaufgabe nicht ausreichend wahrnimmt und sich nicht für die Ergebnisse verantwortlich fühlt.

Der delegative Führungsstil empfiehlt sich z. B. bei Teilprojekten und Expertengruppen wie z. B. Architekten- oder Designteams.

2.2.2 Zeitgemäßes Führungsverhalten

Unternehmen müssen gesellschaftliche Entwicklungen berücksichtigen, um als Arbeitgeber attraktiv zu bleiben. Mitglieder der Generationen Y und Z[3] sehen in der Arbeit einen wesentlichen Lebensbereich, der motivierend und sinnstiftend sein muss sowie Möglichkeiten der Selbstverwirklichung bietet. Bauunternehmen als attraktive Arbeitgeber bieten Flexibilität und Vielfalt am Arbeitsplatz und bieten eine Work-Life-Balance.

---

[3]Die Generation Z umfasst alle Geburtsjahrgänge ab 1995 bis ca. 2012 und ist die Nachfolgegeneration der Generation Y. Aufgrund des Aufwachsens in einer digitalisierten Welt werden sie auch als Digital Natives bezeichnet. Digitale Anwendungen sind mit dem Leben der Mitglieder der Generation Z verwoben. (vgl. Scholz 2014, S. 22 ff.).

Zudem wurde in den letzten Jahren erkennbar, dass der Erfolg junger Start-ups aus der hohen Leistungsfähigkeit selbstorganisierter Teams resultiert, deren Mitglieder kollegial zusammenarbeiten. Die Erfolge von Lean-Startups zeigen, dass mit flachen Hierarchien und einer Führung auf Augenhöhe eine größere Kreativität freigesetzt wird und gemeinsam gefundene Lösungen eine hohe Akzeptanz erzeugen. Lean-Startups sind innovativer als traditionelle Unternehmen mit einer Top-down-Führung im Sinne hierarchischer Einbahn-straßen (Bausenwein und Erret 2009, S. 62). Die Erfolge der Start-ups leiteten in den letzten Jahren eine Unternehmensentwicklung mit dem Trend hin zu flachen Hierarchien ein, was auch zu einer Veränderung der Führungskultur und Führungsgrundsätze führt.

Zeitgemäße Führung ist auf eine partnerschaftliche und kollegiale Zusammen-arbeit ausgerichtet und Führungskräfte verstehen sich zunehmend als Servant Leader, Führungskraft mit lateraler Führung oder als Coach.

Servant Leadership

> Servant Leadership ist eine dienstleistende Führung.

Dieses Führungsverhalten ist für eine Teamsituation geeignet, in der die Teammitglieder selbstorganisiert und selbstständige ihre Aufgaben erfüllen und hoch motiviert arbeiten. Diese Arbeitssituation findet sich z. B. in EDV-Abteilungen, die mit einem agilen Projektmanagement nach Scrum[4] arbeiten.

Die Führungskraft als Servant Leader unterstützt die Mitarbeiter bei der Beseitigung strukturelle oder organisatorische Hindernisse. Es gehört auch zu den Aufgaben eines Servant Leaders zwischenmenschliche oder kulturell bedingte Probleme aufzulösen. Dazu muss der Servant Leader auch Teamentwicklung fördern und Konflikte lösen können. (vgl. Hofert 2018, S. 98).

Laterale Führung

> Laterale Führung ist ein partnerschaftliches und kollegiales Führungsverhalten ohne disziplinarische Macht, sie wird auch als „Führung von der Seite" bezeichnet.

Das laterale Führungsverhalten ist besonders für funktionale Führungskräfte geeignet, denn funktionale Führungskräfte, wie z. B. Gesamtprojektleiter, verfügen nicht über die institutionelle Macht einer disziplinarischen Führungskraft, wie z. B. ein Bereichsleiter, was eine andere Qualität der Mitarbeiterführung verlangt.

---

[4]Scrum ist eine Methode des agilen Projektmanagements, ursprünglich entwickelt für die EDV/ Softwareentwicklung. Mittlerweile wird agiles Projektmanagement nach Scrum auch in anderen Bereichen, wie z. B. Entwicklungsabteilungen angewandt.

Bei komplexen Bauprojekten, mit Kooperationen zwischen verschiedenen Geschäftsbereichen und Gewerken, ist es eine normale Führungssituation, in der ein Oberbauleiter
als Gesamtprojektleiter zur fachlichen Führungskraft seiner Oberbau-Kollegen wird, die
mit ihrem jeweiligen Expertenwissen als Projektleiter für Teilprojekte verantwortlich sind.

Laterale Führung ist eine herausfordernde Aufgabe, sie erfordert fachlich ein
T-shaped Profil, ausgeprägte soziale Kompetenzen und Verhaltensweisen, die alle Teammitglieder ins Boot holen, um angestrebte Erfolge zu erreichen. Für laterale Führungskräfte, wie z. B. Gesamtprojektleiter, gibt es 5 zentrale Aufgaben (Hofert 2018, S. 119):

1. Abläufe, Prozesse und Inhalte koordinieren
2. Regeln und Strukturen einbringen
3. Für Einhaltung von Regeln sorgen
4. Teams entwickeln
5. Konflikte lösen.

Leider zeigt die Praxis, dass bei der Besetzung einer Gesamtprojektleitung, die
Kompetenzen der Aufgaben 1 bis 3 oft noch hinreichend berücksichtigt, hingegen die
Aufgaben 4 und 5 in der Regel vernachlässigt werden. Das führt dazu, dass häufig Oberbauleiter zu Gesamtprojektleitern werden, denen psychologische und methodische
Grundkenntnisse zur Teamentwicklung und Konfliktlösung fehlen. Oft haben Gesamtprojektleiter Probleme mit lateraler Führung, aufgrund ihrer Angst vor Kontrollver-
lust und ihres Mangels an Ambiguitätstoleranz. Ihre Unsicherheit führt dazu, dass sie
die Leistung qualifizierter Kollegen in Frage stellen, obwohl ihnen das entsprechende
Expertenwissen fehlt.

> Ambiguitätstoleranz ist die Fähigkeit, Mehrdeutigkeiten, Widersprüche, andere
> Sichtweisen auszuhalten und selbst in kulturell oder sozial unbekannten Situationen
> sich wohlwollend und nicht aggressiv zu verhalten (vgl. Bauer 2018, 16 ff.).

Diese Gesamtprojektleiter haben nicht verstanden, dass ihre Aufgabe darin besteht,
qualifizierte Fachleute aus verschiedenen Fachbereichen zu koordinieren und zu unterstützen. Stattdessen übernehmen sie die Rolle des vermeintlichen Besserwissers und
boykottieren somit den Teamgeist.

Als laterale Führungskraft sollten Sie z. B. folgende Verhaltensweisen in ihre Arbeitsweise integrieren (vgl. Jochum, 1999, S. 433 f.).

• Kooperationsverhalten: Teammitglieder unterstützen, Bereitschaft zur Aufgaben-
  teilung, Achtung der Leistung der Teammitglieder, Gedankenaustausch als Grundlage
  für Problemlösungen, Ziele gemeinsam anstreben
• Informationsverhalten: Bereitschaft und Fähigkeit mit anderen zu kommunizieren,
  Weitergabe von Informationen, Zuhören können

- Integrationsverhalten: Konsensstreben: Einordnen in das Team, Toleranz gegenüber Kollegen, aktive Förderung des Gruppenklima, Eingehen auf Teammitglieder
- Aufgabenbezogene Aufgeschlossenheit: Bereitschaft, sich mit anderen Meinungen auseinanderzusetzen, Bereitschaft und Fähigkeit sich in andere Bereiche einzuarbeiten
- Selbstkontrolle: Fähigkeit zur Selbstkritik, Annahme von Kritik, situativ angemessenes Verhalten
- Arbeitsantrieb: Engagement, ausdauerndes, bereitwilliges Arbeiten mit motivierender Wirkung auf Teammitglieder, Kontaktfreude
- Durchsetzungsvermögen: Überzeugende Darstellung des eigenen Standpunktes und eigener Ideen.

> Führungskräfte, die erfolgreich lateral Führen, verfügen neben ihren fachlichen auch über ausgeprägte soziale Kompetenzen und eine integre Persönlichkeit.

Die Führungskraft als Coach

Das Führungsverhalten „die Führungskraft als Coach" gewinnt in Deutschland seit den 1990er Jahren zunehmend an Verbreitung. Dahinter steht die Forderung, dass Führungskräfte ihre Mitarbeiter ergänzend zur fachlichen Anleitung auch coachen sollen, um ihre Entwicklung zu fördern. Im klassischen Coaching nimmt der Coach nur Coachingaufgaben wahr. Hingegen ist eine Führungskraft als Coach auch Trainer und Vorgesetzter.

Daraus ergibt sich die nachfolgende Mitarbeiter-Coaching-Definition, die sich auf den das Führungsverhalten die Führungskraft als Coach bezieht: Coaching ist die individuelle, fachliche und psycho-soziale Förderung der Mitarbeiter, wobei die Führungskraft in Analogie zum Sport auch eine Trainer- und Beraterfunktion übernimmt.[5] Somit werden die Rollen Führungskraft und Trainer um die Rolle Coach ergänzt.

In Ihrer Rolle

- als Vertreter des Unternehmens verfolgen Sie die Interessen Ihres Unternehmens und sind für den wirtschaftlichen Erfolg zuständig. Sie führen Ihr Team dergestalt, dass es dazu beiträgt, wirtschaftliche Ziele zu erreichen. Als Führungskraft sind Sie Gesprächspartner, treffen Entscheidungen, geben Anweisungen, führen Mitarbeiterbeurteilungsgespräche sowie Zielvereinbarungen und kontrollieren Leistungen und Zielerreichung.

---

[5]Diese Coaching-Definition berücksichtigt die Realität, dass Führungskräfte ihre Mitarbeiter coachen, beraten und trainieren. Sie weicht von klassischen Coaching-Definitionen ab, bei denen es vorrangig um die Förderung der Problemlösungskompetenz, der Selbstreflexion und -wahrnehmung sowie der emotionalen Selbststeuerung geht.

- als Trainer und Berater sind Sie Fachexperte und dem Mitarbeiter fachlich klar über-legen. Sie bestimmen den Inhalt und den Ablauf von Aufgaben sowie Übungen und leiten den Mitarbeiter gezielt an. Ihr Training zielt auf den Auf- und Ausbau spezi-fischer Verhaltensweisen, damit Aufgaben optimal erfüllt werden für eine qualitativ hochwertige Leistungserbringung.

- als Coach sind Sie primär Zuhörer und Gesprächspartner, unterstützen Ihren Mitarbeiter bei Zielfindungen, fördern ihn bezogen auf fachliche und soziale Kompetenzen und bieten eine individuelle Begleitung bei Problemlösungen.

Der Bauleiter, der die Rollen Führungskraft, Trainer und Coach ausübt, muss stets deutlich kommunizieren, in welcher Rolle er agiert. Rollenklarheit entsteht über den Problembesitz:

- Hat die Führungskraft ein Problem, z. B. weil eine Verhaltensweise des Mitarbeiters nicht akzeptiert werden kann, dann führt sie ein Kritikgespräch als Führungskraft.

- Hat ein Mitarbeiter ein Problem bei der Umsetzung von Arbeitsmaßnahmen, dann kann die Führungskraft eine Unterweisung[6] durchführen bzw. veranlassen oder der Mitarbeiter kann eine fachliche Unterstützung anfordern.

- Hat der Mitarbeiter ein Problem, z. B. mit schwierigen Mitarbeitern eines Nachunter-nehmers, dann kann die Führungskraft ein Coachinggespräch mit dem Mitarbeiter führen, um ihn bei einer Problemlösung zu unterstützen.

Ein Führungsverhalten mit der Rolle Coach erfordert ein individuelles Führen, das bedeutet, dass sich die Führungskraft mit den individuellen Stärken, Schwächen und Neigungen der Mitarbeiter auseinandersetzen muss. Zudem muss die Führungskraft über Coachingkompetenzen verfügen. Situationen in denen die Führungskraft als Coach agieren kann bzw. sollte sind z. B.:

- Einarbeitung von Mitarbeitern oder Vorbereitung auf neue Aufgaben
- Verbesserung der persönlichen Leistungsbereitschaft und -fähigkeit
- Konfliktorientiertes Verhalten von Mitarbeitern gegenüber Kollegen, Vorgesetzten oder Kunden
- Erkennbarer Motivationsverlust

---

[6]Eine Unterweisung ist eine Wissensvermittlung, der Mitarbeiter lernt und wird befähigt, einen Arbeitsvorgang korrekt und eigenständig durchzuführen.

Ein unsicherer junger Mitarbeiter wurde von einem erfahrenen Polier fachlich und bezogen auf seine Sozialkompetenzen gecoacht und trainiert, sodass sich der unsichere Hilfsarbeiter zu einem selbstsicheren Mitarbeiter und kompetenten Gerätefahrer entwickeln konnte. ◄

Das obige Beispiel zeigt, dass die Führungskraft als Coach im Bauwesen Verantwortung für Mitarbeiter übernimmt, sich für sie einsetzt und individuell fördert sowie ihre Selbstführungskompetenz erhöht.

Die Führungskraft als Coach fördert die intrinsische Motivation der Mitarbeiter. Dies kann über die Arbeit selbst oder die dabei gewonnenen positiven Erfahrungen erfolgen, sodass sich der Mitarbeiter als kompetent und wirksam erlebt. Mitarbeiter werden gefordert und gefördert, was die Arbeitszufriedenheit und das Commitment[7] maßgeblich beeinflusst. In diesem Kontext entwickeln Führungskraft und Mitarbeiter ein Verhältnis, bei dem die gegenseitigen Erwartungen über die arbeitsvertraglichen Vereinbarungen hinausgehen. Die Mitarbeiter sind bereit zu überdurchschnittlichem Engagement bei Engpässen und die Führungskraft wird diese überdurchschnittliche Leitung monetär oder durch Freizeitausgleich honorieren. Eine kooperative und vertrauensvolle Zusammenarbeit fördert Leistungsbereitschaft und Win-win-Situationen (vgl. Kap. 3).

2.3   Führungsinstrumente

Führungsinstrumente sind Methoden, mit denen das Verhalten der Mitarbeiter zielgerichtet beeinflusst werden kann. Dabei reicht die Spannweite von eher komplexen Instrumenten wie Management by Objectives (MbO) und Objective Key Results (OKRs) über erfahrungsbasierte Management-by-Steuerungstechniken bis hin zur Vermittlung von Wertschätzung und einfachen Information.

2.3.1   Management by Objectives (MbO)

Management by Objectives ist das Führen mit Zielvereinbarungen.

Der von Peter F. Drucker im Jahr 1954 formulierte Ansatz des Management by Objectives bedeutet Führen mit Zielvereinbarungen und ist eine zielorientierte Mitarbeiterführung.

---

[7]Organisationales Commitment bezeichnet das Ausmaß der emotionalen Bindung einer Person gegenüber einer Organisation.

Die Grundidee des MbO ist, unternehmerische Ziele und persönliche Ziele des Mitarbeiters miteinander zu verbinden. Dadurch soll das Streben nach Selbstentfaltung des Mitarbeiters mit den unternehmerischen Zielen verknüpft und so eine Leistungssteigerung erreicht werden (vgl. Schmidt und Kleinbeck 2006, S. 11 ff.).

Das Konzept Management by Objectives sieht vor, dass die Oberziele des Unternehmens in Unterziele kaskadenförmig zerlegt werden, die von verschiedenen Abteilungen, Teams und Mitarbeitern zu erfüllen sind. Durch die Erfüllung der Unterziele sollen in Summe die Oberziele des Unternehmens erfüllt werden. (vgl. Müller 2008, S. 41).

Abteilungsleiter und Teamleiter vereinbaren mit ihren jeweiligen Mitarbeitern gemeinsam Ziele, die der Mitarbeiter zu erfüllen hat, z. B. im Rahmen eines Jahresgesprächs oder zu Beginn eines Projekts. Vereinbart werden auch Leistungsstandards und Prüfmöglichkeiten, mit denen kontrolliert werden kann, ob Ziele erreicht wurden. Innerhalb eines vereinbarten Entscheidungsspielraums entscheidet der Mitarbeiter, auf welche Art und Weise die Ziele erreicht werden. Prämissen des MbO sind (vgl. Wunderer 2011, S. 230 ff.) z. B.:

- Die Kenntnisse über die Ziele fördern Identifikation und Motivation.
- Der Einbezug des Mitarbeiters bei der Zielbestimmung fördert die Akzeptanz.
- Die Selbstkontrolle über den Grad der Zielerreichung fördert die Leistung.
- Die objektive Entlohnung fördert Zufriedenheit.

Bei der Formulierung der Ziele ist zu hinterfragen (Weibler 2012, S. 362 ff.):
  „Sind die Ziele …

- strategieförderlich, d. h. ist der Bezug zur Unternehmensstrategie gegeben?
- anspruchsvoll, d. h. erfordert das Ziel eine positive Leistungsanspannung?
- realistisch, d. h. entspricht das Ziel dem individuellen Leistungsvermögen?
- akzeptiert, d. h. weder von aufgezwungen noch von unten abgetrotzt?
- überprüfbar, d. h. sind messbare Beurteilungskriterien definiert?
- resultatsbezogen, d. h. als Ergebnis und nicht als Prozess formuliert?
- abgestimmt, d. h. vertikal und horizontal in das Zielsystem integriert?"

Der Prozess des Zielvereinbarungsgespräch umfasst die Schritte Vorbereitung, Durchführung und unterjährige Zielverfolgung.

In der unterjährige Zielverfolgung sollte die Führungskraft als Trainer und Coach agieren und Unterstützung bei Problemen mit Führungsinstrumenten wie Feedbackgespräche, Beratung und Coaching bieten. Die Führungskraft als Coach sollte bei der Problemlösungssuche möglichst nur eine unterstützende Funktion bieten.

In der Realität wird leider in vielen Unternehmen die MbO-Grundidee, die Verknüpfung und Vereinbarung von Unternehmens- und Mitarbeiterzielen, vernachlässigt. Häufig wird das Jahresgespräch von Führungskräften und Mitarbeitern als eine lästige

Pflichtaufgabe absolviert. Dabei wird oft aus der Zielvereinbarung eine Zielvorgabe der Führungskraft, wobei die Mitarbeiterinteressen ggf. nur geringfügig berücksichtigt werden. Eine mangelnde Berücksichtigung der MbO-Prämissen kann dazu führen, dass Mitarbeiter eher nur gering motiviert sind, sich für die Zielerreichung zu engagieren.

Im unterjährigen Führen mit Zielen können auch die Führungstechniken Management by Results und Management by Exception eingesetzt werden. Diese 2 Management-by-Techniken basieren auf dem Erfahrungswissen von Führungskräften, sind praxiserprobt und für das Bauwesen praktikabel.

Management by Results (MbR)

Management by Results ist die Führung durch Ergebnisorientierung.

Die Führungskraft gibt ihrem Mitarbeiter Leistungsziele vor und überwacht den Prozess der Leistungserbringung durch kontinuierliche Kontrollen.

Management by Results ist eine anweisungsorientierte Führungstechnik, da der Mitarbeiter nur geringe Mitbestimmungsmöglichkeiten hat. Management by Results sollte wohlüberlegt eingesetzt werden, z. B. wenn die Motivation eines Mitarbeiters niedrig ist oder er nur über geringe Kenntnisse und Fähigkeiten verfügt. Ansonsten besteht das Risiko, dass die Mitarbeiter ihre Selbstständigkeit und Motivation verlieren.

Management by Exception (MbE)

Management by Exception ist die Führung nach dem Ausnahmeprinzip.

Der Mitarbeiter ist eigenverantwortlich zuständig für die Erledigung von Routineaufgaben. Die Führungskraft greift nur in Ausnahmefällen ein, z. B. genehmigungspflichtigen Ober- oder Untergrenzen, bei relevanten Schwierigkeiten oder wenn Teilziele nicht erreicht werden (vgl. Müller 2008, S. 41; Gabler Wirtschaftslexikon 1988, S. 261).

Die Führungskraft legt Ziele und Richtlinien fest, mittels denen der Mitarbeiter einschätzen kann, welche Aufgaben wie zu erledigen sind und was ein Ausnahmefall ist.

Für eine erfolgreiche Anwendung des MbE sind folgende Voraussetzungen erforderlich:

- Aufgaben und Ziele sind klar definiert.
- Es existieren eindeutige Definitionen zur Abgrenzung von Normal- und Ausnahmefällen, dazu sind Toleranzwerte festgelegt, z. B. Obergrenzen bei Bestellungen und Untergrenzen bei Qualität.
- Die Kompetenzen und Zuständigkeiten sind eindeutig festgelegt.
- Eine Kontrolle erfolgt mittels eines Soll-Ist-Vergleichs und Abweichungsanalyse.

Sind diese Voraussetzungen erfüllt, kann der Mitarbeiter selbstbestimmt innerhalb seines Kompetenzbereichs arbeiten, was motivationsfördernd wirken kann. Zudem wird die Führungskraft von Routineaufgaben befreit und hat somit freie Kapazitäten für höherrangige Aufgaben. Das Risiko dieses Führungsinstrument besteht darin, dass ggf. die

Arbeiten eines Mitarbeiters nur noch aus Routineaufgaben bestehen, die ihn auf Dauer gesehen unterfordern – und eine dauerhafte Unterforderung wirkt sich i. d. R. negativ auf die Motivation aus.

2.3.2 Objectives and Key Results (OKRs)

Objectives and Key Results ist ein Führungsinstrument, das die Unternehmensvision mit strategischen Zielen verbindet und diese im Rahmen eines unternehmensweiten Zielvereinbarungsprozesses von allen Führungskräften und Mitarbeitern kontinuierlich bearbeitet und erreicht werden.[8]

Gemäß Google-Gründer Larry Page haben OKRs maßgeblich zum Erfolg von Google beigetragen (vgl. Doerr 2018, S. XII). Der Erfolg weiterer bekannter Unternehmen, wie Twitter, LinkedIn oder Siemens, die ebenfalls mit OKRs arbeiten, führte zu einem breiten Interesse an dieser Managementmethode. OKRs wird in der Managementliteratur als Framework (Rahmenwerk) bezeichnet, da der OKRs-Prozess unternehmensspezifisch anzupassen ist. Da Google aufgrund seiner ca. 20jährigen Nutzung von OKRs sich zum OKRs-Experten entwickelt hat, bezieht sich die nachfolgende Beschreibung auf das OKRs-System, so wie es bei Google angewendet wird.

Für Bauunternehmen und Führungskräfte des Bauwesens, die z. B. nach den Prinzipien von Lean Construction arbeiten, die Führung nach dem Befehls- and Kontrollprinzip als kontraproduktiv erkannt haben und die positiven Auswirkungen selbstorganisierter und leistungsorientierter Teams schätzen, kann dieser Führungsansatz geeignet sein.

Der unternehmensweite Zielvereinbarungsprozess startet bei der Geschäftsleitung, die durch ihre Objectives mit den dazugehörigen Key Results die strategische Ausrichtung vorgibt. Objectives sind qualitative, ambitionierte und inspirierende Ziele, die verdeutlichen was gemeinsam mit allen Beschäftigten[9] erreicht werden soll. Key Results sind quantitative, messbare Ergebnisse, die durch Aktivitäten zur gemeinsamen Erreichung der Objectives (wie) erarbeitet werden und den Grad der Zielerreichung verdeutlichen. Abteilungen, Teams und Mitarbeiter leiten aus diesen Zielen jeweils ihre OKRs ab, dabei kann zwischen Firmen-OKRs, Team-OKRs und Mitarbeiter-OKRs unterschieden werden (vergl. Klau 2013, Minute 35).

---

[8]Es existiert keine einheitliche OKR-Definition in Literatur und Praxis. John Doerr, der OKR bei Google eingeführt hatte, beschreibt OKR als „It is a collaborative goal-setting protocol for companies, teams and individuals." (Doerr 2018, S. 7).

[9]Der Begriff Beschäftigte bezeichnet und umfasst Führungskräfte und Mitarbeiter aller Hierarchieebenen.

- Firmen-OKRs richten den Fokus auf das Gesamtunternehmen und werden von der Geschäftsführung und dem Managementteam erarbeitet. Sie leiten sich ab aus den Jahreszielen sowie der Unternehmensvision und -mission.
- Team-OKRs definieren die Aktivitäten, mit denen jeder Geschäftsbereich, jede Abteilung und jedes Team zur Erreichung des Firmen-OKRs beiträgt. Teamziele werden top-down vorgegeben. Wie die Ziele erreicht werden können, wird in Teamsitzungen bottom-up entwickelt, sodass es zu einer Verflechtung von top-down- und bottom-up-Zielen kommt.
- Mitarbeiter-OKRs definieren, an welchen Projekten oder Initiativen der einzelne Mitarbeiter arbeitet.

OKRs werden von allen Beteiligten erarbeitet, denn jeder Beschäftigte soll mitdenken, wie er zum Unternehmenserfolg beitragen kann.

Die Key Results müssen messbar sein und sollten sich beziffern lassen, wie z. B. von 0 % bis 100 %. OKRs-Ziele sind ambitioniert, deswegen wird eine Zielerreichung zwischen 60 % und 80 % angestrebt. Eine kontinuierlichen Zielerreichung von 100 % ist ein Hinweis auf nicht ambitionierte Ziele. Werden Ziele nicht erfüllt, dann können sie in den folgenden Zyklus übertragen werden oder es kann die Relevanz des Ziels hinterfragt werden, um es ggf. aufzugeben. Eine mangelhafte Zielerreichung sollte nicht abgestraft, sondern für eine Verbesserung der OKRs-Planung für die kommenden Zyklen genutzt werden.

Ein OKRs-Zyklus dauert i. d. R. 3 Monate. Der quartalsmäßige Rhythmus ermöglicht auf Veränderungen flexibel reagieren zu können und fördert zudem eine intensive top-down- und bottom-up-Kommunikation.

Gegen Ende eines Zyklus X beginnt der OKRs-Prozess für den folgenden Zyklus Y indem die Geschäftsführung einen Entwurf der Firmen-Objectives für Zyklus Y mit der Managementebene diskutiert. Ergebnis dieses Meetings sind abgestimmte Firmen-Objectives sowie Team-Objectives, die die Firmen-Objectives unterstützen. Während des Zyklus Y werden in 2 weiteren Meetings die OKRs-Ergebnisse des laufenden Zyklus sowie die OKRs-Resultate des vergangenen Zyklus ausgewertet und bewertet. Diese Meetings finden auch auf Abteilungs- und Teamebenen statt, sodass jeder Beschäftigte aktiv in den OKRs-Prozess eingebunden ist. Die gemeinsame Diskussion und Erarbeitung der Objectives fördert die Arbeitsmotivation und Selbstverantwortung der Beschäftigten.

Zentrale OKRs-Prinzipien

Zu den OKRs-Prinzipien gehören Fokus, Partizipation, Transparenz und Bewertung (vgl. Klau 2013, Minute 23).

- **Fokus**
  OKRs fokussieren sich auf die strategischen Unternehmensziele und nicht auf das reguläre Tagesgeschäft. Um eine Überforderung der Beschäftigten zu vermeiden, werden einem Mitarbeiter maximal 5 Objecitves mit jeweils maximal 4 Key Results in einem Zyklus zugeordnet.
- **Partizipation**
  Die Mitarbeiter bringen mindestens 60 % der Objectives und Key Results ein, die sie mit ihren Führungskräften diskutieren und abstimmen. Die Führungskräfte müssen wiederum ihre OKRs mit ihren Vorgesetzten abstimmen.
- **Transparenz**
  Die OKRs aller Führungskräfte und Mitarbeiter sind unternehmensöffentlich, bei Google z. B. durch Veröffentlichung im Intranet. Somit weiß jeder woran jeder arbeitet. Diese Transparenz fördert das Verständnis, die Kommunikation und die Zusammenarbeit unter den Mitarbeitern, denn es ist für jeden erkennbar, wie man sich gegenseitig ergänzen und unterstützen kann.
- **Bewertung**
  Die Bewertung der Obejctives and Key Results, wie z. B. bei Google, erfolgt in 3 Schritten:
  1. Jedes Key Result wird auf einer Skala von 0 bis 1 bewertet, was einer prozentualen Zielerreichung entspricht.
  2. Es wird der Durchschnitt aller Key Results pro Objective errechnet, um eine Bewertung für jedes Objective zu erhalten.
  3. Mit den Ergebnissen aller Objectives wird der Durchschnitt als Gesamtbewertung für den Zyklus ermittelt.

OKRs dienen nicht der Mitarbeiterbewertung, sie fokussieren sich auf Unternehmensziele und wie jeder Mitarbeiter dazu beitragen kann, diese zu erreichen.

Mit OKRs können Vision, Mission und Strategie in eine kurzfristige, operative Planung integriert und in die Arbeit eines jeden Beschäftigen eingebunden werden. Somit wissen Mitarbeiter und Führungskräfte nicht nur was sie tun, sondern auch warum sie es tun. Der unternehmensweite Zielvereinbarungsprozess schafft Transparenz, fördert das unternehmerische Denken aller Beschäftigten sowie die Kommunikation zwischen Abteilungen, Teams und Hierarchieebenen, was positiv auf die Arbeitsmotivation, Loyalität und Bereitschaft zur Selbstorganisation wirkt.

2.3.3 Kommunikative Führungsinstrumente

Kommunikative Führungsinstrumente können wie folgt kategorisiert werden (vgl. Schirmer und Woydt 2012, S. 141 ff.):

Monolog-orientierte Kommunikation
Bei den monolog-orientierten Instrumenten will die Führungskraft z. B. durch Informationen das Verhalten der Mitarbeiter beeinflussen. Dazu gehören z. B.:

- Information: Es werden Fakten, Erfahrungen u. Ä. weitergegeben.
- Anweisung: Es wird vermittelt, was der Mitarbeiter zu tun oder zu unterlassen hat.
- Unterweisung: Es werden Wissen und Erfahrungen vermittelt, damit der Mitarbeiter lernt und in der Lage ist, einen Arbeitsvorgang korrekt und eigenständig durchzuführen.
- Feedback: Es wird eine zeitnahe und korrekte Rückmeldung zu gezeigtem Verhalten gegeben, mit dem Ziel, erwünschtes Verhalten zu verstärken.
- Lob als Ausdruck von Wertschätzung und Anerkennung wirkt stark motivierend.

Dialog-orientierte Kommunikation
Bei den dialog-orientierten Führungsinstrumenten erfolgt die Beeinflussung der Mitarbeiter durch Gespräche. Es ist darauf zu achten, dass die am Redewechsel Beteiligten einen ungefähr gleich großen Redeanteil haben.

- Zielvereinbarungsgespräch: Als Instrument des Management by Objective dient es der Leistungs- und Motivationssteigerung. Durch die Verbindung von unternehmerischen und individuellen Zielen soll eine Leistungssteigerung erreicht werden.
- Personalbeurteilungsgespräch: Es hat die Funktion der Leistungsbewertung und Motivationssteigerung.
- Personalentwicklungsgespräch: Ziel ist die Förderung der arbeitsbezogenen Kompetenzen des Mitarbeiters, um darüber den Projekt- und Unternehmenserfolges zu unterstützen.
- Coaching: Bei dieser individuellen, fachlichen und psycho-sozialen Förderung des Mitarbeiters übernimmt die Führungskraft, in Analogie zum Sport, eine Trainerfunktion.
- Kritikgespräch: Es wird geführt, wenn der Mitarbeiter mehrfach unerwünschtes oder einmalig grobes Fehlverhalten zeigt. Gesprächsziel ist, dass der Mitarbeiter sein Fehlverhalten erkennt und einstellt.

Prozess-orientierte Kommunikation
Charakteristisch für prozess-orientierte Führungsinstrumente ist, dass verschiedene Interaktionen zeitversetzt erfolgen.

- Moderation: Diese Methode der Gesprächsführung steuert die Kommunikation in Gruppen.
- Teamentwicklung: Es soll der Zusammenhalt im Team und das Engagement verbessert werden, um eine effektivere und produktivere Zusammenarbeit im Team zu erreichen.
- Konfliktmanagement: Es geht darum, Konflikte zu erkennen und zu vermeiden sowie eine reibungslose Zusammenarbeit im Team zu fördern.
- Immaterielle Anreize: Aus- und Weiterbildung, Karrierechancen, Organisationskultur, u. A. (vgl. Weibler 2012, S. 375).

Im Rahmen des Führungsprozesses sind Führungsinstrumente situationsangemessen zu verwenden, sodass die Mitarbeiter bereit und fähig sind, das eigene Potenzial voll einzusetzen.

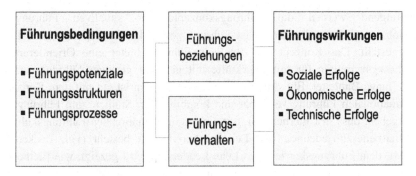

Abb. 2.6 Führungsbedingungen erzeugen Führungswirkungen (vgl. Wunderer 2011), eigene Darstellung

2.4 Führungskonzepte

Wissenschaftliche Führungstheorien[10] erklären, unter welchen Bedingungen Führungserfolge erzielt werden können (vgl. Wunderer 2011, S. 271). Angesichts der Komplexität der Führungsbedingungen erfüllen Führungstheorien diesem Anspruch nur sehr eingeschränkt (Abb. 2.6).

Einen Nutzen für die unternehmerische Praxis bieten praxisorientierte Führungskonzepte. Führungskonzepte sind z. T. aus Führungstheorien abgeleitet und sind systematische, mehr oder weniger umfangreiche und anwendungsorientierte Handlungsempfehlungen für die tägliche Führungsarbeit. Führungskonzepte können personale und strukturale Elemente enthalten (vgl. Herbig 2005, S. 50 ff.).

- Personale Elemente beziehen sich auf die Kommunikation und Interaktion zwischen Führungskraft und Mitarbeiter, wie z. B. das Führungsverhalten Mitarbeiter-Coaching.
- Strukturale Elemente beziehen sich auf die organisatorische Struktur der Führung.

Führungsgrundsätze oder Führungsleitlinien bieten eine Verhaltensorientierung und definieren den Handlungsspielraum im Führungsprozess. In einem solchen Handlungsspielraum agieren Sie als Führungskraft mit Ihren Kompetenzen, Ihrem persönlichen Führungsstil und den entsprechenden Führungsinstrumenten.

---

[10]Eine Theorie beinhaltet unabhängige Aussagen (Axiome), aus denen weiter Aussagen (Gesetze und Theoreme) hergeleitet werden können (vgl. Wunderer 2011, 270).

Nachfolgend werden die Führungskonzepte der situativen Führung, der transaktionalen und transformationalen Führung sowie das Konzept des Lean Leadership vorgestellt. Das Konzept der situativen Führung bietet eine Orientierungshilfe zum Führungsverhalten für Führungskräfte mit ggf. nur geringer Führungserfahrung, wie z. B. junge Bauleiter. Ein situatives Führungsverhalten ist gut mit dem Konzept der Transformationalen Führung vereinbar und kombinierbar. Studien zum Führungserfolg haben ergeben, dass in Unternehmen, mit einer transformationalen Führungskultur eine hohe Mitarbeiterzufriedenheit und Leistungsbereitschaft besteht (vgl. Becker 2019, S. 79). Mit dem Führungskonzept des Lean Leadership wird gezeigt, wie Elemente der situativen, transaktionalen sowie transformationalen Führungskonzepte, gepaart mit einem modernen Führungsverhalten, in die Praxis des Bauwesens integriert werden können.

2.4.1 Situative Führung

Um Aufgaben optimal zu erfüllen und Ziele zu erreichen, sollten Führungskräfte die Unterschiedlichkeit von Mitarbeitern und Situationen berücksichtigen. Dies erreichen Sie mit einem Führungsstil, der auf den einzelnen Mitarbeiter und die jeweilige Situation zugeschnitten ist – und der kann bei Mitarbeiter A ein anderer sein als bei Mitarbeiter B (vgl. Apello 2011, S. 127 f.). Ein solches Führungsverhalten erfordert von der Führungskraft eine hohe Flexibilität, Geistesgegenwart und Umsicht.

Die mitarbeiter- und situationsspezifische Führung ist kennzeichnend für den situativen Führungsstil.

Der situative Führungsstil entwickelte sich aus der Erkenntnis, dass alle Führungsstile Stärken und Schwächen aufweisen und nutzt je nach Situation einzelne Elemente der klassischen Führungsstile. So greift der aufgabenbezogene Führungsstil unter anderem auf Elemente der direktiven Führung zurück und das mitarbeiterbezogene Führungsverhalten nutzt Elemente des partizipativen und delegativen Führungsstils. Zudem werden im situativen Führungsstil verschiedene Führungsinstrumente eingesetzt, wie z. B. das Führen durch Ziele.

Situative Führungstheorie von Hersey und Blanchard
Die Grundannahme des situativen Führungsstil ist: Entsprechend seines Entwicklungsstandes und unter Berücksichtigung der jeweiligen Situation wird jeder Mitarbeiter spezifisch geführt, sodass er seine Potenziale für das Unternehmen einsetzen kann (vgl. Berthel 1997, S. 102; Wunderer 2011, S. 211 ff.).

Nach der Reifegradtheorie zur situativen Führung von Paul Hersey und Ken Blanchard bestimmt die Kombination der 2 Faktoren Kompetenz und Engagement den Entwicklungsstand eines Mitarbeiters (Abb. 2.7).

Die unterschiedlichen Entwicklungsstufen beziehen sich immer auf konkrete Aufgaben: In Ihrem Team könnte z. B. ein Architekt aufgrund seiner hohen Motivation und exzellenten Entwürfe auf der Entwicklungsstufe 4 stehen, bezogen auf seine Dokumentation für das Qualitätsmanagement gehört er jedoch u. U. zur Entwicklungsstufe 1.

Jeder Mitarbeiter ist i. d. R. bei unterschiedlichen Aufgaben auch unterschiedlich motiviert was sich auf sein Handeln und die entsprechenden Entwicklungsstufen auswirkt. Selbst bei gleichbleibenden Aufgaben kann die Entwicklungsstufe eines Mitarbeiters variieren, falls sich das Engagement des Mitarbeiters verändert, z. B. wenn in Aussicht gestellte Prämien ausfallen (Abb. 2.8).

Ausgehend von dem Entwicklungsstand der Mitarbeiter wird der geeignete Führungsstil und Führungsinstrumente ausgewählt. Erfolgreiche Führungskräfte können Ihr Führungsverhalten flexibel einer Situation anpassen und zeigen je nach Anlass ein eher aufgabenbezogenes oder eher mitarbeiterbezogenes Führungsverhalten.

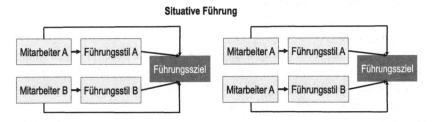

Abb. 2.7 Situative Führung unter Berücksichtigung des Engagements und Kompetenz des Mitarbeiters

Abb. 2.8 Entwicklungsstufen nach Engagement und Kompetenz

Führungsverhalten nach Entwicklungsstufen			
E1: Telling	E2: Selling	E3: Participating	E4: Delegating
überwiegend aufgabenorientierte Führung	aufgabenorientierte & mitarbeiterorientierte Führung	überwiegend mitarbeiterorientierte Führung	gering aufgaben- und mitarbeiterorientierte Führung

Abb. 2.9 Führungsverhalten nach Entwicklungsstufen

- Das aufgabenorientierte Führen ist direktiv und umfasst die Vorgabe von Zielen, Planungen und Entscheidungen. Das Verhalten gegenüber dem Mitarbeiter ist durchsetzend und kontrollierend. Dem Mitarbeiter wird erklärt, was er wann, wo und wie zu tun hat.
- Mitarbeiterorientiertes Führungsverhalten ist unterstützend und beziehungsorientiert. Mitarbeiter werden ermutigt, beraten und es wird Rücksicht auf die Bedürfnisse der Mitarbeiter genommen.

Je nach Entwicklungsstand des Mitarbeiters sollte der Führungsstil eher aufgabenbezogen oder eher mitarbeiterbezogen sein (Abb. 2.9).

Folgende Führungsempfehlungen lassen sich aus dem Engagement und der Kompetenz des Mitarbeiters ableiten:

- Entwicklungsstufe 1:
  Mitarbeiter mit einem eher geringen Engagement und einer eher geringen Kompetenz müssen gefördert und angeleitet werden. Die Führungskraft sollte aufgabenbezogen/ direktiv führen. Sie definiert genau, was getan werden muss und kontrolliert die Arbeitsausführung sowie die Ergebnisse.
- Entwicklungsstufe 2:
  Mitarbeiter mit einem eher hohen Engagement aber einer geringen Kompetenz benötigen Anleitung. Die Führungskraft gibt präzise Anweisungen und kontrolliert die Arbeitsausführung sowie die Ergebnisse. Der Mitarbeiter wird aufgefordert, Vorschläge zu machen.
- Entwicklungsstufe 3:
  Mitarbeiter mit einem eher niedrigen oder schwankenden Engagement und einer eher hohen Kompetenz brauchen Unterstützung. Die Führungskraft fördert das Engagement des Mitarbeiters durch die Beteiligung an Entscheidungen oder z. B. durch die Übertragung anspruchsvollerer Aufgaben.
- Entwicklungsstufe 4:
  An Mitarbeiter mit hohem Engagement und hoher Kompetenz werden Aufgaben delegiert. Die Führungskraft überträgt dem Mitarbeiter Aufgaben und die Verantwortung für die damit verbundenen Entscheidungen.

Als Führungskraft können Sie die Wirksamkeit Ihres Führungsstils am Erfolg des Mitarbeiters überprüfen. Wenn ein Mitarbeiter eine Aufgabe sehr gut bewältigt, dann sollten Sie bei einer ähnlichen Aufgabe einen Führungsstil wählen, der den Mitarbeitern mehr Partizipation und Freiräume ermöglicht. Hingegen kann bei Misserfolgen oder unzureichenden Ergebnissen eine Rücknahme der Partizipation und eine stärkere Kontrolle und Unterweisung sinnvoll sein.

Ein relevanter Aspekt der situativen Führung ist, dass Sie das Prinzip der Berechenbarkeit einhalten und Ihr Führungsverhalten verständlich bleibt. Für Mitarbeiter ist es wichtig, dass der Vorgesetzte einschätzbar ist und sie erkennen können, welche Führungsregeln sein Handeln bestimmen. Mit einer solchen Transparenz fördern Sie die Bereitschaft Ihrer Mitarbeiter, Ihnen zu folgen.

2.4.2 Transaktionale und Transformationale Führung

Der Historiker und Politologe Burns entdeckte im Rahmen seiner Studien zu Leadership den Unterschied zwischen einem transaktionalen und einem transformierenden Führungsverhalten (Burns 1978): Transaktionale Leader sind eher konservativ und orientieren sich an der Beibehaltung bestehender Werte und transformationale Leader können Veränderungen bewirken. Der Psychologe Bass übertrug Burns Erkenntnisse auf die Mitarbeiterführung und erweiterte sie zum Führungskonzept der transformierenden Führung (1985). Nach Bass ist die Transformationale Führung eine Ergänzung zur Transaktionalen Führung: Die spezifische Wirkung der Transformationalen Führung „[…] fängt gewissermaßen dort an, wo Belohnung und Bestrafung oder andere instrumentelle Effekt aufhören." (Bass und Steyer 1995, Sp. 2054; zitiert nach Wunderer 2011, S. 242). Entsprechend werden in der unternehmerischen Praxis die transaktionale und die transformationale Führung als Mischform eingesetzt, um Ziele zu erreichen. Nachfolgend werden beide Führungsansätze beschrieben.

Transaktionale Führung
Das Konzept der Transaktionalen Führung beruht auf einem Austauschverhältnis zwischen der Führungskraft als Vertreter des Arbeitgebers und dem Mitarbeiter: Der Mitarbeiter tauscht seine Arbeitskraft gegen die Entlohnung des Arbeitgebers (vgl. von Rosenstiel 2003, S. 23).

Kennzeichnend für die Transaktionale Führung sind z. B.:

- Führungskräfte erkennen, welche Gegenleistungen die Mitarbeitenden für ihre Anstrengungen erwarten und versuchen, die Erwartungen zu erfüllen, wenn die Arbeitsleistung dies rechtfertigt.
- Belohnungen werden gewährt, sofern die entsprechenden Leistungen erbracht werden.
- Auf Bedürfnisse und Wünsche der Mitarbeitenden wird reagiert, solange sie „funktionieren".
- Motivation erfolgt durch Klärung von Zielen, Aufgaben und Verantwortung

Ein Beispiel für transaktionale Führung ist ein Management by Objectives, das auf die extrinsische Motivation der Mitarbeiter ausgerichtet ist. Mitarbeiter werden „belohnt" z. B. mit Prämien oder Beförderungen, wenn sie Ziele erreichen oder sogar übererfüllen. Hingegen werden sie „bestraft", wenn Ziele nicht erfüllt oder unerwünschte Verhaltensweisen gezeigt werden, z. B. durch die Streichung von Prämien oder bislang gewährten Vorteilen.

Transaktionale Führung erfüllt mit dem Tauschprinzip „Belohnung gegen Leistung" die extrinsisch motivierten Bedürfnisse der Mitarbeiter. Jedoch können mit Belohnungen wie Gehaltserhöhungen, Prämien u. Ä. keine nachhaltigen und wünschenswerten Verhaltensänderungen erreicht werden, wie z. B. Vertrauen und intrinsische Motivation (Bass 2008, S. 366 ff.).

Transformationale Führung
Transformationale Führung will das Verhalten der Mitarbeiter verändern. Ziel des transformationalen Führungsansatzes ist, dass Mitarbeiter aus innerer Verbundenheit sich für das Unternehmen und seine Ziele einsetzen.

Studien belegen, dass sich Mitarbeiter, die transformational geführt werden, ein stärkeres Vertrauen zu und eine höhere Zufriedenheit mit ihrer Führungskraft haben als Mitarbeiter, die mit traditionellen Zielvereinbarungen und Anreizsystemen geführt werden. Zudem sind transformational geführte Mitarbeiter kreativer, zeigen eine höhere Arbeitsmotivation, Leistungsbereitschaft und Teamleistung (vgl. Pelz 2016, S. 97).

Transformationale Führung zielt darauf ab, die Werte und Motive der Mitarbeiter auf eine höhere Ebene zu transformieren[11] und somit ihre Bedürfnisse und Neigungen in eine gewünschte Richtung zu lenken. Entsprechend wird die transformationale Führung auch als werte- und zielverändernde Führung bezeichnet (Wunderer 2011, S. 242 f.). Sie umfasst verschiedene Methoden der Einflussnahme und Motivation, um Einstellungen und Emotionen bezogen auf die Arbeitssituation positiv und leistungsfördernd zu beeinflussen, dargestellt in den 4 Dimensionen der transformationalen Führung nach Bass (vgl. v. Rosenstiel 2003, S. 23):

- Individuelle Förderung: Mitarbeiter werden individuell wahrgenommen, unterstützt, gefördert und die Führungskraft hilft ihnen, sich weiter zu entwickeln.
- Intellektuelle Anregung: Mitarbeiter werden zu selbstständigen, kreativen Problemlösungen angeregt. Die Führungskraft hilft den Mitarbeitern neue Einsichten zu gewinnen, sodass sie Probleme in einem anderen Licht sehen können.
- Inspirierende Motivation: Mittels der Unternehmensvision und -mission kann die Führungskraft den tieferen Sinn von Aufgaben vermitteln und durch anspruchsvolle Ziele motivieren.

---

[11]Das lateinische Wort transformare bedeutet im Deutschen umformen, umgestalten.

- Charisma: Die Führungskraft kann für Aufgaben begeistern, eine vertrauensgeprägte Zusammenarbeit mit den Mitarbeitern entwickeln und eine Vorbildfunktion für die Mitarbeiter einnehmen.

Ergebnisse des „Gießener Inventar der Transformationalen Führung (GITF)"[12] führen dazu, dass die 4 Dimensionen der Transformationalen Führung nach Bass um folgende Dimensionen ergänzt werden (vgl. Pelz 2016, S. 100):

- Kommunikation und Fairness: Die Führungskraft sorgt für ein faires Verhalten, Transparenz, Offenheit und Aufrichtigkeit.
- Unternehmerische Haltung: Das Denken und Handeln der Führungskraft ist auf Chancen, Risiken und wirtschaftlichen Konsequenzen ausgerichtet. Veränderungs- und Verbesserungsinitiativen werden kontinuierlich gefördert und gelebt.
- Umsetzungsstärke: Das Unternehmen und Führungskräfte sind in der Lage, Chancen und Ziele in messbare Ergebnisse umzusetzen.

Untersuchungen des GITFs zum Verhalten von Führungskräften, die transformational führen, ergeben, dass besonders erfolgreiche Führungskräfte folgende Verhaltensweisen zeigen (Pelz 2016, S. 106 ff.):

- Fähigkeiten und Talente werden gefördert.
- Die Entwicklung persönlicher Kompetenzen und Perspektiven wird unterstützt.
- Klare Ziele und Erwartungen werden formuliert.
- Das Selbstvertrauen bezogen auf die Erreichbarkeit von Zielen wird gestärkt.
- Die Motivation aller Mitarbeiter wird gefördert.
- Ein Klima des Verantwortungsbewusstseins wird geschaffen.
- Es wird klargemacht, dass jeder zum Unternehmenserfolg beitragen kann.

Eine erfolgreiche Transformationale Führung bedeutet: „Setzen Sie klare und zugleich anspruchsvolle Ziele, stärken Sie das Selbstvertrauen und das Verantwortungsbewusstsein Ihrer Mitarbeiter und befähigen Sie diese, selbstständig diese Ziele in Resultate umzusetzen, indem Sie ihre ergebnisrelevanten Kompetenzen gezielt entwickeln" (Pelz 2016, S. 108).

---

[12]Das GITF ist ein deutschsprachiges Konzept zur Analyse von transformationalem Verhalten von Führungskräften, entwickelt am Institut für Management-Innovation der Technischen Hochschule Mittelhessen, THM Business School, unter Federführung von Prof. Dr. Waldemar Pelz.

2.4.3 Lean Leadership

Lean Leadership hat seinen Ursprung in der Unternehmenskultur von Toyota und ist bis heute tief in der Toyota-Unternehmenskultur verankert. Einleitend werden die Toyota-Unternehmenskultur und ihre Auswirkungen auf das Verhalten von Mitarbeitern und Führungskräften thematisiert, als Basis für ein tiefergreifendes Verständnis von Lean Leadership.

Die Grundprämissen der Toyota-Unternehmenskultur wurden vom Gründer des Unternehmens, Toyoda Sakichi, Ende der 1920er Jahre in Form von 5 Prinzipien als „The Spirit of Toyota" formuliert (nachfolgend zitiert nach Zollondz 2013, S. 157):

1. *Seien Sie immer pflichtbewusst; erbringen Sie damit Ihren Beitrag für das Unternehmen, das Gemeinwohl und Gemeinwesen.*
2. *Seien Sie immer fleißig und kreativ; bemühen Sie sich, dem Trend voraus zu sein.*
3. *Seien Sie immer praktisch orientiert; hüten Sie sich vor Leichtsinn.*
4. *Bemühen Sie sich immer darum, an Ihrem Arbeitsplatz eine Atmosphäre zu schaffen, die Herzlichkeit und Freundlichkeit ausstrahlt.*
5. *Haben Sie immer Respekt vor den Göttern; denken Sie immer daran, dankbar zu sein.*

Die Aussagen der 5 Prinzipien appellieren an einen Gemeinsinn und eine weitreichende gemeinsame Handlungsweise aller Toyota-Beschäftigten. Sie vermitteln das Gefühl, dass Arbeit bei Toyota nicht nur der Finanzierung des Lebensunterhalts dient, sondern auch zur Erfüllung eines übergeordneten Gemeinwohls beiträgt. „Beschäftigung bei Toyota […] ist Ausdruck einer langfristigen Partnerschaft zwischen dem Unternehmen und seinen Mitarbeitern, in der beide Seiten in die eigene Entwicklung ebenso wie auch in die der jeweils anderen investieren." (Liker und Hoseus 2016, S. 70).

Die Werte des „Spirit of Toyota" werden bis heute überliefert. „Die Führungskräfte von heute folgen der Tradition der Entwicklung einer internen Kultur, die sich auf kontinuierliche Verbesserung und den Respekt gegenüber anderen konzentriert und die intensiv daran arbeitet, einen gesellschaftlichen Nutzen zu stiften […]." (Liker und Hoseus 2016, S. 44). Die Fortführung der Tradition spiegelt sich in den 4 Kategorien mit ihren 14 Prinzipien des „Toyota Way 2001" wider. Nachfolgend werden die 4 Kategorien mit ihren jeweiligen Prinzipien vorgestellt (Liker 2009, 71 ff.) und mit Beispielen aus dem Bauwesen unterlegt.

- **Kategorie 1: Langfristige Philosophie**
  - *1. Prinzip: „Machen Sie eine langfristige Philosophie zur Grundlage Ihrer Managemententscheidungen, selbst wenn dies zu Lasten kurzfristiger Gewinne geht.*
  Ein Bauunternehmen, dass Lean Management einführen will, kann sich entscheiden zwischen einem Lean-Ansatz in Form einer „Werkzeugkiste für kurzfristige Ziele" mit Tools wie Six Sigma, Kosteneinsparungen sowie vereinzelten Prozessoptimierungen oder einem umfassenden Ansatz bei dem sich die „Topmanager an der Führungsspitze zu einer langjährigen Vision zur Generierung

von Mehrwert für Kunden und Gesellschaft" bekennen (Liker 2009, S. 400). Die Entscheidung des Topmanagements, ein umfassendes Lean Management zu installieren, führt kurzfristig zu einer Reduzierung der produktiven Arbeitszeit und Leistungserbringung, bedingt durch Schulungen der Führungskräfte und Mitarbeiter sowie Prozessanalysen und -optimierungen. Langfristig wird das umfassende Lean Management zu einer Steigerung der Wertschöpfung beitragen, dank weiterentwickelter Führungskräfte und Mitarbeitern optimierten Prozessen und einer Kultur der kontinuierlichen Verbesserung.

- **Kategorie 2: Der richtige Prozess führt zu den richtigen Ergebnissen**
  - *2. Prinzip: Sorgen Sie für kontinuierlich fließende Prozesse, um Probleme ans Licht zu bringen.*
  Durch eine optimierte und standardisierte Aufgabenverteilung und Organisation ist es dem Bauleiter und seiner Kolonne gelungen, bei der Bohrpfahlerstellung Leerlauf- und Wartezeiten zu reduzieren und die Produktivität zu erhöhen.
  - *3. Prinzip: Verwenden Sie Pull-Systeme, um Überproduktion zu vermeiden.*
  Ein Betonwerk handelt nach dem Grundprinzip Just-in-Time mit der pünktlichen Anlieferung von bestelltem Beton auf die Baustellen.
  - *4. Prinzip: Sorgen Sie für eine ausgeglichene Produktionsauslastung.*
  Die Geschäfts- bzw. Bereichsleitung oder der Innendienstleiter hat darauf zu achten, dass die Ressourcen an Personal und Technik optimal eingesetzt werden. Dazu sollte die Bearbeitung von Angeboten unter Einbeziehung von Erfahrungswerten auf die Verfügbarkeit der Ressourcen und auf die eigenen Stärken abgestimmt werden. So wird verhindert, dass Aufträge fehlen und Ressourcen nicht genutzt werden oder dass zu viele Aufträge angenommen werden, die im gleichen Zeitfenster abzuarbeiten sind, was zu Überlastungen führt. Solche Überlastung erhöhen das Risiko der Qualitätseinbußen und Arbeitsunfälle, da kurzfristig zusätzlich angestellte Arbeiter oft erst eingearbeitet und eingewiesen werden müssen, was auch zu einer Reduzierung des Leistungsumfangs führt.
  - *5. Prinzip: Schaffen Sie eine Kultur, die auf Anhieb Qualität erzeugt, statt einer Kultur der ewigen Nachbesserung.*
  Für Kernprozesse, wie z. B. die Erstellung von Bohrpfählen oder einer Schlitzwand, werden standardisierte Prozess- und Arbeitsbeschreibungen (Method Statements) angepasst. Zu Beginn eines solchen Prozesses werden Bauleiter und Poliere das Message Statement durchsprechen und auf die jeweiligen Umweltbedingungen der Baustelle anpassen. In einer kurzen täglichen Arbeitsbesprechung, einem Daily, werden Bauleiter, Poliere und gewerbliche Mitarbeiter die vorgesehenen Aufgaben mit den aktuellen Randbedingungen (Wetter, Boden, Technik, Material, Personal etc.) abgleichen und ggf. neu justieren, um maximale Qualität und Leistung zu erbringen. Das Daily ist eine Just-in-Time-Planung.
  - *6. Prinzip: Standardisierte Arbeitsschritte sind die Grundlage für kontinuierliche Verbesserung und die Übertragung von Verantwortung auf die Mitarbeiter.*
  Standardisierte Prozesse wie Bewehrungsabruf oder Betonbestellung werden nach Absprache mit der Bauleitung von einem erfahrenen Polier selbstständig durchgeführt.

– *7. Prinzip: Nutzen Sie visuelle Kontrollen, damit keine Probleme verborgen bleiben.*

Bohrprotokolle und Checklisten sollten wann immer möglich auf eine Seite reduziert werden, sodass auch komplexe Situationen schnell erfasst werden können.

– *8. Prinzip: Setzen Sie nur zuverlässige, gründlich getestete Technologien ein, die den Menschen und Prozessen dienen.*

Die Maschinentechnik hat dafür zu sorgen, dass nur einsatzfähige Geräte und Equipment auf die Baustellen angeliefert werden.

- **Kategorie 3: Generieren Sie Mehrwert für Ihre Organisation, indem Sie Ihre Mitarbeiter und Geschäftspartner entwickeln**

   – *9. Prinzip: Entwickeln Sie Führungskräfte, die alle Arbeitsabläufe genau kennen und verstehen, die die Unternehmensphilosophie vorleben und sie anderen vermitteln.*

   Bauleiter und Poliere können Mitarbeiter in neue oder komplexe Verfahren einweisen und die Qualität sowie den Umfang der erbrachten Leistungen bewerten. Sie sind fähig, Prozesse kontinuierlich anzupassen und zu verbessern. Bei der Erarbeitung von Problemlösungen bieten sie Unterstützung. Bauleiter und Poliere agieren als Vorbilder und Vertreter der Unternehmensphilosophie ihres Unternehmens, was sich in ihrem Verhalten zeigt.

   – *10. Prinzip: Entwickeln Sie herausragende Mitarbeiter und Teams, die der Unternehmensphilosophie folgen.*

   "Ein Weltklasseteam vereinigt gute Teamarbeit mit dem Können der einzelnen Spieler." (Ohno 2013, S. 42). Entsprechend werden Bauleiter und Poliere die Fähigkeiten des einzelnen Mitarbeiters mit denen des Teams bzw. der Kolonne synergieerzeugend verbinden. Die Führungskraft agiert als Coach und Trainer bei der Verbesserung der Zusammenarbeit im Team bzw. in der Kolonne. Um die Synergieeffekte zu erhalten, ist es erforderlich, dass die zusammengestellten Kolonnen/Teams auch dauerhaft zusammenbleiben.

   – *11. Prinzip: Respektieren Sie Ihr ausgedehntes Netz an Geschäftspartnern und Zulieferern, indem Sie sie fordern und dabei unterstützen, sich zu verbessern.*

   Bei der Herstellung der Querschläge des Herrentunnels kam ein Nachunternehmer durch massive Bodenhindernisse in Verzug. Der Bauleiter des beauftragenden Bauunternehmens bot seinem Nachunternehmer Hilfestellung bezogen auf Transport, Equipment und Personal. Dank der Unterstützung konnte der Nachunternehmer seine Arbeiten rechtzeitig fertig stellen, was dazu führte, dass auch das beauftragende Bauunternehmen seine Termine einhalten konnte.

- **Kategorie 4: Die kontinuierliche Lösung der Problemursachen ist der Motor für organisationsweite Lernprozesse**
  - *12. Prinzip: Machen Sie sich selbst ein Bild von der Situation, um sie umfassend zu verstehen (genchi genbutsu).*
  Engagierte Führungskräfte sind am Ort der Wertschöpfung, d. h. auf der Baustelle und bei den Arbeitern, um Situationen umfassend zu verstehen, Probleme gemeinsam mit Mitarbeitern und Kollegen zu lösen sowie um Abläufe zu optimieren.
  - *13. Prinzip: Treffen Sie Entscheidungen mit Bedacht und nach dem Konsensprinzip. Wägen Sie alle Alternativen sorgfältig ab, aber setzen Sie die getroffenen Entscheidungen zügig um.*
  Die Kalkulation von Bauwerken für eine Angebotsabgabe ist eine aufwendige Aufgabe, angesichts der vielen Positionen, die bei der Ermittlung der tatsächlichen Baukosten für ein Bauwerk zu berücksichtigen sind. Generell ist es zwingend erforderlich, dass die Auswahl und Kalkulation möglicher Angebotsabgaben im Team mit Kollegen der Arbeitsvorbereitung, Baudurchführung und Kalkulation erfolgt.
  - *14. Prinzip: Werden Sie durch unermüdliche Reflexion (hansei) und kontinuierliche Verbesserung (kaizen) zu einer wahrhaft lernenden Organisation.*
  Im Rahmen von regelmäßigen Meetings besprechen Bauleiter, Poliere und Arbeiter durchgeführte Arbeiten bezogen auf Prozessablauf, überlegen gemeinsam mögliche Optimierungen und thematisieren die Art der Zusammenarbeit für eine konfliktarme und harmonische Zusammenarbeit.

Die obigen Praxisbeispiele verdeutlichen, dass die Lean-Prinzipien auch auf das Bauwesen übertragbar sind und sinnvoll angewendet werden können. Lean-Prinzipien sollten auch im Bauwesen obligatorisch umgesetzt werden, um erfolgreich am Markt zu agieren.

Eingebettet in Prinzipien und Leitbilder als kulturelles System[13] bilden das Toyota Production System (TPS) und das Toyota Human System (THS) das umfassende Toyota Management System (TMS) (Abb. 2.10).

Unternehmen und Führungskräfte, die sich bei Lean Management auf die technischen Aspekte des TPS konzentrieren und dabei die menschlichen, sozialen Aspekte des THS vernachlässigen, nutzen nur marginal die Potenziale des Lean Managements (vgl. Stotko 2013, S. 11). Das Toyota Human System ergänzt das Toyota Production System um die soziale Komponente einer umfassenden Personalentwicklung, die bereits mit der Einstellung des Mitarbeiters beginnt.

---

[13]Die Summe von Werten, Normen und Ausdrucksweisen, die das soziale Handeln in einer Gesellschaft bzw. Organisation strukturieren, bilden ein kulturelles System. „Die Elemente des kulturellen Systems müssen im Wesentlichen widerspruchsfrei aufeinander bezogen sein." (Epskamp 1994, S. 662 f.).

Toyota Management System	
TPS-Ziele	**THS-Ziele**
▪ Probleme zu identifizieren ▪ Probleme zu bearbeiten ▪ Probleme zu lösen ▪ Problemlösungen zu standardisieren und kontinuierlich zu verbessern ▪ Muda zu vermeiden und zu eliminieren	Mitarbeiter entwickeln, die im TPS ▪ Probleme identifizieren ▪ Probleme bearbeiten ▪ Probleme lösen ▪ Problemlösungen standardisieren und kontinuierlich verbessern ▪ Muda vermeiden und eliminieren
Unternehmenskultur	

Abb. 2.10 Toyota Management System mit seine Komponenten TPS und THS eingebettet in der Toyota-Unternehmenskultur, eigene Darstellung

In Analogie zur schlanken Produktion, die den Wertstrom[14] eines Produkts analysiert, um Verschwendung zu erkennen und zu eliminieren, hat das Toyota-Human-System einen Mitarbeiter-Wertstrom entwickelt, der Mitarbeiter zu kreativen Denkern entwickelt, die mit effektiven und kostengünstigen Lösungen den Produktwertstrom kontinuierlich verbessern (Liker und Meier 2007, S. 249 f.). Toyota will den kreativen und mitdenkenden Mitarbeiter, der nicht nur einen engen Aufgabenbereich beherrscht, sondern auch vor- und nachgelagerte Tätigkeiten bewältigen kann (vgl. Ohno 2013).

Im Ergebnis erfahren Führungskräfte[15] und Mitarbeiter eine betriebliche Sozialisation, die sie veranlasst, Verschwendung möglichst zu vermeiden, sich selbst und ihre Arbeit kontinuierlich zu verbessern und auf Basis gemeinsamer Werte im Team zu arbeiten (vgl. Liker und Hoseus 2016, S. 85).

Das Human System erwartet von Führungskräften und Mitarbeitern eine wertschöpfende Zusammenarbeit. Sie sind engagiert und bringen kontinuierlich Verbesserungsvorschläge ein; ihre Produktivität erzeugt Wertschöpfung und trägt zur Kundenzufriedenheit bei (Abb. 2.11).

Entsprechend züm TPS beinhaltet das Human System Muda im Sinne von „nicht wertschöpfender Mitarbeit" und zudem Verschwendung durch „Mitarbeit ohne Wertschöpfung" (vgl. Zollondz 2013, S. 149 f.).

---

[14]Generell wird in einer Wertstromanalyse der Entstehungsprozess eines Produkts ausgehend von seinen Rohstoffen bis zum Fertigprodukt untersucht. Dabei werden wertschöpfende Arbeiten sowie überflüssige Prozessschritte ermittelt. Mehrwert entsteht durch Produkte und Dienstleistungen, die der Kunde bezahlt. Aktivitäten, die Zeit und Geld kosten, ohne Mehrwert zu schaffen, gelten als Verschwendung (vgl. Klevers 2015, S. 9 ff.).

[15]Das THS empfiehlt Führungskräfte aus eigenen Reihen zu entwickeln, statt externe Führungskräfte anzuwerben.

Abb. 2.11 Phasen des Mitarbeiter-Wertstroms des Toyota Human Systems,(vgl. Zollondz 2013), eigene Darstellung

- Muda ist erkennbar an Zuständen und Verhaltensweisen, die nachteilig die Wertschöpfung beeinflussen und Kosten verursachen, wie z. B.: Unterforderung, Antihaltung zur Gruppenarbeit, Antihaltung zum Training on the Job, gestörte Kommunikation, übertriebenes Geltungsstreben, Streitereien, Konkurrenzverhalten, Gleichgültigkeit, fehlender Gemeinschaftsgeist.
- Zur Verschwendung durch „Mitarbeit ohne Wertschöpfung" zählen z. B.: Fehlzeiten, Fluktuation, innerer Kündigung, Nichtbeteiligung an Kaizen.

Hochwertige Leistungen, Kreativität und intrinsische Motivation sind nicht erzwingbar, sondern können durch Selbstbestimmung und Handlungsfreiheit gefördert werden. Ein engmaschiges und kontrollierendes Führen sowie eine Kultur der Schuldzuweisungen sind kontraproduktiv im Lean Management, denn es verhindert die Entwicklung der Beschäftigten zu kreativen und sich einbringenden Mitarbeitern.

Lean Leadership im Bauwesen bedeutet Mitarbeiter zu fördern und zu fordern. Die Führungskraft als Lean Leader im Bauwesen lebt den Wert „Respekt vor dem Menschen", was sich in einem wertschätzenden Verhalten gegenüber den Mitarbeitern, Kunden/Auftraggebern, Lieferanten und weiteren Stakeholdern ausdrückt.

Ein Lean Leader im Bauwesen schafft mit seinem Team auf Anhieb qualitativ hochwertige Bauleistungen, um Verschwendung durch teure und zeitaufwendig Nachbesserungen zu vermeiden. Dies ist ihm möglich, da ein Lean Leader im Bauwesen

- Prozesse managt, Mitarbeiter und Teams führt sowie Entscheidungen fällt aufgrund von Informationen und Fakten, die er direkt am Ort des Geschehens einholt (go and see)
- den Ablauf und die Technik der Bauprozesse, für die er zuständig ist, bestens kennt
- Mitarbeiter auffordert, ihr Fachwissen einzubringen bei Problemlösungen und Verbesserungen.

Sein Fachwissen und seine Führungskompetenzen ermöglichen dem Lean Leader Mitarbeiter und Teams zu coachen und weiterzuentwickeln, sodass sie Verantwortung für ihren Aufgabenbereich übernehmen können. Mit der Verantwortung für ihren Aufgabenbereich erhalten die Mitarbeiter eine definierte Handlungsfreiheit und Selbstbestimmung, die ihre Weiterentwicklung im Sinne von „mitdenkenden und kreativen Mitarbeitern" fördert. Mit einer positiven Fehlerkultur, die Lösungen sucht statt nach Schuldigen forscht, kann sich eine Lernkultur entwickeln, die Verbesserungen ermöglicht (vgl. Bertagnolli 2018, S. 354 f.).

Der Lean Leader im Bauwesen strebt mit seinem Team nach kontinuierlicher Verbesserung und führt regelmäßig Team-Meetings durch, in denen Fragen zur Technik, Prozessablauf und Zusammenarbeit thematisiert werden. Die Meetings enden i. d. R mit mindestens einem Verbesserungsvorschlag, der sofort umgesetzt wird.

Die Zusammenarbeit mit Nachunternehmern und anderen Geschäftspartnern ist partnerschaftlich, sich gegenseitig unterstützend, voneinander lernend und Win-win-orientiert.

Lean Leadership ist ein ganzheitlicher Führungsansatz, der für viele Führungskräfte die Herausforderung mit sich bringt, sich selbst zum Lean Leader zu entwickeln.

Führungsverhalten erfolgreicher Führungskräfte
Kennzeichnend für erfolgreiche Führungskräfte ist, dass sie mit Ihrem Führungsverhalten

- Mitarbeiter fördern, unterstützen und motivieren,
- Teams leiten, in denen die Mitarbeiter miteinander statt gegeneinander arbeiten,
- ein vertrauensgeprägtes und partnerschaftliches Verhältnis zu dem eigenen Vorgesetzten, Mitarbeitern, Kollegen, Kunden und Lieferanten pflegen,
- funktionierende Netzwerke bilden und pflegen,
- Projektziele erreichen und Gewinn erwirtschaften.

Ihr Erfolg als Führungskraft wird nicht nur von Fachwissen und Erfahrung bestimmt, sondern insbesondere auch durch soziale Kompetenzen und ökonomische Faktoren (vgl. Hentze et al. 2005, S. 36 ff.; Neuberger 2002, S. 289 ff.).

Teams zum Erfolg führen

3

Zusammenfassung

Ein besonders relevanter Aspekt der Führungsaufgaben im Bauwesen ist die Teamleitung. Teamarbeit ist im Bauwesen eine Selbstverständlichkeit, denn mit nur einem Menschen lässt sich keine Kathedrale bauen. Generell besteht ein Team aus mindestens 2 Personen, die gemeinsam ein bestimmtes Ziel erreichen wollen. Aufgezeigt werden die Grundlagen einer erfolgreichen Teamarbeit. Dazu gehören die proaktive Gestaltung der Teamkultur, die Berücksichtigung von Teamrollen erfolgreicher Teams sowie die Steuerung gruppendynamischer Prozesse der Teamentwicklung. Die Qualität einer Teamsituation kann mittels einer checklistenbasierten Stärken-Schwächen-Analyse überprüft werden. Zudem wird der Umgang mit Suchmittelproblemen thematisiert. Denn Drogen- und Suchtprobleme betreffen alle Branchen und Berufsgruppen und sind somit auch für Führungskräfte des Bauwesens ein relevantes Thema.

3.1 Grundlagen einer erfolgreichen Teamarbeit

Die Erfahrung zeigt, dass die Erfolge von Teams sehr unterschiedlich ausfallen. Woran liegt es, dass Mitarbeiter auf der einen Baustelle erfolgreich und motiviert ein Bauwerk erstellen und in einem anderen, vergleichbaren Bauprojekt diese Leistung nur ansatzweise erbringen?

Um in einem Team die Synergieeffekte freizusetzen, die eine bessere Leistung ermöglichen muss mehr getan werden, als eine Gruppe von Mitarbeitern zu einem Projektteam zu ernennen und den Teammitgliedern ihre Projektaufgaben zuzuweisen (vgl. Dick und West 2005, S. 13).

© Springer Fachmedien Wiesbaden GmbH, ein Teil von Springer Nature 2021 71
B. Polzin und H. Weigl, *Führung, Kommunikation und Teamentwicklung im Bauwesen*,
https://doi.org/10.1007/978-3-658-31150-6_3

Erfolgreiche Führungskräfte berücksichtigen, dass Teams im Bauwesen sehr heterogen sind, z. B.:

- Das Team besteht aus Teammitgliedern mit unterschiedlichen Qualifikationen, die von hoch spezialisierten Ingenieuren über praxiserfahrene Poliere bis hin zum Hilfsarbeiter reichen.
- Die Teams bestehen aus in- und ausländischen Mitarbeitern mit u. U. sehr unterschiedlichen kulturellen Hintergründen.
- Es bestehen unterschiedliche Sprachniveaus und Sprachkenntnisse.

Führungskräfte erfolgreicher Bauteams nutzen diese Heterogenität als eine Voraussetzung, um aus einer Arbeitsgruppe ein Hochleistungsteam zu bilden.

Relevante Voraussetzungen für eine erfolgreiche Projektarbeit sind u. a. klare Regeln über die Art und Weise der Zusammenarbeit im Team, eine ganzheitliche Sichtweise bei den verschiedenen Teilprojekten und Arbeiten sowie eine engagiert Führungskraft, die den Teamgeist fördert.

3.1.1   Teamkultur und Regeln der Zusammenarbeit

Die Unternehmenskultur ist eine „Grundgesamtheit gemeinsamer Werte, Normen und Einstellungen, welche die Entscheidungen, die Handlungen und das Verhalten der Organisationsmitglieder prägen.“[1] (Dill 1986, S. 100). Sie gilt als sinnstiftendes und für das Funktionieren eines Unternehmens notwendiges Element. Sie wird auch als „sozialer, normativer Klebstoff (Glue) verstanden, der eine Organisation zusammenhält“ (Heinen 1987, S. 16).

Je größer und komplexer Unternehmen strukturiert sind, desto geringer ist die Wahrscheinlichkeit, dass das ganze Unternehmen von einer einheitlichen Kultur geprägt ist. Vielmehr bilden sich in den unterschiedlichen Bereichen, Abteilungen, Teams/Projekten eigene Subkulturen, die von den jeweiligen Anforderungen des Aufgabenbereiches geprägt sind.

Erfahrungsgemäß kann eine Teamkultur sowohl förderlich als auch hinderlich für die Teamarbeit und den Teamerfolg sein. Um mit einem möglichst effizienten Team zu arbeiten, sollten Führungskräfte solche Verhaltensweisen festlegen, vorleben und von den Teammitgliedern einfordern, die den Zusammenhalt im Team stärken. Die Art und Weise des Verhaltens und der Zusammenarbeit in einem Team prägen die Teamkultur.

---

[1]In Literatur und Praxis existieren unterschiedliche Definitionen zu dem Begriff Unternehmenskultur (vgl. Pullig 2000, S. 8 ff.).

Mit den nachfolgenden Regeln der Zusammenarbeit können Sie eine Teamkultur fördern, die den Teamerfolg unterstützt.

Verantwortungsbereitschaft und Initiative

Jedem Teammitglied sollte klar sein, dass es für die Zielerreichung in seinem Aufgabenbereich und für die Folgen seines Handelns verantwortlich ist. Fordern Sie von Ihren Teammitarbeitern, engagiert Aufgaben zu erfüllen, initiativ zu handeln und Pläne einzuhalten.

Konflikte und konsensorientiertes Verhalten

Teamarbeit gewinnt an Wissen und Erfahrung durch die vielfältigen Kompetenzen der Teammitglieder. Dabei gehört das Aufeinanderprallen unterschiedlicher Meinungen und Interessen zum Teamalltag (vgl. Kellner 2000b, S. 23 ff.). Fordern Sie von Ihrem Team, dass Konflikte nach dem Win-win-Prinzip ausgetragen und gelöst werden: Die Konfliktbeteiligten erarbeiten gemeinsam eine Lösung, die für jede Partei Nutzen bringt und bei der sich keine Partei als Verlierer sieht.

Win-win-Lösungen fördern die Bereitschaft aller Konfliktbeteiligten, die erarbeiteten Lösungen umzusetzen und verringern das Risiko von Folgekonflikten.

Fairness

Antipathie und Sympathie, Einstellungen, Verhaltensweisen, Erfahrungen u. Ä. bestimmen ob Teammitglieder mehr oder weniger gut miteinander auskommen. Bewährt hat sich die Regel: Wir müssen uns nicht „lieben" – aber wir *müssen* miteinander arbeiten. Auch Teammitglieder, die sich nicht grün sind, sollten miteinander auskommen und die Regeln einer fairen Zusammenarbeit einhalten wie Pünktlichkeit, Zuverlässigkeit, Ehrlichkeit und Gerechtigkeit.

Zu Ihren Aufgaben als Teamleiter gehört es, unfaires Verhalten, üble Nachrede und Mobbing zu unterbinden, denn solche Aktionen vergiften das Teamklima und verderben die Arbeitsfreude und -motivation. Falls bei zwischenmenschlichen Konflikten Ihre Vermittlungsbemühungen erfolglos sind, müssen Sie u. U. einen oder beide Streithähne aus dem Team entfernen, damit Ihr Team gesund bleibt.

Problembewusstsein

Ein Projekt ohne Probleme gibt es nicht. Auftretende und mögliche Probleme sollten offen angesprochen werden, dazu gehören auch Versäumnisse oder Nachlässigkeiten. Generell gilt, dass bei Problemen sachorientiert Lösungen gesucht und Schuldzuweisungen vermieden werden. Schuldzuweisungen können dazu führen, dass Teammitglieder Probleme unter den Tisch kehren, um Unannehmlichkeiten zu vermeiden – was wiederum zu neuen und größeren Schwierigkeiten führen kann. Ein frühzeitiges Erkennen von Risiken und Problemen hilft dem Team, beizeiten Gegenmaßnahmen einzuleiten und Schaden einzugrenzen bzw. zu verhindern.

Einen offenen und lösungsorientierten Umgang mit Problemen (vgl. Hungenberg 2010, S. 81 ff.) können Sie fördern, indem Sie

- bestehende oder mögliche Probleme strukturiert und empfängerorientiert ansprechen
- auf Schuldzuweisungen verzichten
- lösungsorientiert handeln und Teammitglieder bei Problemlösungen unterstützen.

Kreativität und Erfahrungswissen

Kennzeichnend für Bauprojekte ist, dass i. d. R. immer wieder neue Probleme auftreten, für die es keine Standardlösung gibt. Unerwartete Bodenbedingungen, extreme Wetterverhältnisse, Materialmängel, Maschinendefizite und Mitarbeiterprobleme führen dazu, dass jeweils spezifische Problemlösungen erarbeitet werden müssen.

Bei der Erarbeitung von Problemlösungen sollte das Team bereit sein zu lernen, auch für neue oder ungewöhnliche Vorschläge offen sein und diese nicht von vornherein ablehnen. Unterstützen Sie die Innovationsbereitschaft Ihres Teams und fördern Sie die Bereitschaft, Vor- und Nachteile neuer bzw. kreativer Problemlösungen zu überprüften und abzuwägen (Goleman 1997, S. 26). Dabei sollten das Erfahrungswissen alter Hasen berücksichtigt werden, um unnötige Lernkosten zu vermeiden und um zu verhindern, dass das Rad zum x-ten Mal neu erfunden wird.

Kommunikation und Informationsverhalten

Charakteristisch für Projekte im Bauwesen ist eine hohe Komplexität und Dynamik. Eine Baustelle, die vormittags noch problemlos lief, kann nachmittags bereits stillstehen. Eine aufgaben- und zielorientierte Kommunikation sorgt für steten Informationsfluss im Projektalltag. Der ist wichtig, um Informationsdefizite, Missverständnisse oder sich widersprechende Handlungsweisen zu vermeiden. Kommunikatives Verhalten ist eine Grundvoraussetzung, um als Team gemeinsam Lösungen erarbeiten zu können.

Regelmäßige Teambesprechungen sorgen dafür, dass alle Teammitglieder über den Projektverlauf und aktuelle Vorkommnisse informiert sind. Bewährt haben sich zu Beginn eines Projektes oder in kritischen Projektphasen tägliche, kurze Teambesprechungen, in denen relevante Informationen weitergegeben und anstehende Entscheidungen besprochen werden können. Zudem gilt das Prinzip der Bring- und Holschuld:

- Teammitglieder, die über Informationen verfügen, stehen in der Bringschuld. Bringschuld bedeutet, dass derjenige, der über relevante Informationen verfügt, sie rechtzeitig und umfassend an Mitarbeiter, Kollegen und/oder Führungskräfte weitergibt, damit diese die richtigen Entscheidungen fällen können.
- Teammitglieder, die Informationen benötigen, haben eine Holschuld. Holschuld bedeutet, dass derjenige, der eine Information benötigt, für die Beschaffung der Informationen selbst zuständig ist und sie beim Inhaber der Information rechtzeitig und umfassend abholt.

Bevor Sie eine Teamleitung übernehmen, sollten Sie sich darüber im Klaren sein, mit welchem Führungsstil und mit welcher Teamkultur Sie Ihr Team führen wollen. Nur dann können Sie Ihre Vorbildfunktion wahrnehmen und bereits zu Beginn der Teamarbeit die Regeln der Zusammenarbeit offiziell einführen und vorleben.

3.1.2   Arbeitsfunktionen erfolgreicher Teams

Einige Teams sind erfolgreicher als andere – was macht Teams erfolgreich?

Diese Frage untersuchten die Management-Experten Charles Margerison und Dick McCann. Im Rahmen empirischer Untersuchungen zu erfolgreichen und erfolglosen Teams wurden mit mehreren Tausend Führungskräften und Teammitgliedern Interviews und Feldforschungen durchgeführt. Die Erkenntnisse aus diesen Untersuchungen führten zur Entwicklung des Team Management Systems (TMS), das Aspekte der Personal-, Team- und Organisationsentwicklung berücksichtigt.

Ein wesentliches Ergebnis der Untersuchungen ist: In erfolgreichen Teams verfügen die Teammitglieder über die erforderlichen fachlichen und persönlichen Fähigkeiten, richten ihre Energien effektiv auf die Projektziele aus und nehmen folgende erfolgs- und qualitätsrelevante Arbeitsfunktionen als Basis einer erfolgreichen Teamarbeit wahr (vgl. Tscheuschner und Wagner 2008, S. 77 ff.):

Die **Arbeitsfunktion Beraten** umfasst den Schwerpunkt der Informationsbeschaffung und Informationsweitergabe. Dabei werden jene Informationen beschafft und verteilt, die für interne Entscheidungen relevant sind. Zur Informationsbeschaffung werden z. B. Datenbanken, Expertenmeinungen, Bücher, Fachzeitschriften, Intra- und Internet sowie Konferenzen und Diskussionsbeiträge genutzt.

Wenn Sie mit Ihrem Team an einer Ausschreibung teilnehmen, z. B. für den Bau eines Einkaufszentrums, dann werden Sie zuerst Informationen sammeln.

Was will der Kunde? Wer sind meine Mitbewerber? Wann soll das Bauwerk fertig sein? Welche Informationen fehlen für was? Wie können die Informationen beschafft werden?

Bei der **Arbeitsfunktion Innovieren** werden neue Ideen entwickelt und nach kreativen Problemlösungen gesucht. Dabei werden bestehende Produkte und Prozesse sowie Verfahren hinterfragt und auf den Prüfstand gestellt. Dadurch werden veraltete Produkte, Prozesse oder Verfahren frühzeitig identifiziert und Innovationen möglich.

Falls Sie mit Ihrem Team z. B. das Angebot für den Bau eines Einkaufszentrums erarbeiten, dann sind die Vorgaben der Ausschreibung zu berücksichtigen sowie kreative, innovative Vorschläge zu entwickeln, um sich von der Konkurrenz abzuheben.

Wie kann das Projekt mit fortschrittlichen Methoden, unter Berücksichtigung wirtschaftlicher Aspekte optimal durchgeführt werden? Welche Ideen werden erarbeitet und wie innovativ sind sie? Ist z. B. ein Nebenangebot sinnvoll?

Mit der **Arbeitsfunktion Promoten** werden Menschen für innovative Ideen begeistert und Dienstleistungen und Produkte erfolgreich angepriesen. Dabei werden das interne und externe Promoten unterschieden. Bei dem internen Promoten geht es darum, dem Management oder anderen internen Beteiligten die Fortschritte der Teamarbeit oder Innovationen des Teams vorzustellen und für die Ergebnisse zu begeistern, um bei diesen Gruppen im Gedächtnis zu bleiben. Hingegen entspricht das externe Promoten eher der klassischen Werbung mit den Schwerpunkten Imagebildung und Marktpräsenz.

Die Arbeitsfunktion Promoten ist eine akzeptanzfördernde Aufgabe für neue Möglichkeiten. Wenn Sie z. B. für das Angebot ‚Bau eines Einkaufszentrums' vorsehen, den Boden mit einer Bodenvereisung zu stabilisieren, dann müssen Sie u. U. Ihr Führungsteam von der Wirksamkeit der Methode überzeugen, Ihrem Vorstand klar machen, dass der Kauf entsprechender Gerätschaften wirtschaftlich vorteilhaft ist und dem Auftraggeber sowie den entsprechenden Behörden vermitteln, dass für den Boden und das Grundwasser kein Risiko besteht.

Wie können Ideen innerhalb und außerhalb des Teams überzeugend vermittelt werden? Wer muss intern und extern überzeugt werden, damit Lösungsvorschläge akzeptiert werden?

Anhand der **Arbeitsfunktion Entwickeln** werden neue Verfahren und Ideen mit den Anforderungen der Kunden und Nutzer abgeglichen. Zudem wird überprüft, ob neue Vorgehensweisen und Vorschläge praxistauglich sind und ggf. werden sie verworfen. Ferner wird im Rahmen dieser Arbeitsfunktion angestrebt, Kundenwünsche und Kundenanforderungen zu berücksichtigen. Dabei werden innovative Verfahren und Ideen mit der Ist-Situation abgeglichen, um ihre Realisierung erfolgreich zu gestalten.

Aus organisatorischen, technischen, arbeitsrechtlichen oder wirtschaftlichen Gründen sind i. d. R. nicht alle Vorschläge realisierbar, die für den Bau des Einkaufszentrums erarbeitet wurden. Im Rahmen der Funktion Entwickeln wird überprüft, welche Idee für die Umsetzung die Beste ist.

Mit welchem Vorschlag kann welches Ziel erreicht werden? Was sind die technischen, terminlichen und wirtschaftlichen Konsequenzen der verschiedenen Vorschläge? Welche Kundenwünsche und -anforderungen sind zu berücksichtigen? Welche Lösung ist die beste? Ist ein Nebenangebot erforderlich?

Bei der **Arbeitsfunktion Organisieren** geht es um die personelle Einsatz-, Ressourcen- und Terminplanung, um die Umsetzung einleiten zu können.

Bereits in der Vorlaufphase eines Projektes sollte der Projektablauf grob strukturiert werden. Somit werden Aufgabenkomplexe deutlich, die die Basis für die Projektplanung und Teamzusammenstellung bilden. In der Phase des Projektstarts bauen Sie Ihr Führungsteam auf und entwickeln mit ihm eine Projektplanung, in der festgelegt wird, wie das angestrebte Ziel, in welchem Zeitraum und mit welchen Ressourcen erreicht werden soll. Dazu gehört auch die klassische Maßnahmenplanung, mit der festgelegt wird, was von wem bis wann zu erledigen ist.

Mit der **Arbeitsfunktion Umsetzen** werden zuvor definierte Pläne umgesetzt, um angestrebte Ziele zu erreichen. Im Rahmen dieser Arbeitsfunktion werden alle Tätigkeiten erbracht, durch die Ergebnisse entstehen und Wertschöpfung erbracht wird.

Bauprojekte zeichnen sich immer durch unvorhersehbare Probleme aus. Ein schwieriger Boden, Lieferengpässe, Maschinenprobleme etc. führen immer wieder zu zeitlichen Verzögerungen.

Wie wird sichergestellt, dass trotz der vielfältigen Probleme die Leistungen im geplanten Umfang konstant erbracht werden? Werden Risiko- und Notfallpläne mit kurzfristigen Lösungsvorschlägen angewendet, sodass Termine generell eingehalten werden?

Bei der **Arbeitsfunktion Überwachen** werden Prozesse der Umsetzung überwacht und gesteuert. Die Überwachung in Form von Controlling unterstützt die Erreichung der geplanter Ziele z. B. bezogen auf Dauer, Aufwand, Qualität, Finanzen sowie Arbeitssicherheit und juristischer Aspekte.

Erfahrungsgemäß werden Prozesse und Qualitätsstandards besser eingehalten, wenn sie regelmäßig überprüft werden. Berücksichtigt das Qualitätsmanagement die Einhaltung von Terminen, Ressourcen und Qualitätsstandards?

Mithilfe der **Arbeitsfunktion Stabilisieren** werden Standards und Werte gesichert und aufrechterhalten. Dabei werden eine materielle, soziale und persönliche Perspektive unterschieden:

- Aus materieller Perspektive wird hinterfragt, ob z. B. Arbeitsmaschinen und Werkzeuge sowie Computer, Datenbanken, Büros etc. kontinuierlich gewartet und gepflegt werden, sodass sie stets funktions- und einsatzfähig sind.
- Die soziale Perspektive thematisiert eine kommunikative und kollegiale Teamkultur.
- Mit der persönlichen Perspektive wird berücksichtigt, dass Teammitglieder, so weit wie möglich, entsprechend ihrer Stärken eingesetzt werden.

Erfolgreiche Teams sind in der Lage, die unterschiedlichen Arbeitsfunktionen möglichst gut zu erfüllen. Dabei wird berücksichtigt, welche Aufgaben von wem bevorzugt erledigt werden, d. h. wer welche Arbeitspräferenzen aufweist. Zudem werden erfolgreiche Teams unterstützt von „Linking Skills", die dazu beitragen dass Aufgaben vernetzt und Stärken gebündelt werden.

Linking Skills
Die Linking Skills sind ein entscheidender Faktor, damit Teams Hochleistungen erbringen können (vgl. Tscheuschner und Wagner 2008, S. 77 ff.). Sie verbinden:

- Menschen miteinander (People Linking Skills)
  Durch People Linking Skills wird die die Arbeitsatmosphäre geprägt. Angestrebt wird eine vertrauensvolle und harmonische Zusammenarbeit. Das Set der People Linking Skills umfasst Fähigkeiten wie aktives Zuhören, eine ausgeprägte Kommunikationsfähigkeit und Informationsbereitschaft, zwischenmenschliche Beziehungen, die geprägt sind von Respekt, Vertrauen und Verständnis. Ferner gehören dazu die Problemlösungs- und Beratungsfähigkeit, die gemeinsame Entscheidungsfindung sowie das teaminterne und -externe Schnittstellenmanagement.

- Aufgaben miteinander (Task Linking Skills)
  Die Task Linking Skills bilden das Fundament der konkreten Teamarbeit. Dazu gehört das Skill Arbeitsverteilung, sodass jedes Teammitglied jene Aufgaben zugeordnet bekommt, die seinen Fähigkeiten und Präferenzen am besten entsprechen. Das Skill Teamentwicklung sorgt dafür, dass im Team die Arbeitsfunktionen ausgewogen sind. Mittels des Skills Delegation werden Teammitglieder trainiert und gecoacht, sodass sie ihre Kompetenzen weiter entwickeln können. Durch das Skill Zielsetzung werden gemeinsame Ziele auf hohem Niveau angestrebt. Und das Skill Qualitätsstandards unterstützt ein Streben nach hoher Qualität.
- zentrale Führungsaufgaben (Leadership Linking Skills)
  Zu den Leadership Linking Skills gehören Strategie, Motivation und Leistung. Das Skill Strategie erfordert von einer effektiven Führungskraft, dass er die strategische Planung in konkrete Aktivitäten runterbrechen und diese dem Team vermitteln kann. Mittels einer starken Vision soll das Team motiviert werden, sein Bestes zu geben. Dabei ist es relevant, dass die Vision mit konkreten Zielen verbunden ist. Das Skill Leistung erfordert von einer Führungskraft z. B. die Fähigkeit, demotivierte Teammitglieder so zu ermutigen, sodass sie zu ihrer Leistungsbereitschaft und -fähigkeit zurückfinden.

Als Führungskraft gehört es zu Ihren Aufgaben, die Linking Skills vorzuleben. Besonders die Führungsfähigkeiten Motivation und Strategie sind bei Ihnen als der Führungskraft verortet. Damit sich Ihr Team zu einem Hochleistungsteams entwickeln kann, sollten alle Teammitglieder die Linking Skills (zumindest die ersten beiden Ebenen) berücksichtigen und kontinuierlich weiterentwickeln (Abb. 3.1).

Je nach Aufgaben des Teams können einige Arbeitsfunktionen erfolgsrelevanter als andere sein. Werden jedoch einzelne Funktionen nicht angemessen berücksichtigt, dann entstehen Effizienzlücken, die den Teamerfolg mindern.

Wenn z. B. ein Design-Team sehr viel Energie für die Funktionen Innovieren sowie Entwickeln aufwendet und dabei die Aufgaben Organisieren, Umsetzen sowie Überwachen vernachlässigt, dann kann u. U. die Baustelle vor Ort sehr lange auf die Pläne und Zeichnungen des Design-Teams warten. Und eine Baustelle, die sich nur auf die Aufgaben Organisieren, Umsetzen und Überwachen konzentriert, nutzt nicht das innovative Potenzial ihres Teams, um fortschrittliche und ggf. wirtschaftlichere Verbesserungen umzusetzen.

Als Teamleiter sollten Sie darauf achten, dass alle Arbeitsfunktionen erfüllte werden. Wenn z. B. ein Design-Team 200 Arbeitsstunden einplant für die Erstellung eines Entwurfs, dann sollte das Team auch festlegen, wie diese 200 Stunden auf die verschiedenen Funktionen verteilt werden, um alle Arbeitsfunktionen in „time and budget" zu berücksichtigen.

Abb. 3.1 Modell der
Linking Skills nach
Margerison-McCann

Im Rahmen der Einsatzplanung sollten Sie sicherstellen, dass alle Arbeitsfunktionen von Ihrem Team wahrgenommen werden. Gerade in kleineren Teams kann es erforderlich sein, dass ein Teammitglied mehr als eine Arbeitsfunktion ausübt. In solchen Fällen kann ein Teammitglied bis zu 3 Arbeitsfunktionen übernehmen, z. B. die Funktionen Beraten, Innovieren oder auch Stabilisieren.

In Teambesprechungen sollten Sie regelmäßig überprüfen, ob im Projektalltag alle Arbeitsfunktionen angemessen berücksichtigt werden. Im Laufe des Projektes wird das Team zunehmend erkennen und lernen, dass die Arbeitsfunktionen den Projekterfolg fördern.

Teamgröße

In größeren Teams werden die unterschiedlichen Funktionen von verschiedenen Teammitgliedern wahrgenommen. Falls Ihr Team sehr klein ist, sollten Sie überlegen, wer für wie viele und welche Arbeitsfunktionen zuständig ist, denn Spitzenteams lassen keine Funktion aus.

Generell sollten Sie bei der Zusammenstellung Ihres Teams auch die Teamgröße berücksichtigen. Für die Frage nach der Größe eines Teams gibt es keine Patentlösung, da die optimale Anzahl von Teammitgliedern von der Projektaufgabe und den Fähigkeiten der Teammitarbeiter abhängt. Ihr Team sollte groß genug sein, um die fachlichen Anforderungen der Projektarbeit erfüllen zu können und klein genug, um einen reibungslosen Austausch von Informationen zu ermöglichen (vgl. Krüger 2007, S. 32). Theoretisch liegt die optimale Teamgröße zwischen 4 und 8 Mitglieder (vgl. Oelsnitz und Busch 2012, S. 67 ff.) in der Praxis lässt sich das nicht immer einhalten und erfahrene Führungskräfte können auch größere Teams bis ca. 15 Mitarbeiter erfolgreich leiten. Falls Ihr Team zu groß sein sollte, dann sollten Sie es teilen. Somit erreichen Sie, dass eine direkte Kommunikation zwischen den Teammitgliedern möglich ist und Synergiepotenziale genutzt werden können.

3.2   Von der Arbeitsgruppe zum Hochleistungsteam

Wenn Sie als Führungskraft ein Bauprojekt übernehmen, dann haben Sie oft nicht die Möglichkeit, sich Ihre Mitarbeiter auszusuchen, um das ideale Team zusammenzustellen. Erfahrungsgemäß werden einige Ihrer Wunschkandidaten gerade in anderen Projekten arbeiten, einige Mitarbeiter werden Sie noch gar nicht kennen und wieder andere, deren Kompetenz oder Arbeitsmotivation Sie eher weniger schätzen, werden von oben in Ihr Projekt delegiert.

Eine solch bunte Truppe zu einem effizienten Hochleistungsteam zu entwickeln, ist eine relevante Führungsaufgabe, die Zeit und Energie erfordert.

Der Wandel von einer losen Arbeitsgruppe zu einem effizienten Team erfolgt i. d. R. nicht linear und zielstrebig. Ähnlich einer Sportmannschaft muss das Team zusammenwachsen. In diesem Prozess brauchen die Teammitglieder die Möglichkeit, sich zu orientieren, Konflikte auszutragen, Kompromisse zu schließen, sich zu integrieren und Loyalität zu entwickeln.

Gruppendynamische Prozesse der Teamentwicklung finden immer auf einer Sachebene und einer Interaktionsebene statt: Auf der Sachebene werden Inhalte geklärt wie z. B. organisatorische Fragen wie Rollen und Verantwortlichkeiten im Projekt sowie Aufgaben und Verfahren. Zur Interaktionsebene gehören die zwischenmenschlichen Aspekte wie z. B. die Kommunikation im Projekt, der Umgang mit Problemen und Konflikten sowie die Entwicklung einer Teamkultur.

Als Teamleiter sollten Sie stets beide Ebenen im Auge behalten, um den Prozess der Teamentwicklung steuern zu können. Hilfreich dabei ist die Methode der teilnehmenden Beobachtung: Bei Besprechungen achten Sie dann nicht nur auf die Inhalte und wie Sie auf das Team wirken, sondern auch auf die Handlungsweisen der Besprechungsteilnehmer. Somit können Sie erkennen, wie sich die einzelnen Teammitglieder verhalten und welche Konsequenzen damit verbunden sind[2]. Wenn Sie z. B. bemerken, dass ein Teammitarbeiter eine Entscheidung durchpeitschen will, mit der die anderen Teammitglieder eher nicht einverstanden sind, dann sollten Sie gegensteuern und versuchen, eine Lösung zu finden, die vom Team akzeptiert wird. Ansonsten werden sich bei der Umsetzung des durchgedrückten Ergebnisses höchstwahrscheinlich Schwierigkeiten ergeben, da das Team diese Problemlösung nicht voll unterstützt.

Bis eine leistungsfähige Arbeitsatmosphäre erreicht ist, durchläuft ein Team i. d. R. die 4 Entwicklungsphasen der Teamentwicklung (vgl. Stahl 2012, S. 68 ff.):

---

[2]Diese Methode wenden z. B. Lehrer an, wenn Sie einerseits den Unterrichtsstoff vermitteln und andererseits das Verhalten der Schüler beobachten: Wer stört, wer macht nicht mit und wer spielt sich als Meinungsmacher auf?

Abb. 3.2 Phasen des
Teamverlaufs

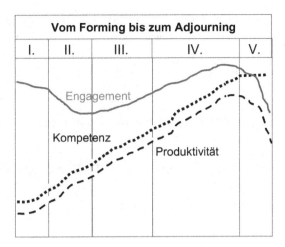

1. Forming: das Team wird gebildet.
2. Storming: das Team rauft sich zusammen.
3. Norming: das Team festigt sich.
4. Performing: das Team ist konstruktiv und leistungsfähig.

In der fünften Phase Adjourning[3] wird nach Erfüllung der Aufgabe das Team wird aufgelöst.

Die Phasen Forming, Storming, Norming, Performing, Adjourning beschreiben den Prozess der Teamentwicklung in idealtypischer Weise (Abb. 3.2).

Je nach Team kann der Verlauf der einzelnen Entwicklungsphasen sehr unterschiedlich ausfallen. In der Praxis bestehen zwischen den einzelnen Phasen fließende Übergänge und unterschiedliche Schwerpunkte. Es kann auch vorkommen, dass einige Teammitglieder sich noch zusammenraufen, während andere Mitarbeiter bereits produktiv sind und hohe Leistungen erbringen. Mitunter werden auch einzelne Phasen übersprungen, jedoch kann das zu einer Rückentwicklung des Teams in die übersprungenen Phasen führen, was wiederum die Teamleistung beeinträchtigt.

Viele Teams erreichen im Verlauf ihrer Team- und Projektarbeit nicht das Performingstadium, da ihre Energie in der Storming- und Norming-Phase verpufft. Diese Teams sind oft hochaktiv, jedoch liegen sie bezogen auf ihre Quantität und Qualität weit unter dem Niveau, zu dem sie als Hochleistungsteam in der Perfomingphase fähig wären.

Wenn sich die Teamzusammensetzung ändert, weil einige Teammitglieder gehen oder andere hinzukommen, durchläuft das Team in abgeschwächter Form erneut die Entwicklungsstufen.

---

[3]Adjourning = Trennung.

Als Führungskraft können Sie das Team in jedem Entwicklungsstadium gezielt unterstützen und so die Leistungsfähigkeit Ihres Teams fördern (vgl. Schneider und Knebel 1995, S. 42 f.). Dazu ist es erforderlich, dass Sie anhand der Gruppendynamik erkennen, in welcher Phase sich das Team befindet.

3.2.1   Forming: Orientierungsphase

In der Phase Forming wird das Team gegründet. Kennzeichnend für die erste Phase der Teamentwicklung ist eine gewisse Orientierungslosigkeit bei den Teammitgliedern.

Die Aufgaben sind noch nicht genau geklärt, der Handlungsrahmen ist noch nicht abgesteckt und die Kollegen können sich gegenseitig noch nicht richtig einschätzen. Die Teammitglieder versuchen ihre eigenen Möglichkeiten abzutasten, wobei sie nur eine geringe Bereitschaft zeigen, sich festzulegen. Teammitglieder in der Orientierungsphase sind i. d. R.

- zurückhaltend und eher abwartend
- neugierig und fragen sich, was auf sie zukommt, welche Aufgaben und Kompetenzen übertragen werden, wer was machen soll
- unsicher und hoffen, dass sie die fachlichen Anforderungen erfüllen können und von den anderen akzeptiert werden
- ablehnend, wenn sie davon ausgehen, das andere Teammitglieder oder der Teamleiter nicht kompetent sind.

Als Teamleiter gehört es zu Ihren Aufgaben, Ihren Mitarbeitern die notwendige Orientierung zu geben durch frühzeitige und umfassende Informationen. Beispielsweise können Sie im Rahmen einer Kick-off-Veranstaltung berichten über

- die offiziellen und inoffiziellen Ziele des Projektes
  - offizielles Ziel: z. B. Erstellung des Bauwerks in time and budget,
  - inoffizielles Ziel: z. B. Erfahrung sammeln mit neuen Techniken und Materialien.
- die geplante Projektdauer
- eine erste grobe Projektplanung
- die Projektstruktur anhand eines Organigramms
- die Aufgabenbereiche und Verantwortlichkeiten die mit den verschiedenen Projektpositionen verbunden sind

- organisatorische Aspekte sind z. B.
  - Einweisung in die Vorschriften zur Arbeitssicherheit[4]
  - geplante Arbeitszeiten
  - Abreisezeiten vor Wochenenden, Feiertagen und Urlaub
- Teamkultur als Regeln der Zusammenarbeit
- Informieren Sie Ihr Team über Ihre Vorstellungen, die Sie mit dem Projekt und der Teamarbeit verbinden und erfragen Sie die Erwartungen Ihrer Mitarbeiter, um zu wissen, woran Sie sind.

Mit den Regeln der Zusammenarbeit machen Sie Ihren Mitarbeitern bereits zu Beginn der Teamarbeit deutlich, welche Teamkultur und somit welchen Umgang Sie im Team erwarten. Sie geben damit einen Handlungsrahmen vor, der die Teammitglieder über das korrekte Verhalten auf der Interaktionsebene informiert.

Das Kick-off-Meeting ist besonders wichtig, denn der erste Eindruck, den ein Mensch gewinnt, ist erfahrungsgemäß nur schwer zu revidieren. Deshalb sollten Sie bei der Vorbereitung und Durchführung der Kick-off-Veranstaltung Folgendes berücksichtigen:

- Überlegen Sie vorher, wie Sie auf Ihr Team wirken wollen und wie Sie dieses Ziel erreichen.
- Erstellen Sie vorab einen Ablaufplan: Wie lange wollen Sie jeden Tagesordnungspunkt (TOP) vorstellen und wie viel Zeit für Nachfragen und Diskussion planen Sie ein?
- Starten Sie die Besprechung mit einer kurzen Begrüßung und informieren Sie kurz über die Zielsetzung des Kick-off-Meetings.
- Stellen Sie auf einem Flipchart oder einer Powerpoint- bzw. Overheadfolie die Agenda und Dauer der Besprechung vor.
- Präsentieren Sie jeden TOP mit den wichtigsten Angaben auf einer Folie oder einem Flipchart. Menschen können Informationen i. d. R. besser behalten, wenn sie visualisiert worden sind.
- Halten Sie den Zeitplan ein. Beenden Sie die Besprechung mit einem Dank an Ihr Team für die Aufmerksamkeit und Ihre Freude auf eine gute Zusammenarbeit.

Gerade in längeren Projekten werden einige Teammitglieder gehen und andere kommen. Achten Sie auch zukünftig darauf, dass neue Teammitglieder ausführlich über Projektstruktur, Projektstatus und Regelungen informiert werden, sodass Sie allen Teammitarbeitern auf der Sach- und Interaktionsebene die notwendige Orientierung vermitteln und die Produktivität des Teams aufrechterhalten (vgl. Lorenz und Rohrschneider 2002, S. 168 ff.).

---

[4]Lassen Sie sich von Ihren Mitarbeitern per Unterschrift die Einweisung bestätigen, sodass Sie nachweisen können, diese vorgenommen zu haben.

In der Orientierungsphase werden Sie als Teamleiter von Ihren Teammitgliedern besonders beobachtet. Zu Ihrer ersten Aufgabe gehört es, Ihren Führungsanspruch durchzusetzen. Das Team prüft, ob Sie die Rolle der Führungskraft kompetent ausfüllen können und wird in verschiedenen Situationen versuchen, Sie auszutesten.

Beispielsweise ist es möglich, dass in den ersten Teambesprechungen einzelne Teammitglieder versuchen, den Zeitplan Ihrer Besprechung zu sprengen. Damit kann dem Team gezeigt werden, dass Sie als Teamleiter noch nicht mal ein Meeting wie geplant durchführen können. Andere Mitarbeiter werden sich z. B. nicht an Ihre Arbeitsanweisung halten, sondern eine eigene Vorgehensweise umsetzen, mit der Begründung, dass sie es schon immer so gemacht haben – und zeigen somit dem Team, dass man Sie als Teamleiter nicht ernst nehmen muss. Ein zu nettes Verhalten auf solche Aktionen wird das Team als Schwäche interpretieren und Ihnen die Loyalität verweigern.

Vor allem zu Beginn des Projektes sollten Sie darauf achten, dass Ihre Anweisungen besonders eindeutig sind und streng auf ihre Umsetzung achten. Seien Sie sich darüber im Klaren, dass mit nachlässigen Arbeitsausführungen und Gegenargumenten Ihre Durchsetzungskraft ausgetestet wird. In solchen Situationen sollten auch konsensorientierte Teamführer autoritärer auftreten als sie es normalerweise sind, um ihren Führungsanspruch durchzusetzen.

Sanktionen
Wenn Sie feststellen, dass ein Mitarbeiter sich nicht an Absprachen hält oder bewusst gegen die Regeln der Zusammenarbeit verstößt, dann sollten Sie möglichst zeitnah darauf reagieren.

Im Rahmen eines Vier-Augen-Gesprächs sollten Sie dem entsprechenden Teammitglied eine eindeutige Rückmeldung geben und ihn auffordern, sein Fehlverhalten einzustellen. Denn wenn ein Problemmitarbeiter merkt, dass sein Fehlverhalten toleriert wird, dann wird er immer wieder seine Aufgaben und die Teamarbeit vernachlässigen. Wichtig ist, dass Sie von Anfang an eine klare Linie einhalten und deutlich machen, dass Sie bei Problemen nicht wegsehen und sich durchsetzen können.

Berücksichtigen Sie, dass ein Nicht-Durchsetzen der eigenen Regeln und Anweisungen bei Ihren Teammitgliedern zu Autoritätsproblemen und Verunsicherungen führt und eine effektive Teamarbeit negativ beeinflusst.

Besonders in Bauprojekten sollten Sie nicht lange zögern und die gelbe oder rote Karte zeigen. Wenn sich Mitarbeiter nicht an Ihre Spielregeln halten wollen, dann sollten Sie mit Ihren Sanktionen stufenweise vorgehen:

1. **Ermahnung**
   Mit der Ermahnung (auch bezeichnet z. B. als Rüge, Verwarnung) wird der Mitarbeiter auf sein vertragswidriges Verhalten hingewiesen und er wird aufgefordert, sich vertragsmäßig zu verhalten (vgl. Harms 2012, S. 4).
   – Mündliche Ermahnung:

Ziel dieses Gesprächs ist es, den Mitarbeiter auf sein Fehlverhalten hinzuweisen und ihn aufzufordern, es einzustellen. Der Mitarbeiter soll erkennen, dass Sie ihm seinen „arbeitsvertraglichen Pflichtverstoß" (Harms 2012, S. 4) nicht durchgehen lassen.

– Schriftliche Ermahnung mit Aktennotiz zur Personalakte:
  Mit der schriftlichen Ermahnung dokumentieren Sie das Fehlverhalten des Mitarbeiters und Ihre Aufforderung, dieses einzustellen. Übergeben Sie die schriftliche Ermahnung in Gegenwart einer weiteren Person, z. B. Ihres Stellvertreters. Mit der Ablage der schriftlichen Ermahnung in der Personalakte wird die Ermahnung dokumentiert.

2. **Abmahnung**
Die Abmahnung ist eine offizielle Erklärung, dass Sie mit dem Fehlverhalten nicht einverstanden sind und eine Wiederholung nicht dulden werden (Croset und Dobler 2012, S. 21 ff.). Beachten Sie, ob Sie abmahnberechtigt sind, denn nur der Vorgesetzte bzw. der Arbeitgeber kann abmahnen. Falls der Mitarbeiter einer anderen Abteilung bzw. Niederlassung oder Geschäftsstelle angehört und lediglich für Ihr Projekt abgestellt wurde, dann sollten Sie vor Aussprache der Abmahnung Rücksprache mit dem jeweiligen Vorgesetzten führen, um mögliche Konflikte auf Führungsebene zu vermeiden. Da Abmahnungen gerichtlich anfechtbar sind, sollten Sie das Fachwissen Ihrer Personalabteilung nutzen und sich vor Androhung einer Abmahnung entsprechend beraten lassen. Ansonsten kann es passieren, dass Sie eine Abmahnung zurücknehmen und sich sogar bei dem Mitarbeiter offiziell für die Abmahnung entschuldigen müssen.

3. **Trennung**
Sollte das Teammitglied sein Fehlverhalten nicht einstellen, sollten Sie ihn aus dem Team bzw. Projekt entlassen. Falls der Mitarbeiter für Ihr Projekt abgestellt wurde, sollten Sie vor Aussprache der Entlassung den Vorgesetzten des Mitarbeiters über Ihre Absicht informieren. Dadurch können Sie i. d. R. vermeiden, dass der Konflikt sich auf Ihre Führungsebene ausweitet und die Entlassung u. U. zurückgenommen werden muss.

Generell ist es erforderlich, dass Sie klare und unmissverständliche Zeichen setzen müssen, wenn Sie als Vorgesetzter oder Projektleiter den Erfolg Ihrer Teamarbeit maßgeblich beeinflussen wollen.

Teams sind in der Orientierungsphase nicht sehr produktiv, da die Klärung organisatorischer, fachlicher und zwischenmenschlicher Fragen ein Großteil der Arbeitszeit und Energie verbraucht. Diese Entwicklungsphase sollte möglichst kurz sein, denn für die i. d. R. sehr kostenintensiven Projekte im Bauwesen ist es extrem wichtig, dass das Arbeitsteam so rasch wie möglich produktiv wird, um gewinnreduzierende Leerlaufkosten zu vermeiden bzw. zu minimieren.

Verhindern Sie, dass Ihr Team in der Anfangsphase eines Projektes durch Orientierungslosigkeit die Zeit verliert, die am Ende des Projektes fehlen wird. Steuern Sie Ihr Team erfolgreich durch die Orientierungsphase, indem Sie frühzeitig durch konkrete Aufgaben, Verantwortlichkeiten und erreichbare Ziele einen zeitlichen sowie inhaltlichen Handlungsrahmen vorgeben.

Bevor Sie die in dem Kick-off-Meeting vorgestellten Aufgabenbereiche und Verantwortlichkeiten in Ihrem Team verteilen, sollten Sie sich mit Ihren neuen Teammitarbeitern auseinandersetzen und herausfinden: Wer hat welche Interessen und Neigungen sowie Fähigkeiten und Talente? Welche Besonderheiten sind bei wem zu berücksichtigen? Denn wer eine Aufgabe gerne macht, macht sie in der Regel auch gut. Diese Erfahrung spiegelt sich in den Forschungsergebnissen zu erfolgreichen Teams wider: In Teams, in denen jedes Teammitglied möglichst jene Aufgaben hat, die seinen Neigungen und Interessen (Arbeitspräferenzen) entsprechen, erhöhen sich die Arbeitsfreude und das Engagement um ein Vielfaches und sie entwickeln sich zu Hochleistungsteams (vgl. Tscheuschner und Wagner 2008, S. 54 ff.).

Fördern Sie in Ihrem Team das Interesse an der Aufgabe und somit auch das Engagement für die Zielerreichung sowie die Offenheit und Kontaktfreudigkeit im Team. Berücksichtigen Sie bei der Aufgabenverteilung so weit wie möglich die Neigungen Ihrer Teammitarbeiter, denn die persönlichen Zufriedenheit der Teammitarbeiter ist eine wesentliche Voraussetzung, damit sich die erfolgsrelevanten Potenziale der Teamarbeit entfalten und wirken können.

Aufgaben und Ziele

Mit der Vorgabe von eindeutigen Aufgaben und Zielen machen Sie Ihren Mitarbeitern klar, welche Teamleistung bis wann zu erbringen ist und was jedes Teammitglied bis wann und in welcher Qualität zu leisten hat.

Um den Teamerfolg messen zu können, sollten die Teamziele **smart** sein, d. h. sie müssen spezifisch, messbar, akzeptiert, realistisch und terminiert sein. Ersetzen Sie die üblichen unverbindlichen Absichtserklärungen durch smarte Zielvereinbarungen.

Wenn Sie z. B. einen Geologen Ihres Projektteams beauftragen, den Boden zu untersuchen, dann überlassen Sie mit dieser unspezifischen Vorgabe dem Mitarbeiter die Entscheidung über konkrete Ziele, Quantität und Qualität der Bodenanalyse sowie über die damit verbundenen Projektressourcen. Als Projektleiter sind Sie jedoch für die Zielsetzungen und Ressourcen verantwortlich. Konkretisieren Sie die Aufgabe und machen den Erfolg messbar, indem Sie mit dem Geologen vereinbaren, welche Erkenntnisse mit der Bodenanalyse, bis wann und mit welchem Aufwand angestrebt werden.

Projekt: Baustelle U-Bahn-Erweiterung, Düsseldorf			
Aufgaben:	Bodenanalyse für Bauabschnit 1 • Bestimmung der Bodenverhältnisse • Werte für Wasserdurchlässigkeit und Bodenfestigekti ermitteln		
von-bis:	01.08.2020 – 30.10.2020		
Zielvereinbarung:	Geplante Termine und Ressourcen werden eingehalten		
Aufwand:	Plan:	Ist	
		30.08.	30.09.	30.10.
Kosten	20.000			
Arbeitstage	20			
Durchführung	Egon Ehrlich		

Abb. 3.3 Beispiel zur Dokumentation vereinbarter Projektaufgaben und -ziele

Vereinbaren Sie die konkreten Ziele schriftlich. Anhand der ausformulierten Zielvereinbarungen können Sie und Ihr Team überprüfen, ob die Ziele von allen richtig verstanden worden sind, Missverständnisse können frühzeitig ausgeräumt und das Risiko des Vergessens minimiert werden.

Abb. 3.3 zeigt, wie Ziele und Aufgaben praxisorientiert dokumentiert werden können.

Termintreue

Ein typisches Problem im Bauwesen ist die Termintreue, denn die Projektdauer kann von verschiedenen Faktoren negativ beeinflusst werden. Unzuverlässige Lieferanten und Subunternehmer sowie unvorhersehbare Bodenprobleme oder Maschinenausfälle führen oft dazu, dass Termine nicht eingehalten werden. Die Verspätung von Endterminen führt i. d. R. dazu, dass

- auf der Baustelle zusätzliche Kosten entstehen
- Konventionalstrafen anfallen
- das Image der Baufirma Schaden nimmt.

Bereits zu Beginn des Projektes sollten Sie mit Ihrem Team meilensteinorientierte Ziele vereinbaren, z. B. bis wann spätestens die Arbeitsvorbereitung abgeschlossen und die Baustelle eingerichtet sein muss.

Zwischenziele eines Projektes werden als Meilensteine bezeichnet.

Machen Sie Ihrem Team klar, dass die ersten Meilensteine rechtzeitig erreicht werden müssen, um einen Dominoeffekt zu verhindern, der alle nachgelagerten Termine bis hin zum Endtermin umstürzen kann. Bestimmen Sie für jeden Meilenstein einen verantwortlichen Mitarbeiter, der für eine realistische Planung und termintreue Durchführung des Meilensteins verantwortlich ist, ggf. übernimmt ein Teammitglied die Verantwortung für mehrere Meilensteine.

Mit ausführlichen Informationen, der Zuordnung von Aufgaben und Verantwortlichkeiten, der Definition von Zielen sowie interaktionsbezogenen Verhaltensregeln fördern Sie die Entwicklung Ihres Teams vom Forming zum Storming.

3.2.2 Storming: Frustrations- und Konfliktphase

Charakteristisch für die **Storming-Phase** der Teamentwicklung sind Frustrationen und Konflikte im Team.

Mit Beginn der Projektarbeit werden die Teammitglieder mit ihren Aufgaben vertrauter und erste Probleme treten auf. Beispielsweise fehlen dringend erforderliche Ressourcen oder vorgeschriebene Verfahrensweisen und Qualitätsstandards werden als umständlich bzw. falsch eingeschätzt und Ziele infrage gestellt. Einige Teammitglieder versuchen, ihre Vorstellungen über Aufgaben, Arbeitsweisen und Rollen im Team durchzusetzen. Häufig entwickelt sich auch ein emotionaler Widerstand gegen Pflichten und die eigene Rolle im Team.

Bezeichnend für diese Phase sind z. B.

- Ernüchterungen und Frustrationen, wenn Erwartungen und Realität nicht übereinstimmen
- Streit um Ziele, Aufgaben und Verantwortlichkeiten
- Rivalität um Machtpositionen
- unterschwellige oder offene Konflikte, wenn Einzelne ihre Erwartungen und Arbeitsweisen auf die Gruppe übertragen wollen
- Konkurrenz um Aufmerksamkeit.

Auftretende Schwierigkeiten, zähe Diskussionen im Team und unerfüllte Erwartungen führen zu Enttäuschungen auf sachlicher und zwischenmenschlicher Ebene (vgl. Stahl 2012, S. 70).

Als Führungskraft können Sie die Unzufriedenheit und Konflikte deutlich erkennen an einer negativen und unproduktiven Stimmung im Team. Pannen häufen sich, Aufgaben werden nicht erledigt, weil sie vergessen oder nicht verstanden wurden oder weil einzelne Teammitglieder mal wieder nicht informiert waren. Einige Mitarbeiter werden stiller und schlucken ihren Frust runter. Andere opponieren mit Bemerkungen wie „Es wäre vielleicht besser …" oder „Man sollte doch besser …" und wiederum andere versuchen sich aus dem Projekt zurückzuziehen, weil sie keinen Erfolg erwarten.

Beobachten Sie die sich entwickelnden Macht- und Rollenstrukturen und intervenieren Sie bei unerwünschten Entwicklungen, z. B. indem Sie die Einhaltung der Regeln der Zusammenarbeit einfordern. In diesem kritischen Stadium entwickelt das Team einen allgemein akzeptierten Grundkonsens, der die Basis für eine erfolgreiche Zusammenarbeit bildet, wie z. B.

- vorbereitet an Besprechungen teilzunehmen
- sich gegenseitig zu unterstützen
- die verschiedenen Kompetenzen im Team zu kennen und zu nutzen
- die Bereitschaft, Verantwortung zu übernehmen anstatt Entscheidungen vor sich her zu schieben.

Die Phase Storming strapaziert die Geduld aller Teammitglieder, denn das Team ist in dieser Phase zwar motiviert, aber immer noch nicht sehr produktiv.

Hier besteht die Gefahr, dass ein ungeduldiger Teamleiter mit Cheflösungen diesen Prozess abkürzen will, was leistungshemmende Folgen haben kann, wenn unterschwellig Konflikte und Machtkämpfe weiter bestehen. Ein Team ohne allgemeinen Grundkonsens ist zwar arbeitsfähig, wird aber hinsichtlich der Ergebnisquantität und -qualität weit unter dem liegen, wozu es aufgrund seines Potenzials fähig wäre. Als Teamleiter können Sie Ihr Team durch die Frustrations- und Konfliktphase führen

- als Konfliktmanager und Entscheider bei Positionskämpfen
- als Coach bei Fach- und Methodenfragen
- als Stabilisator zur Entwicklung von Sicherheit und Ruhe.

Unterstützen Sie die Bereitschaft Ihres Teams, konstruktive Lösungen zu finden und sich vom Storming zum Norming zu entwickeln.

3.2.3   Norming: Organisationsphase

Das Team erkennt, dass es mit endlosen Debatten nicht weiter kommt und beginnt konstruktiv miteinander zusammenzuarbeiten.

> In der Phase **Norming** beginnen die Teammitarbeiter die existierende Projektsituation zu akzeptieren. Unproduktive Diskussionen über ideale Sollzustände werden zunehmend abgelehnt und die Teammitglieder konzentrieren sich verstärkt auf die Projektziele und -aufgaben.

Zudem haben sich die Teammitglieder mittlerweile besser kennengelernt und sie wissen voneinander, wer im Team

- ein Initiator ist: Das eher selbstsicher auftretende initiierende Teammitglied handelt ergebnisorientiert und entschlossen und zögert nicht, den Äußerungen seiner Kollegen zu widersprechen oder sie zu korrigieren. Geduld und Zuhören zählen nicht zu seinen Stärken.
- ein Analyst ist: Analytische Teammitarbeiter verhalten sich eher zurückhaltend und überlassen gerne den anderen im Team die Initiative. Sie denken sehr logisch. Mit ihrem Streben nach Perfektionismus sind sie eher dickköpfig und nicht sehr tolerant, wenn Kollegen Fehler machen.
- ein Geselliger ist: Die geselligen Teammitglieder sind eher emotional, kontaktfreudig und haben eine freundliche Grundeinstellung. Gesellige arbeiten gerne mit anderen zusammen. Jedoch besteht bei ihnen das Risiko, dass sie sich bei ihrer Arbeit verzetteln, da sie eher unorganisiert an ihre Aufgaben herangehen.
- ein Gewissenhafter ist: Zuverlässige Teamkollegen sind im Allgemeinen hilfsbereit und eher bescheiden. Ihnen ist eine harmonische Arbeitsatmosphäre wichtig und mit ihrem kooperativen Arbeitsverhalten versuchen sie Konflikte möglichst zu vermeiden.

Die Rolle des Teamleiters ist klar. Die Teammitglieder haben inzwischen erkannt, wie hart oder weich die Führungskraft auftritt und wie genau seine Anweisungen befolgt werden müssen. Es zeigt sich, in welchem Umfang der Teamleiter von seinen Mitarbeitern fachlich und menschlich akzeptiert wird. Der Widerstand gegen akzeptierte Führungskräfte wird abgebaut; nicht-akzeptierte Führungskräfte können in eine Außenseiterposition geraten.

Das Team entwickelt ein erstes Wir-Gefühl und ein Zusammenhalt bildet sich aus. Die Teammitglieder können das Verhalten und die Äußerungen ihrer Kollegen zunehmend besser einschätzen und sie finden zu einem offenen Austausch von Ideen und Meinungen. Die Basis für eine konstruktive Zusammenarbeit entsteht, das Team wird produktiv.

Unterstützen Sie als Koordinator, Problemlöser und Berater die Leistungsfähigkeit Ihres Teams. Bewährt haben sich tägliche, kurze Teambesprechungen, in denen jedes Teammitglied in ca. 3–5 min schildert, woran er arbeitet, wie der Stand der Dinge ist und ob ggf. Probleme bestehen. Somit sind alle Teammitglieder über den aktuellen Projektstand informiert. Bei der Erarbeitung von Problemlösungen kann das Teamwissen genutzt werden und als Führungskraft können Sie bei Schwierigkeiten oder Konflikten frühzeitig gegensteuern.

3.2.4 Performing: Leistungsphase

In der **Performing -Phase** erreicht das Team seine volle Leistungsfähigkeit. Die Teammitglieder identifizieren sich mit der Aufgabe sowie dem Team und entwickeln ein starkes Wir-Gefühl.

Die Teammitglieder kennen ihre Aufgaben. Die Funktionen sind klar festgelegt, und jeder weiß, welchen Beitrag er zu leisten hat. Die Informationswege sind kurz und informell. Es herrscht ein Klima der Hilfsbereitschaft, der gegenseitigen Achtsamkeit und Rücksichtnahme. Das Team arbeitet sehr selbstständig.

Im Team herrscht ein Gefühl der Solidarität. Jeder im Team weiß, wen er ansprechen kann, wenn er Hilfe benötigt und es herrscht die Gewissheit, dass jeder bereit ist einzuspringen, wenn Not am Mann ist.

In der Leistungsphase steuert sich das Team größtenteils selbst. In der Leistungsphase sind Schwerpunkte Ihrer Führungsaufgabe z. B.

- Controllingaufgaben (vgl. Leimbröck et al. 2011, S. 117 ff.), denn Sie sind dafür verantwortlich, dass Ihr Team die Leistungen erbringt
  - in dem geplanten Umfang
  - der vorgesehenen Qualität
  - im Rahmen der eingeplanten Ressourcen
  - bis zum vereinbarten Soll-Endtermin.
- Als Problemlöser und Berater stehen Sie Ihrem Team zur Verfügung. Sie greifen nur ein, wenn Ihr Team nicht in der Lage ist, Probleme zu erkennen oder selbst zu lösen.
- Als Repräsentant Ihres Teams vertreten Sie die Teaminteressen nach außen, z. B. wenn es darum geht,
  - mit der Geschäftsleitung Überstundenregelungen oder Prämienzahlungen für das Team zu vereinbaren
  - leistungsfördernde Ressourcen durchzusetzen, wie z. B. einen speziell angefertigten Minibagger, um die Aushubarbeiten in einem Querschlag zu beschleunigen und zu erleichtern.

Als Führungskraft sollten Sie dafür sorgen, dass Ihr Team während des Projektverlaufs möglichst stabil bleibt, denn personelle Veränderungen leiten gruppendynamische Prozesse ein, die die Leistungsfähigkeit des Teams vorübergehend mindern.

3.2.5 Adjourning: Abschlussphase

Wenn ein Bauobjekt vollendet ist und die Projektarbeiten sich dem Ende nähern, dann beginnt die **Adjourning -Phase** der Team- und Projektarbeit.

Als Führungskraft sollten Sie die Endphase des Projektes frühzeitig planen, sodass die Teamarbeit auch in der Abschlussphase reibungslos verläuft. Achten Sie bei dem Personalrückbau darauf, dass Ihr Team bis zum Projektabschluss leistungsfähig bleibt. Insbesondere Leistungsträger zeigen oft die Tendenz, Projekte in der Abschlussphase frühzeitig zu verlassen, um in neuen Projekten interessante Aufgaben zu übernehmen. Verhindern Sie ungesteuerte Auflösungstendenzen, indem Sie frühzeitig festlegen, wer, ab wann freigestellt wird.

Mitarbeiter, die das Projekt verlassen, müssen ihre Dokumentationspflicht erfüllt haben. Ansonsten besteht das Risiko, dass Sie diesen Mitarbeitern hinterherlaufen müssen, z. B. weil noch relevante Angaben für die Qualitätsmanagement-Dokumentation fehlen.

Berücksichtigen Sie, dass die Motivation und das Leistungsniveau des Teams i. d. R. sinken, wenn das Team langsam kleiner wird und für die verbleibenden Teammitglieder die Zukunft ungewiss ist. Passen Sie Ihren Führungsstil entsprechend der neuen Situation an.

Nach Abschluss des Projektes sollten Sie mit ausgewählten Teammitgliedern eine Rückschau, ein sogenanntes Debriefing [5] durchführen, um zu lernen, was zukünftig besser gemacht werden kann.

Entwicklungsbezogener Führungsstil
Ihren Führungsstil sollten Sie auf die jeweiligen Teamsituationen anpassen (Abb. 3.4).

Bewährt hat sich in der ersten Phase des Forming ein eher dirigierendes Führungsverhalten, das den Teammitarbeitern Orientierung vermittelt und Ihre eigene Position als Führungskraft festigt.

In der Entwicklung zum Storming fügen Sie dem dirigierenden Verhalten eine unterstützend-beratende Funktion hinzu. Sie unterstützen das Team einen Grundkonsens als Basis für eine erfolgreiche Zusammenarbeit zu entwickeln. Die Teamentwicklung fördern Sie in der Normingphase durch ein zunehmend unterstützend-beratendes und ein abnehmend dirigierendes Verhalten, um die Selbstständigkeit des Teams zu fördern.

Ihr Team sollte in der Performing-Phase seine volle Leistungsfähigkeit erreicht haben, sodass nur noch eine geringe unterstützend-beratende und dirigierende Führung erforderlich ist.

---

[5]Der Begriff Debriefing stammt aus der Militärsprache und ist eine Einsatz-Nachbesprechung.

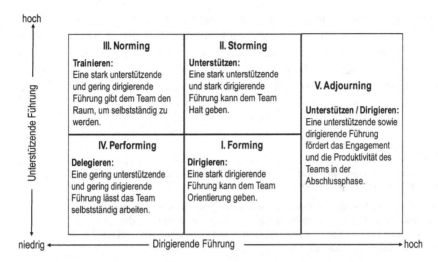

Abb. 3.4 Führungsstil nach Phasen der Teamentwicklung

In der Adjourning-Phase sinken erfahrungsgemäß das Engagement und die Produktivität der Mitarbeiter. Mit einer situativ angemessenen dirigierenden und unterstützenden Führung können Sie die Motivation und das Leistungsniveau der Mitarbeiter fördern.

3.3 Team-Stärken-Schwächen-Analyse

Teams bestehen aus Menschen und entsprechend beeinflussen die Persönlichkeiten der einzelnen Teammitglieder die Qualität der Zusammenarbeit und die Probleme im Team. Mit Teamcoaching können Sie die Teamarbeit effektiver gestalten. Es umfasst Maßnahmen zur Teamentwicklung und fördert die Zusammenarbeit im Team und mit den Mitarbeitern, steigert die Arbeitsfreude, verbessert die Qualität und optimiert die Produktivität (vgl. Francis und Young 1996, S. 28 ff.).

Bei zeitlich kurzen Projekten mit Mitarbeitern, die von einer Abteilung o. Ä. abgestellt worden sind, ist i. d. R. eine gezielte Teamentwicklung durch Teamcoaching überdimensioniert, da nach der Aufgabenerfüllung das Team aufgelöst wird.

Für langfristige Teams wie z. B. Design-Teams oder mehrjährige Projektteams kann ein Teamcoaching sinnvoll sein, um die Synergiepotenziale des Teams zu fördern.

Anhand einer Stärken-Schwächen-Analyse wird die Teamsituation untersucht. Ausgehend von den Ergebnissen ist zu entscheiden, mit welchen Maßnahmen die Teamentwicklung gefördert werden kann.

Der Fisch beginnt immer am Kopf zu stinken: Als Führungskraft haben Sie einen wesentlichen Einfluss auf die Teamdynamik und den Teamerfolg. Deshalb sollten Sie im Rahmen einer Stärken-Schwächen-Analyse auch Ihr Führungsverhalten selbstkritisch hinterfragen (vgl. Dick und West 2005, S. 42 ff.).

Zur Durchführung einer Stärken-Schwächen-Analyse können die nachfolgenden Checklisten eingesetzt werden.

Checkliste 1 Führung

Der Teamleiter kennt die Erwartungen der Mitarbeiter bezogen auf die Zusammenarbeit und Projektaufgaben.	⊢┼┼┼┤ 0 % 100 %

Falls Sie nicht die Erwartungen Ihrer Mitarbeiter kennen sollten, deutet dies auf ein Kommunikationsdefizit hin. Veranstalten Sie eine Teambesprechung, in dem Sie und die Teammitglieder sich über ihre jeweiligen Erwartungen informieren und ihre bisherigen Erfahrungen austauschen.

Versuchen Sie nach dem Win-win-Prinzip die Erwartungen der Teammitglieder mit Ihren Vorstellungen und den Projektanforderungen in Einklang zu bringen.

Der Teamleiter unterstützt und fordert, dass auch Teammitglieder ausgewählte Führungsaufgaben übernehmen.	⊢┼┼┼┤ 0 % 100 %

Mit der Delegation ausgewählter Führungsaufgaben auf Teammitglieder
- fördern Sie die Zusammenarbeit mit dem Team.
- fördern das Verantwortungsbewusstsein für das Projekt.
- entlasten Sie Ihren Terminkalender, sodass Sie sich auf wichtige Aufgaben, wie z.B. Mitarbeiterführung, Projektplanung und –controlling konzentrieren können.

Der Teamleiter trifft i.d.R. Entscheidungen, die er vorher mit dem Team besprochen hat.	⊢┼┼┼┤ 0 % 100 %

Wenn Sie mit Ihrem Team Probleme und Fragen besprechen, nutzen Sie die Erfahrung und das Wissen der Teammitglieder. Zudem sind Mitarbeiter, die an Entscheidungen beteiligt waren, i.d.R. motivierter, weil sie sich mit der Teamentscheidung identifizieren können. Bewährt haben sich Teamentscheidungen, bei

- *komplexen Fragen, die unterschiedliche Aspekte umfassen.*
- *Fachwissen, das verschiedene Experten erfordert.*
- *Schnittstellenproblemen, um die verschiedenen Sichtweisen zu berücksichtigen.*

Teamentscheidungen sollten möglichst durchgeführt werden, wenn die Mitarbeiter von den Auswirkungen direkt betroffen sind.

Der Teamleiter passt seinen Führungsstil der jeweiligen Situation an.	⊢┼┼┼┤ 0 % 100 %

Als Teamleiter sind Sie auch Repräsentant und Verhandlungsleiter, der das Team nach außen vertritt. Das erfordert, dass Sie

- *das Team und die Ergebnisse der Teamarbeit positiv darstellen und „vermarkten" können.*
- *die Interessen des Teams vertreten, wie z.B. bei Verhandlungen mit dem Auftraggeber um Ressourcen wie Zeit und Geld.*

Erfahrungsgemäß ist für Führungskräfte das Durchsetzungsvermögen nach Außen ein relevantes Kriterium, von dem die Teammitglieder die Art ihrer Anerkennung und ihres Respekts für ihre Führungskraft ableiten.

Checkliste 2 Qualifikation

Unter Umständen besteht eine Lücke zwischen den Anforderungen der Projektarbeit und den tatsächlichen Kenntnissen und Fähigkeiten des Projektteams. Als Teamleiter gehört es zu Ihren Aufgagen, diese Lücke kontinuierlich zu verkleinern i.d.R. durch Einarbeitung oder externe Weiterbildungen, wie z.B. Seminare.

Die Teamarbeit wäre effektiver, wenn die fachliche Qualifikation der Teammitarbeiter besser wäre.

0 %   100 %

Stellen Sie fest, über welche Fachkenntnisse und Fertigkeiten jedes Teammitglied verfügt. Ermitteln Sie über den Vergleich mit den jeweiligen Arbeitsanforderungen welche Qualifikationsdefizite bei welchem Teammitglied bestehen. Erstellen Sie mit Ihrem Team eine Maßnahmenplanung zur Reduzierung der Qualifikationsdefizite:

- *Mitarbeiter mit Spezialisierungsbedarf besuchen externe Fortbildungen wie z.B. für die Erstellung komplexer Projektkalkulationen.*

- *Mitarbeiter mit niedrigem Fach- und Erfahrungswissen (ohne Spezialisierungsbedarf) werden von den fachlich kompetenten Mitarbeitern eingearbeitet und fachlich betreut, um durch Anleitung und learning by doing die Qualifikationsdefizite auszugleichen.*

Neue Methoden und Techniken würden die Teamleistung deutlich erhöhen.

0 %   100 %

Initiieren Sie Maßnahmen zur Qualitätsverbesserung, wie z.B. die Einführung

- *eines Vorschlagswesens: Mitarbeiter werden aufgefordert, Verbesserungsvorschläge einzureichen. Verbesserungsvorschläge, mit denen eine Qualitäts- und Leistungssteigerung erreicht werden kann, werden ggf. durch eine Prämie belohnt.*
- *von Qualitätsgesprächen: Jedes Team führt Qualitätsgespräche durch, um systematisch und kontinuierlich Problemlösungen zur Qualitätsverbesserung zu erarbeiten. Qualitätsgespräche sind moderierte Besprechungen, deren Ergebnisse dokumentiert und umgesetzt werden sollten.*

Checkliste 3 Engagement

Engagierte Mitarbeiter sind mit ihrer Arbeit hoch zufrieden und identifizieren sich stark mit ihrer Tätigkeit und ihrem Projekt bzw. Unternehmen. Sie zeigen eine hohe Einsatzbereitschaft und sind motiviert sich fachlich weiterzuentwickeln. Engagierte Mitarbeiter sind „Treiber", die sich für den Projekterfolg bzw. eine optimale Aufgabenerfüllung aktiv einsetzten.

Die Teammitglieder engagieren sich nur relativ wenig für den Erfolg des Teams. Beispielsweise sind die Teammitglieder oft nicht bereit, für einen Kollegen einzuspringen, wenn er unerwartet ausfällt, was dem Teamerfolg schadet.	0 % 100 %

Empirische Untersuchungen haben ergeben, dass Mitarbeiter weniger motiviert und engagiert sind, wenn

- *sie sich nicht darüber im Klaren sind, was von ihnen erwartet wird.*
- *ihre Meinung nicht gefragt ist.*
- *ihr Vorgesetzter sie nur als „Arbeitsfaktor" ansieht und sich nicht für sie als Mensch interessiert.*

Unter Umständen hat der Stress der Projektarbeit oder Anderes den zwischenmenschlichen Kontakt im Team negativ beeinflusst. In einem solchen Fall sollten Sie eine Teamveranstaltung durchführen zum Thema „Verbesserung der Teamarbeit".

Bereiten Sie den Ablauf und den Inhalt der Veranstaltung sorgfältig vor.

- *Überlegen Sie vorab, mit welchen Missständen, Provokationen oder Vorwürfen Sie ggf. konfrontiert werden könnten und wie Sie darauf reagieren wollen.*
- *Erarbeiten Sie vorab Lösungsvorschläge für Probleme, die Sie bereits erkennen.*
- *Wie wollen Sie die Mitarbeiter aktivieren, falls keiner was sagt?*

Auf der Veranstaltung sollten Sie Ihre Erwartungen an die Teammitglieder deutlich formulieren. Zeigen Sie die Konsequenzen des geringen Teamengagements auf und erarbeiten gemeinsam mit Ihren Mitarbeitern Möglichkeiten, um das Engagement zu steigern.

Wichtig ist, dass konkrete Lösungen erarbeitet werden wie z.B. Vertretungsregeln, regelmäßige Teambesprechungen oder ein Maßnahmenplan, der den Teamerfolg sichern soll, auch bei unerwarteten Ausfällen von Menschen und Maschinen. Die Einhaltung der Lösungen sollte für alle Beteiligten überprüfbar und „einklagbar" sein.

Zu Ihrer Entlastung sollten Sie ggf. einen externen Moderator mit der Vorbereitung und Durchführung der Veranstaltung beauftragen.

Ein Teammitglied verfolgt seine persönlichen Ziele auf Kosten des Teams.	0 % 100 %

Falls Sie erkennen, dass ein Teammitglied seine persönlichen Ziele zu Lasten des Teams verfolgt, sollten Sie den Mitarbeiter zeitnah darauf ansprechen.

Ein Bauleiter der z.B. am Freitagvormittag bereits die Baustelle verlässt, um in das Wochenende zu fahren und von seinem Team erwartet bis Freitagabend zu arbeiten ist ein schlechtes Vorbild für die Mitarbeiter. Aufgrund seiner frühen Abreise steht er bei Fragen dem Team nicht mehr als Problemlöser zur Verfügung und zudem demotiviert er die Teammitglieder durch sein freizeitorientiertes Verhalten.

Im Rahmen eines Vier-Augen-Gesprächs sollten Sie den Betreffenden darauf hinweisen, dass Sie ein solches Verhalten nicht dulden. Denken Sie daran, dass ausgesprochene Drohungen ggf. auch umgesetzt werden müssen. Deshalb sollten sie vor dem Gespräch prüfen, welche Sanktionsmöglichkeiten Ihnen zur Verfügung stehen, um diese eventuell androhen zu können. Beobachten Sie in der Zeit nach dem Gespräch, ob sich das Verhalten des Mitarbeiters geändert hat. Falls keine Bereitschaft zur Verhaltensänderung besteht, sollten Sie versuchen, Ihn aus dem Team zu entfernen, damit das soziale Klima des Teams „gesund" bleibt.

Checkliste 4 Teamklima

Das soziale Klima in einem Team beeinflusst maßgeblich die Arbeitsleistung. Bei Unstimmigkeiten mit Kollegen oder dem Teamleiter sowie einer unfreundlichen Arbeitsatmosphäre verringern sich die Motivation und die Arbeitsleistung.

Das Verhältnis der Teammitglieder untereinander ist eher distanziert und unterkühlt. *Genau wie zur Steigerung des Engagements sollte auch zur Verbesserung des Teamklimas eine Teamveranstaltung durchgeführt werden. Auch diese Veranstaltung sollte inhaltlich gut vorbereitet werden.* *Diese Veranstaltung ist nicht „ungefährlich", da häufig bestehende Konflikte zwischen den Teammitgliedern oder Ihnen und dem Team thematisiert werden.* *Falls ein schwelender oder offener Konflikt zwischen Ihnen und dem Team bzw. einzelnen Teammitgliedern besteht, können sie damit rechnen, dass auch Ihr Verhalten thematisiert wird.* *Somit werden Sie auf dieser Veranstaltung als Konfliktbeteiligter, Schlichter und ggf. Entscheider agieren müssen (mehr dazu im Kapitel Konfliktmanagement). Da Sie mit diesen 3 schwierigen Rollen ausgelastet sind, sollten Sie die Aufgabe der Gesprächsmoderation an einen externen Moderator übertragen.*	├─┼─┼─┼─┤ 0 % 100 %
Teammitglieder äußern in Diskussionen häufig nicht offen ihre Meinung. *Wenn Mitarbeiter sich in Diskussionen zurückhalten und ihre Meinung verschweigen, dann bedeutet das für die Projektarbeit, dass vorhandenes Wissen und Erfahrungen nicht genutzt werden können. Überprüfen Sie im Rahmen von persönlichen Gesprächen mit den einzelnen Teammitgliedern, wieso sich die Mitarbeiter so verhalten.* *Falls die Mitarbeiter sich zurückhalten, weil sie an der Durchsetzung ihrer Auffassung zweifeln, dann sollten Sie das Kommunikationsverhalten im Team und mit dem Team bewusst ändern. Beispielsweise könnten Sie die Besprechungsregel einführen, dass bei der Diskussion von Fragen oder Problemen jedes Mitglied seine Meinung dazu kurz vorstellen und begründen muss.* *Wenn sich Mitarbeiter nicht äußern, weil andere sie mit lauter Stimme übertönen, dann sollten Sie bei Besprechungen stärker darauf achten, dass alle Beteiligten sich einbringen können. Bei „Vielrednern" hat sich die Einführung einer Redezeitbegrenzung bewährt, z.B. sollte ein Redebeitrag nicht länger als 3 Minuten dauern.*	├─┼─┼─┼─┤ 0 % 100 %
Das Team legt zu viel Wert auf Harmonie und Übereinstimmung. *Sollten Sie feststellen, dass in dem Team eine „Pseudo-Harmonie" besteht, dann besteht die Wahrscheinlichkeit, dass Konflikte unterdrückt und die positiven Potenziale von Konflikten wie die Thematisierung von Problemen und die Initiierung von Problemlösungen nicht genutzt werden.* *Stellen Sie fest, ob in dem Team die Konfliktstrategie Konfliktunterdrückung herrscht (mehr dazu im Kapitel Konfliktmanagement). Falls im Team eine „Pseudo-Friedenskultur" besteht, dann sollten Sie der Unterdrückung von Konflikten entgegenwirken. Dazu könnten Sie z.B. bei der Diskussion von Problemlösungen von Ihren Mitarbeitern fordern, verschiedene Alternativen zu erarbeiten und deren Vor- und Nachteile zu diskutieren. Machen Sie durch Ihre Vorbildfunktion deutlich, dass Konflikte ausgetragen werden, denn unter den Teppich gekehrte Probleme fangen i.d.R. an zu schwelen und können großen Schaden anrichten, wie z.B. die Arbeitsfreude und Motivation des Teams negativ beeinflussen.*	├─┼─┼─┼─┤ 0 % 100 %

Checkliste 5 Arbeitsmethoden

Methodisches Arbeiten ist ein planmäßiges, vorausschauendes und folgerichtiges Handeln um eine Verschwendung der Ressourcen wie Zeit, Personal- und Maschineneinsatz zu verhindern und um Termine einzuhalten.	
Bei Besprechungen werden selten Fortschritte erzielt, z.B. weil die Besprechungsteilnehmer sich nicht auf die Sitzung vorbereitet haben oder weil keine Entscheidungen gefällt werden.	$\vdash\!\!+\!\!+\!\!+\!\!+\!\!\dashv$ 0 % 100 %

Generell sollten Sie von Ihren Mitarbeitern fordern, dass sie sich auf Besprechungen fachlich vorbereiten. Dies ist jedoch nicht immer möglich, z.B. wenn in Arbeitsbesprechungen tagesaktuelle Probleme zu lösen sind.

Unterscheiden Sie zwischen Problemen, die ad hoc entschieden werden können, und solchen Themen, die ausführlich bearbeitet und diskutiert werden müssen.

Fragen, die sofort geklärt werden können oder die tägliche Arbeitsorganisation betreffen, sollten im Rahmen der täglichen Arbeitsbesprechung behandelt werden. Für Probleme, die intensiv diskutiert werden müssen, um eine Lösung zu finden sollten Sie eine „Themenbesprechung" durchführen. Zu Themenbesprechungen sollten Sie Ihre Mitarbeiter schriftlich, z.B. per Email einladen und dabei das Besprechungsthema deutlich machen sowie besprechungsrelevante Unterlagen beifügen. Somit geben Sie Ihren Mitarbeitern die Gelegenheit, sich auf das Thema vorzubereiten, und erhöhen die Chance, fundierte Lösungen erarbeiten zu können. Themenbesprechungen sollten protokolliert werden, um die Besprechungsergebnisse zu dokumentieren. Falls ein weiterer Besprechungstermin zur Problemerarbeitung erforderlich ist, können Sie anhand des Protokolls auf bereits erarbeitete Ergebnisse hinweisen und verhindern somit, dass die Diskussion zur Problemerarbeitung wieder bei Null beginnt.

Achten Sie darauf, dass schwierige Probleme nicht zu einem „Dauerbrenner" werden. Wenn Sie feststellen, dass alle Argumente ausgetauscht worden sind, sollten Sie eine Entscheidung zur Problemlösung fällen.

Bei der Arbeitsausführung werden häufig die methodischen Vorgaben des Qualitätsmanagements (QM) vernachlässigt.	$\vdash\!\!+\!\!+\!\!+\!\!+\!\!\dashv$ 0 % 100 %

Wenn Sie feststellen, dass Ihre Mitarbeiter sich oft oder gar nicht an die Vorgaben des Qualitätsmanagements halten, sollten Sie die Gründe dafür überprüfen.

Unter Umständen sind die Vorgaben des Qualitätsmanagements nicht mehr aktuell und Ihre Mitarbeiter haben aus eigener Initiative Arbeitsabläufe optimiert – ohne jedoch die QM-Dokumentation zu aktualisieren. In diesem Fall sollten Sie die Qualität der optimierten Arbeitsabläufe überprüfen und die QM-Dokumentation veranlassen. Mitarbeiter, die aus Gründen der Bequemlichkeit die QM-Vorschriften vernachlässigen, sollten Sie anweisen, zukünftig die QM-Regeln einzuhalten.

Checkliste 6 Organisation

Die Organisation umfasst die Struktur, Planung und Durchführung der Teamarbeit. Mit einer optimalen Organisation können die Möglichkeiten der Mitarbeiter und die Synergiepotenziale es Teams effektiv genutzt werden, um eine hohe Qualität und Leistung zu erbringen.

Die Teammitglieder wissen voneinander nicht genau, für welche Aufgaben ihre Teamkollegen jeweils zuständig sind.

In größeren Projektteams können Mitarbeiter mitunter die Übersicht über die Funktionen und Aufgaben der einzelnen Teammitglieder verlieren. Mit einer transparenten Projektstruktur können Sie Ihren Mitarbeitern die notwendige Orientierung vermitteln. Veröffentlichen Sie in allgemein zugänglichen Räumen, wie z.B. dem Sekretariat, Besprechungsraum oder Flur, das Organigramm Ihres Teams und ergänzen es um eine Tabelle, in der die Funktionen und Aufgaben der einzelnen Teammitglieder aufgeführt sind.

Signalisieren Sie Ihren Mitarbeitern, dass Sie für Fragen zur Verfügung stehen, um Unklarheiten zu beseitigen.

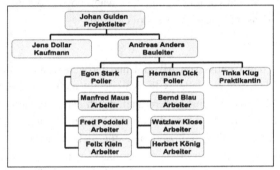

Beispiel Projektorganigramm

Namen	Organisatorische Position	Projektaufgaben	Funktionen, die Teams erfolgreich machen
Johan Gulden	Teamleiter	Teamleitung	Promoten, Verbinden
Jens Dollar	Kaufmann / Stellvert. Teamleiter	Abrechnung, Controlling	Beraten, Überwachen
Andreas Anders	Bauleiter	Personal, Geräteeinsatz	Entwickeln, Organisieren
Tinka Klug	Praktikantin	Baudokumentation	Innovieren
Egon Stark	Polier	Bauablauf	Umsetzen
Manfred Maus	Arbeiter	Gerätefahrer	
Fred Podolski	Arbeiter	Vorarbeiter	
Felix Klein	Arbeiter	Helfer	
Herman Dick	Polier	Wasserhaltung	Umsetzen, Stabilisieren
Bernd Blau	Arbeiter	Schweißer	
Watzlaw Klose	Arbeiter	Schlosser	
Herbert König	Arbeiter	Helfer	
Sven Jong	Arbeiter	Gerätefahrer	

Beispiel Aufgabenübersicht

3.4   Umgang mit Suchtmittelproblemen

„In Deutschland weisen rund 18 Prozent der Männer und 14 Prozent der Frauen einen riskanten Alkoholkonsum auf." (vgl. Die Drogenbeauftragte der Bundesregierung (Hrsg.) 2019, S. 51). Drogen und Sucht sind Probleme, die alle Branchen und Berufsgruppen betreffen und sind somit auch für Führungskräfte des Bauwesens ein relevantes Thema.

Die Einnahme von Alkohol, Drogen oder Medikamenten erhöht das Unfallrisiko in beträchtlichem Ausmaß. Suchtmittel führen dazu, dass sich das Reaktionsvermögen und sicherheitsgerechtes Verhalten verringern und die Konzentrations- und Leistungsfähigkeit abnehmen. Die Einnahme von Rauschmitteln führen zu einem sorglosen Verhalten gegenüber dem Betriebsgeschehen, ohne dass dies dem berauschten Mitarbeiter bewusst ist.

> Als Führungskraft tragen Sie die Verantwortung dafür, dass während der Arbeit keine Gefahr durch Rauschmittelkonsum, wie z. B. Alkohol entsteht.

Es gehört zu Ihrer Führungspflicht, den Genuss von Alkohol und Drogen während der Arbeitszeit konsequent zu unterbinden. Ein besonderes Risiko besteht nicht nur durch den Konsum von Alkohol während der Arbeitszeit, sondern auch durch den sogenannten Restalkoholgehalt im Blut, wenn der Körper den Alkohol vom Vorabend noch nicht vollständig abgebaut hat. Der Alkoholgehalt im Blut reduziert sich stündlich um ca. 0,1 ‰. Entsprechend kann ein Mitarbeiter, der um 22 Uhr einen Alkoholpegel von 1,9 ‰ hatte, morgens um 6 Uhr noch eine Blutalkoholkonzentration von 1,1 ‰ haben und dürfte von daher aus Sicherheitsgründen nicht mit der Arbeit beginnen.

Wenn Sie erkennen, dass ein Mitarbeiter während der Arbeitszeit berauscht ist durch Alkohol oder Drogen, dann sollten Sie offensiv dieses Problem angehen.

> Erfahrungen aus der betrieblichen Suchtarbeit zeigen, dass das Tolerieren der Suchterkrankung am Arbeitsplatz i. d. R. dazu führt, dass die Suchtmittelabhängigkeit zunimmt, die Arbeitsleistung sich verringert und das Arbeitsklima negativ beeinflusst wird.

Für Mitarbeiter hat der Genuss von Suchtmitteln bzw. der Zustand des Berauschtseins während der Arbeitszeit hat versicherungsrechtliche Konsequenzen (vgl. Gostomzyk 2009, S. 11):

- Falls ein Mitarbeiter aufgrund eines Rauschmittelkonsums nicht mehr in der Lage ist, seine Arbeit ohne Gefahr für sich oder andere durchzuführen, dann muss er den Arbeitsplatz verlassen. Bei Arbeitsunfällen, die aufgrund eines Suchtmittelkonsums entstanden sind, ist zudem der Versicherungsschutz des Mitarbeiters gefährdet.

- Wenn Sie als Führungskraft zulassen, dass ein deutlich erkennbar berauschter Mitarbeiter arbeitet und es zu einem Unfall kommt, dann können Sie u. U. von der Unfallversicherung in Regress genommen werden.
- Verhindern Sie auf jeden Fall, dass ein berauschter Mitarbeiter ein Fahrzeug benutzt, denn sollte es zu einem Unfall kommen, können eventuelle Regressansprüche zu Ihren Lasten gehen.

Als Vorgesetzter haben Sie im Rahmen Ihrer Fürsorgepflicht dafür zu sorgen, dass je nach Art des Rauschzustandes der Mitarbeiter

- ärztlich behandelt wird
- beaufsichtigt im Betrieb untergebracht wird
- gesichert nach Hause gelangt.

Die Krankheit Alkoholsucht hat deutliche Kennzeichen, hingegen sind Abhängigkeiten von anderen Suchtmitteln meist nur schwierig zu erkennen. Alkoholkranke Mitarbeiter können z. B. folgende Merkmale aufweisen (vgl. DHS/BEK 2010, S. 11):

- eine Alkoholfahne
- Zittern und Unruhe, was durch Alkoholtrinken aufhört
- hastiges sowie heimliches Trinken
- kurze und häufige Fehlzeiten nach Wochenenden und Feiertagen
- deutliche Stimmungsschwankungen
- starke Leistungsschwankungen und Leistungsabfall
- Vernachlässigung der äußeren Erscheinung.

Wenn Sie als Führungskraft feststellen, dass ein Mitarbeiter während der Arbeitszeit alkoholisiert ist, dann sollten Sie mit dem Mitarbeiter ein Gespräch führen. Da ein Gespräch mit einem mehr oder weniger alkoholisierten Mitarbeiter zumeist nicht die beabsichtigte Wirkung erzielt, sollten Sie das Gespräch dann führen, wenn der Mitarbeiter wieder nüchtern ist.

Ziele des Gesprächs sind,

- Informationen zu erhalten über Ursachen und Hintergründe des Alkoholkonsums während der Arbeit
- die Klärung, ob der Mitarbeiter ein Nicht-Alkoholiker ist, der gegen das geltende Alkoholverbot verstößt oder ob der Mitarbeiter Alkoholiker ist, bei dem eine krankhafte Abhängigkeit vom Alkohol besteht
- Ihr Hinweis auf die Verletzung der arbeitsrechtlichen Pflichten und möglicher Konsequenzen.

Sofern der Mitarbeiter von der Krankheit Alkoholsucht betroffen ist, bietet sich folgende stufenplanorientierte Vorgehensweise an (vgl. Gostomzyk 2009, S. 39 ff.; DHS/BEK 2010, S. 32 ff.): Im Rahmen der betrieblichen Suchtprävention wurde für das konkrete Vorgehen der Führungskräfte ein 4-Stufen-Programm entwickelt. Dieses zielt darauf ab, den alkoholkranken Mitarbeiter für eine Behandlung zu motivieren und ihn zu einer Therapie zu veranlassen. Mit der Behandlung soll eine Abstinenz und Reintegration in den Arbeitsprozess erreicht werden. Nimmt der Mitarbeiter das Angebot nicht an und ändert sich sein Verhalten nicht, so steht am Ende die Kündigung.

1. Im Rahmen des 1. Konfliktgesprächs machen Sie deutlich, dass ein alkoholisierter Mitarbeiter seine vertraglichen Pflichten nicht ordnungsgemäß erfüllt („Auffälligkeit"). Weiterhin weisen Sie auf mögliche Hilfen hin, wie z. B. eine Sucht-Beratungsstelle oder ggf. dem Werksarzt. Zudem drohen Sie arbeitsrechtliche Konsequenzen an, wenn sich seine Auffälligkeit wiederholt. Über dieses Gespräch informieren Sie die Personalabteilung und die wiederum den Betriebsrat.
   Falls der Mitarbeiter lediglich in Ihrem Team für eine temporäre Projektarbeit abgestellt ist und nach dem ersten Gespräch keine Besserung eintritt, dann sollten sie ihn aus dem Projekt entlassen und an die abstellende Organisationseinheit zurücksenden.
   Falls Sie disziplinarischer Vorgesetzter sind und der Mitarbeiter weiterhin auffällig ist, dann führen Sie weitere Gespräche.
2. An dem 2. Konfliktgespräch nehmen ein Vertreter der Personalabteilung und ein Vertreter des Betriebsrates teil. Ggf. kann ein Suchtberater oder der Werksarzt hinzugezogen werden. Sie fordern den Mitarbeiter auf, sein Verhalten zu ändern und weisen wiederholt auf mögliche Hilfen hin wie z. B. Suchtberatung oder Selbsthilfegruppen. Auch weisen Sie den Mitarbeiter wiederholt darauf hin, dass er im Wiederholungsfall mit arbeitsrechtlichen Konsequenzen zu rechnen hat.
3. Falls der Mitarbeiter auffällig bleibt bzw. erneut auffällt, dann werden ein 3. und ggf. ein 4. Gespräch mit ihm geführt. Auch an diesen Gesprächen nehmen je ein Vertreter der Personalabteilung und des Betriebsrates sowie ggf. ein Suchtberater oder Werksarzt. Der Mitarbeiter wird letztmalig aufgefordert, nicht mehr auffällig zu werden und die Anmeldung zu einer therapeutischen Behandlung innerhalb eines Monats vorzuweisen. Zudem wird er darüber informiert, dass ihm bei einer weiteren Auffälligkeit gekündigt wird, sofern er nicht die fristgemäße Anmeldung einer Therapie nachweisen kann.
4. Sofern der Mitarbeiter erneut auffällig wird und die Frist zur Teilnahme an einer Therapie überschritten hat, erfolgt die Kündigung.

Wenn jedoch der Mitarbeiter sich entscheidet eine Therapie in Anspruch zu nehmen und abstinent geworden ist, erfolgt die Wiedereingliederung des Mitarbeiters in den betrieblichen Ablauf.

Kommunikation

4

Zusammenfassung

„Man kann nicht nicht kommunizieren." (Paul Watzlawick).

Wenn 2 Personen sich gegenseitig wahrnehmen, kommunizieren sie miteinander, da jedes Verhalten einer Person, eine Form von Kommunikation ist. Da man sich nicht nicht verhalten kann, ist es unmöglich, nicht zu kommunizieren. Das bedeutet, dass Kommunikation auch nonverbal und unbewusst stattfindet.

Bei Projekten im Bauwesen spielt die Kommunikation eine entscheidende Rolle, denn die Zusammenarbeit der verschiedenen Gewerke und Teams erfordert eine intensive Koordination und die funktioniert nicht ohne Kommunikation. Unzureichende Kommunikation führt dazu, dass Teams nicht effektiv geleitet und Projekte nicht erfolgreich durchgeführt werden.

In diesem Kapitel werden Ihnen die Grundlagen der Kommunikation und verschiedene Kommunikationsformen vermittelt, sodass Sie bewusst unterschiedlich kommunizieren und Kommunikationsprobleme leichter erkennen und lösen können. Mit einer gründlichen Gesprächsvorbereitung und situativ angemessenen Gesprächsdurchführung steigern Sie die Chancen, Ihre Gesprächspartner für Ihre Ideen oder Absichten zu gewinnen. In diesem Kontext wird die Anwendung der Führungsinstrumente Feedback- und Zielvereinbarungsgespräch erläutert. Zudem wird die Kommunikation mit schwierigen Gesprächspartnern thematisiert.

© Springer Fachmedien Wiesbaden GmbH, ein Teil von Springer Nature 2021 103
B. Polzin und H. Weigl, *Führung, Kommunikation und Teamentwicklung im Bauwesen,*
https://doi.org/10.1007/978-3-658-31150-6_4

4.1   Grundlagen der Kommunikation

Kommunikation ist der Prozess eines wechselseitigen Austausches von Gedanken und Gefühlen, der in Form von Sprache, Mimik, Gestik, Schrift, Bild oder sonstigen Zeichen und Symbolen stattfindet.

Da die Geistes-, Natur-, Ingenieur- und Informatikwissenschaften den Begriff Kommunikation in ihren jeweiligen fachlichen Zusammenhängen interpretieren, existieren unterschiedliche Kommunikationsmodelle, die jeweils fachspezifisch den Prozess der Kommunikation beschreiben.

Das bekannteste Kommunikationsmodell ist das Sender-Empfänger-Modell [1]: Ein Sender will eine Nachricht (Sachinformationen, Ideen, Überzeugungen, Wünsche, Erwartungen, Gefühle, …) einem Empfänger mitteilen. Um die Nachricht zu übermitteln, muss der Sender seine Mitteilung in Sprache, Mimik oder Gestik umwandeln (codieren). Der Empfänger hingegen muss die sprachlichen und nonverbalen Botschaften wieder in Gedanken und Gefühle zurückübersetzen (decodieren). Nachdem der Empfänger die Mitteilung des Senders interpretiert hat, leitet er mit seiner Antwort einen neuen Vorgang der Kommunikation ein, diesmal in umgekehrter Richtung. Seine Reaktion zeigt dem Sender, ob er dessen Botschaft verstanden hat.

Damit Nachrichten eindeutig und richtig verstanden werden, müssen Sender und Empfänger das gleiche Kodierungsverfahren benutzen und ein Sinnzusammenhang muss vorhanden sein (vgl. Röhner und Schütz 2016, S. 22).

Falls Sender und Empfänger unterschiedliche Codes verwenden, z. B. wenn sie unterschiedliche Sprachen sprechen, kulturelle Unterschiede bestehen oder jeder von ihnen unter einem Begriff etwas anderes versteht, kommt es zu Missverständnissen und die Kommunikation ist gestört (Abb. 4.1).

Das technisch orientierte Sender-Empfänger-Modell geht davon aus, dass die Informationsübertragung jeweils einseitig verläuft: A übermittelt eine Nachricht an B. B decodiert diese und antwortet A. Kommunikationssituationen, wie in der Nachrichtentechnik oder Informationstheorie, werden mit dem Sender-Empfänger-Modell ausreichend beschrieben.

---

[1]Der Soziologe Stuart Hall entwickelte das Sender-Empfänger-Modell auf Basis des Kanalmodells der Informationstheorie von C. E. Shannon und W. Weaver.

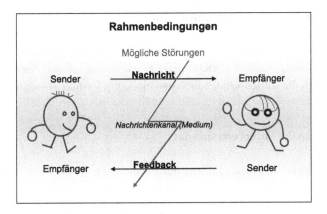

Abb. 4.1 Sender-Empfänger-Modell

4.1.1 Kommunikationsmodell von F. Schulz von Thun

Die menschliche Kommunikation ist jedoch bedeutend vielschichtiger, denn sie umfasst mehr als einen linearen Informationsaustausch. Diesen Umstand berücksichtigt das Modell des Kommunikationsquadrats von Friedemann Schulz von Thun.

Das **Kommunikationsquadrat** ist eine Erweiterung des Sender-Empfänger-Modells um die 4 Dimensionen einer Nachricht: Sachinformation – Selbstdarstellung – Beziehung – Appell.

Auch bekannt ist das Kommunikationsquadrat unter dem Namen „Vier-Ohren-Modell" (Schulz von Thun 2011a, S. 48 ff.), da die verschiedenen Ebenen einer Nachricht von dem Empfänger mit quasi vierdimensionalen Ohren wahrgenommen und interpretiert werden.

Mit einem einfachen Satz wie „Der Beton ist zu trocken" werden die 4 Dimensionen „Sachinformation – Selbstdarstellung – Beziehung – Appell" vermittelt, die jeweils vom Empfänger richtig verstanden und interpretiert werden müssen.

Kommunikationsdimension Sachinformation

> Auf der Sachebene einer Nachricht werden Daten, Fakten und Sachinhalte vermittelt. Sachinhalte sollten verständlich und eindeutig formuliert werden.

Relevante Kriterien der Sachebene sind das

- Wahrheitskriterium: Ist die Information wahr/nicht wahr bzw. zutreffend/nicht zutreffend?
- Relevanzkriterium: Ist die Information relevant/nicht relevant?
- Kriterium der Hinlänglichkeit: Sind die Informationen ausreichend oder müssen noch weitere Aspekte berücksichtigt werden?

Beispiel

Sender:
„Der Beton ist zu trocken."
Empfänger:
Das „Sach-Ohr" versteht die vom Empfänger übermittelten Daten, Fakten und Sachinhalte und wird sich u. U. fragen:

- Wahrheitskriterium: „Ist der Beton tatsächlich zu trocken?"
- Relevanzkriterium: „Welche Bedeutung hat der zu trockene Beton für den Projekterfolg/für mich persönlich? Geht es mich was an?"
- Kriterium der Hinlänglichkeit: „Wieso ist der Beton zu trocken? Was ist passiert und was sind die Konsequenzen?" ◄

Kommunikationsdimension Selbstdarstellung

> Auf der Ebene der Selbstdarstellung zeigt die sprechende Person bewusst oder unbewusst ihr eigenes Selbstverständnis, ihre Emotionen, Werte oder Qualifikationen.

Das kann bewusst und explizit über Ich-Botschaften erfolgen, wie z. B. „Ich freue mich, Ihnen mitzuteilen, …" oder auch indirekt und unbewusst.

Beispiel

Sender:

Mit dem einfachen Satz „Der Beton ist zu trocken" drückt der Sprecher indirekt aus, dass er die Fachkompetenz besitzt, die Betonkonsistenz beurteilen zu können.

Empfänger:

Während der Sender auf der Selbstdarstellungsebene bewusst oder unbewusst Informationen über sich vermittelt, fragt sich der Empfänger mit seinem „Selbstdarstellungs-Ohr":

„Wie ist das Verhalten des Senders zu verstehen? Ist er jetzt wegen des zu trockenen Betons verärgert oder was ist mit ihm?" ◄

Kommunikationsdimension Beziehung

Auf der Beziehungsebene vermittelt der Sender durch bewusste oder unbewusste Hinweise, wie er zum Empfänger steht und was er von ihm hält. Die **Relevanz der Beziehungsebene** wird oft unterschätzt.

Anhand von Formulierungen, Tonfall, Mimik und Gestik zeigt der Sprecher, wie er seinen Gesprächspartner sieht und wie seine Ansichten zu dem aktuellen Gesprächsthema sind.

Beispiel

Sender:

Gesagt wird: „Der Beton ist zu trocken" und gemeint ist u. U.: „Wieso hast du mal wieder nicht aufgepasst?"

Empfänger:

Jede Äußerung enthält auch einen Beziehungshinweis, den der Empfänger i. d. R. mit einem besonders sensiblen und oft auch überempfindlichen „Beziehungs-Ohr" wahrnimmt. Mögliche Reaktionen sind:

„Wie redet der eigentlich mit mir?" „Wen glaubt er vor sich zu haben?" „Wieso bin ich immer für alles verantwortlich?" ◄

Kommunikationsstörungen auf der Beziehungsebene können dazu führen, dass die Sachinformation bedeutungslos wird, weil sich ein **Beziehungskonflikt** anbahnt.

Kommunikationsdimension Appell

Mit der Übermittlung von Nachrichten verbindet der Sender i. d. R. die Absicht, bei dem Empfänger etwas zu bewirken und einen gewissen Einfluss zu nehmen.

Beispiel

Sender:
Der Sender vermittelt offen mit einer direkten Aufforderung oder versteckt durch eine indirekte Formulierung seine Anforderungen, Anweisungen, Wünsche, Ratschläge und Ähnliches.

Der Satz „Der Beton ist zu trocken" kann z. B. als die indirekte Aufforderung interpretiert werden, etwas gegen dieses Problem zu unternehmen.

Empfänger:
Das „Appell-Ohr" ist besonders empfänglich für die Frage: „Was soll ich tun, denken oder fühlen aufgrund der Mitteilung?".

Der auf dem Appell-Ohr sensible Mitarbeiter wird u. U. verstehen: „Kannst du das Problem mit der Betonkonsistenz lösen?" ◄

Bei Mitarbeitern, die auf dem Appell-Ohr eher schwerhörig sind, sollten Aufforderungen direkt und eindeutig erfolgen, z. B. „Der Beton ist zu trocken, bitte löse das Problem".

Jede Kommunikation wird von den 4 Dimensionen Sachinformation, Selbstdarstellung, Beziehung und Appell geprägt, wobei je nach Gesprächssituation die einzelnen Ebenen unterschiedlich relevant sind (Abb. 4.2).

Welche Ebene der Empfänger besonders gewichtet, kann der Sender nicht steuern, da dies sehr stark von der inneren Haltung des Empfängers abhängt. Wenn ein Mitarbeiter einen „guten Tag" hat, kann er den Hinweis „Der Beton ist zu trocken" als wichtige Information interpretieren, hingegen kann an einem „schlechten Tag" die gleiche Aussage als Kritik und persönliche Abwertung verstanden werden.

Wenn der Sender nachfragt, ob der Empfänger auch zugehört oder ihn richtig verstanden hat, dann begibt er sich auf die Ebene der Metakommunikation.

Metakommunikation ist die Kommunikation über die Kommunikation. Auf der Ebene der Metakommunikation wird das Gespräch von oben betrachtet und hinterfragt, z. B. was wie im Gespräch vermittelt wird oder wie die Beziehung der Gesprächspartner zueinander ist.

Abb. 4.2 Dimensionen einer Nachricht

Mittels der Metakommunikation können auf der

- Sachebene Verständigungsprobleme gelöst werden, z. B. „Reden wir über das gleiche?"
- Selbstdarstellungsebene Eindrücke hinterfragt werden, z. B. „Sie sind heute so ruhig, ist alles in Ordnung?"
- Beziehungsebene Störungen geklärt bzw. Zufriedenheit ausgedrückt werden, z. B. „Lass mich bitte ausreden" oder „Unsere Zusammenarbeit ist sehr effektiv".
- Appellebene Unklarheiten beseitigt werden, z. B. „Wie hast du das gemeint?"

Zu den Mitteln der Metakommunikation (vgl. Watzlawick et al. 2011, S. 46 ff.) gehören auch die Vorschläge zum weiteren Vorgehen und Ablauf eines Gesprächs, wie z. B. „Diese Frage haben wir jetzt geklärt und können mit dem nächsten Punkt beginnen". Mit solch metakommunikativen Äußerungen können Sie ein Gespräch oder eine Diskussion maßgeblich beeinflussen.

4.1.2 Verbale und nonverbale Kommunikation

Aufmerksames Zuhören und eine eindeutige sowie verständliche Sprache sind grundlegende Voraussetzungen einer erfolgreichen Kommunikation.

4.1.2.1 Aktives Zuhören

Das Führen von Gesprächen bedeutet nicht nur Reden, sondern auch Zuhören (Gordon 1998, S. 71). Häufig sind Probleme, Missverständnisse und Fehlentscheidungen auf Kommunikationsstörungen zurückzuführen. Kommunikationsvorwürfe, wie z. B. „Du redest an mir vorbei" oder „Du hast mir nicht richtig zugehört" entstehen, wenn der Empfänger etwas anderes versteht als der Sender sagt oder der Sender mehr sagt, als der Empfänger hört.

Je nach Art der Aufmerksamkeit kann unterschieden werden zwischen

- Hören ohne hinzuhören: Der Zuhörer ist nur gering und sporadisch aufmerksam, da er sich noch mit seinen eigenen Gedanken beschäftigt; z. B.: Sie überprüfen aufmerksam eine Bauzeichnung und hören nur gelegentlich hin, während ein Kollege von seinem letzten Urlaub erzählt.
- Hinhören ohne zuhören: Eine Nachricht wird zwar gehört, der Zuhörer bemüht sich jedoch nicht, zu verstehen, was der andere meint oder sagen will; z. B.: Ein Mitarbeiter erklärt, dass auf einem Plan alle Betonflächen grün und alle Asphaltflächen blau eingezeichnet sind. Als Sie gefragt werden, welche Farbe welche Bedeutung hat, wissen Sie es nicht mehr.
- Aktives Zuhören: Der Zuhörer hört aufmerksam zu und vermittelt dem Redner, dass seinen Ausführungen konzentriert gefolgt wird.

Aktives Zuhören signalisiert Ihrem Gesprächspartner Wertschätzung und zeigt ihm, dass Sie ihn ernst nehmen und sich mit seinen Inhalten auseinandersetzen (vgl. Schulz von Thun 2011a, S. 63 f.). Bei Ihrem Partner erhöht aufmerksames Zuhören i. d. R. die Bereitschaft auch Ihnen intensiv zuzuhören und sich mit Ihren Argumenten auseinanderzusetzen. Mit aktivem Zuhören fördern Sie eine konstruktive Gesprächsatmosphäre sowie die Bereitschaft Ihres Gesprächspartners, sich zu öffnen und Ihnen mitzuteilen, was ihm wirklich wichtig ist.

Aufmerksames Zuhören ermöglicht Ihnen, bislang unbekannte Informationen zu erhalten, wie z. B. Auskünfte über Ursachen und Umstände, die für Problemlösungen relevant sind. Es bietet Ihnen die Chance, Ihre eigene Sichtweise zu überprüfen, eine andere Sicht der Dinge zu entwickeln und Ihren Horizont zu erweitern.

Durch aktives Zuhören gelingt es Ihnen, Ihren Gesprächspartner besser einzuschätzen und zielgerichtet zu argumentieren. Um eine Person zu überzeugen, müssen Sie z. B. wissen, was ihr wichtig ist, wie sie denkt und was sie hindert bzw. veranlasst bestimmte Dinge zu tun. Mit diesen Informationen können Sie die Argumente auswählen, die Ihrem Gesprächspartner wichtig und zugänglich sind. Aktives Zuhören bedeutet:

- Informationen aufnehmen und auswählen
  Die Informationsflut eines Gesprächs wird selektiv wahrgenommen, da ein Mensch nicht fähig ist, alle Informationen, Reize und Eindrücke zu verarbeiten. Die ausgewählten Informationen sind die gehörten Informationen.

- Informationen verarbeiten
  Eine unzureichende oder falsche Informationsauswahl führt i. d. R. zu dem Vorwurf nicht richtig zugehört zu haben.
  Die Informationsverarbeitung bedeutet, dass das Gehörte auch verstanden wird. Auf dieser Stufe kann es leicht zu Missverständnissen kommen, wenn z. B. der Redner und der Zuhörer Begriffe unterschiedlich definieren oder der Empfänger die Nachricht „falsch" interpretiert.
  „Du verstehst mich nicht", ist eine gängige Reaktion auf missverständliche Informationsverarbeitung.
- auf Informationen reagieren
  Mit verbalen und nonverbalen Aufmerksamkeitsreaktionen vermitteln Sie dem Redner, dass Sie ihm zuhören, mitdenken und Aufmerksamkeit ihm entgegenbringen. Verbale Aufmerksamkeitsreaktionen sind kurze verbale Impulse wie z. B. ja und o. k. oder interessant. Zu den nonverbalen Aufmerksamkeitsreaktionen gehören der Blickkontakt, stimmige Gesten wie z. B. zustimmendes Kopfnicken und eine dem Redner zugewandte Körperhaltung.

Als aktiver Zuhörer können Sie die Gesprächssituation durch folgende Vorgehensweisen gestalten (vgl. Edmüller und Wilhelm 2012, S. 100 ff.):

- paraphrasieren
  Eine Aussage wird mit eigenen Worten wiederholt und anhand der Paraphrasierung können beide Gesprächsseiten überprüfen, ob das Gesagte auch richtig verstanden worden ist. Dabei wird nichts kommentiert und auch nichts hinzugefügt. Mittels Paraphrasierung können emotional aufgeladene Situationen beruhigt werden. Die sachliche Paraphrasierung eines emotional vorgetragenen Beitrags vermittelt dem Sprecher, dass er verstanden wird. Dieses hat i. d. R. eine beruhigende Wirkung und kann verhindern, dass die Gesprächssituation eskaliert.
- nachfragen
  Durch Nachfragen kann sich der Zuhörer vergewissern, ob er eine Information richtig verstanden hat. Falls der Redner abschweift kann er durch Nachfragen wieder zum eigentlichen Gesprächsthema zurückgeführt werden.
- weiterführen
  Wenn der Redner z. B. ins Stocken gerät, kann der Zuhörer durch Fragen den Redner unterstützen, wieder in den Redefluss zu kommen.
- abwägen
  Falls der Sprecher zwischen 2 Alternativen entscheiden muss, kann der Zuhörer ihn durch Fragen z. B. nach Konsequenzen, in seinem Entscheidungsprozess unterstützen.
- zusammenfassen
  Kernaussagen des Sprechers können stichwortartig zusammengefasst und auf den Punkt gebracht werden, um das Wesentliche herauszustellen.

Erfahrungsgemäß haben aktive Zuhörer oft folgende Schwierigkeiten:

- zuhören, ohne sofort auch das Gesagte zu bewerten
- sich zurückhalten, ohne sofort eine Lösung anzubieten
- Schweigepausen auszuhalten und nicht gleich mit eigenen Worten zu füllen.

Aktives Zuhören ist eine Verhaltensweise, mit der Sie Ihrem Gesprächspartner Respekt und echtes Interesse vermitteln. Dieses Gesprächsverhalten erfordert Ihre volle Konzentration, ein Maß an Gelassenheit und Übung.

4.1.2.2 Eindeutige Sprache

Kommunikation ist ein störanfälliger Prozess: Die Vierdimensionalität der Nachrichten, die vielfältigen Möglichkeiten der Informationsauswahl und -verarbeitung sowie kulturell bedingte Kommunikationsunterschiede führen zu einem hohen Risiko, dass Aussagen missverstanden werden.

> Eine klare und eindeutige Kommunikation fördert ein gemeinsames Verstehen und hilft Missverständnisse zu vermeiden. Dies erreichen Sie, indem Sie sich möglichst stimmig und eindeutig ausdrücken.

Auch bei der Kommunikation gilt der Satz: „Wenn du nicht weißt, wo du hin willst, kannst du nicht ankommen." Bevor Sie anfangen zu reden, sollte Ihnen bewusst sein,

- was Sie erreichen wollen
- was Sie sagen wollen
- was Sie verschweigen wollen.

Je ungeordneter Ihre Vorstellungen und Gedanken sind, desto schwieriger wird es für Sie, sich verständlich auszudrücken und für Ihren Gesprächspartner, Sie zu verstehen.

Wenn z. B. ein Gespräch stattfindet, um die Vor- und Nachteile eines neuen Verankerungssystems zu diskutieren, dann sollten Sie für sich Folgendes geklärt haben:

- Welche Empfindungen löst die Besprechung des Themas aus?
  - Unwillen, weil die Diskussion als unnötig erachtet wird?
  - Interesse und Neugier auf die neue Technik?
  - Ablehnung, weil Veränderungen als solche unbeliebt sind?
    Seien Sie sich bewusst, dass Ihre Empfindung Ihr Gesprächsverhalten maßgeblich beeinflusst.
- Was ist die eigene Position unter Berücksichtigung der verschiedenen Gedanken, Einschätzungen und Vorlieben? Das Innere im Menschen ist vielstimmig. Der

Kommunikationspsychologe F. Schulz von Thun bezeichnet diese Stimmen als das „innere Team" (vgl. Schulz von Thun 2011b, S. 25 ff.). Zu Ihrem Team gehören u. U.

- ein **Bedenkenträger,** der auf die Probleme einer Umstellung hinweist
- ein **Innovator,** der sich für technische Neuerungen begeistert
- ein **Finanzexperte**, der die Wirtschaftlichkeit in den Vordergrund stellt

Erkennen Sie den Charakter Ihrer inneren Teammitglieder (Stimmen) und nutzen Sie deren Wissen und Erfahrung, um zu einer eigenen Position zu gelangen.

Selbstverständlich bleiben Sie auch ohne die Klärung Ihrer Empfindungen und ohne innere Teambesprechung kommunikations- und handlungsfähig. Beachten Sie jedoch, dass Gesprächspartner i. d. R. ein sehr gutes Gespür dafür besitzen, um innere Konflikte, Unsicherheiten und Widersprüchlichkeiten wahrzunehmen.

Häufig sind es die nonverbalen Zeichen, die Ihren Gesprächspartnern Ihre Unsicherheit oder Widersprüchlichkeit signalisieren, wie z. B. wenn der Gesichtsausdruck und der Klang der Stimme nicht zusammenpassen oder wenn der sprachliche Inhalt und die Gestik im Widerspruch zueinanderstehen.

Wenn Sie sich Ihrer Empfindungen bewusst sind und Sie wissen, was Sie wollen, wird es Ihnen eher gelingen, Ihre Argumente klar zu formulieren.

> Vermeiden Sie, eindeutige Aussagen durch Füllwörter und weich machende Formulierungen abzuschwächen.[2]

Zu den sogenannten Weichmachern zählen z. B.

- Begriffe, wie: vielleicht, eigentlich oder gewissermaßen.
  Klarer ist: „Sie können gut organisieren." statt „Sie können *eigentlich* ganz gut organisieren."
- Satzeinleitungen, wie: „Ich denke …", „Ich glaube …", „Meiner Meinung nach …".
  Eindeutiger ist: „Sie machen Ihre Arbeit gut" statt: „Ich meine, Sie machen Ihre Arbeit gut."
- Verniedlichungen, wie: ein bisschen, …
  Deutlicher ist: „Sie sollten pünktlicher sein." statt: „Sie sollten ein bisschen pünktlicher sein."
- Konjunktive, wie: „Ich würde …", „Ich könnte …".
  Verantwortungsbereiter ist: „Ich übernehme die Aufgabe." statt: „Ich könnte die Aufgabe übernehmen."
- indirekte Appelle, wie: „Man muss noch …", „Jemand sollte …", „Kann jemand …".
  Verbindlicher ist: „Egon, informiere mich bitte über den Stand der Baustelle." statt: „Könnte mich mal jemand über den Stand der Baustelle informieren.".

---

[2]Siehe dazu die Liste der „Füll- und Flickwörter" in Schneider (1999, S. 120 ff.).

Als Führungskraft wird von Ihnen erwartet, dass Sie Profil zeigen und sich nicht hinter allgemeinen und unpersönlichen Formulierungen verstecken. Bei unpersönlichen Äußerungen sind die Meinungen und Absichten des Sprechers nur indirekt und bedingt erkennbar.

Mit persönlichen Formulierungen machen Sie deutlich, was Sie denken und was Sie für richtig halten. Dadurch bekennen Sie Farbe und können darüber die sachliche Auseinandersetzung mit Ihrem Gesprächspartner fördern.

Ich-Botschaften

Führungskräfte kennen die schwierige Kommunikationssituation, einen Gesprächspartner auf ein unangenehmes Thema ansprechen zu müssen, ohne dass dadurch die Beziehung und Zusammenarbeit leidet. Solche Situationen treten ein, wenn Sie z. B. einen Polier auf seine Fehler hinweisen oder einen Bauleiter auf seine QM-Defizite ansprechen müssen.

In solch kritischen Gesprächssituationen sollten Sie Ich-Formulierungen (vgl. Schulz von Thun 2011b, S. 88 ff.) verwenden statt Du- bzw. Sie-Formulierungen.

> Eine **Du** – bzw. **Sie-Botschaft** ist eine direkte Ansprache des Gesprächspartners, i. d. R. als Aufforderung oder Vorwurf.

Wenn Kritik in Form einer Du-/Sie-Botschaft vorgetragen wird, fühlen sich Gesprächspartner häufig verletzt oder direkt angegriffen.

Die Aussage: „Du hast die Zusagen an die Bauaufsichtsbehörde nicht berücksichtigt", kann dazu führen, dass sich der Mitarbeiter rechtfertigt und darauf hinweist: Dass 2 Mitarbeiter fehlen, Sie für keinen Ersatz gesorgt haben, er 3 Dinge auf einmal erledigen muss und Sie zu wenig Unterstützung leisten. Es besteht das Risiko, dass die Sachebene verlassen wird, um auf der Beziehungsebene zu kontern. Ein konstruktives Problemlösungsgespräch zu führen ist dann nicht mehr möglich.

Eine Variante der Du-Botschaft ist die Man- bzw. Es-Botschaft. Mit der im Passiv formulierten Man- oder Es-Botschaft wird der Gesprächspartner scheinbar nicht direkt angesprochen, wie z. B. „Es wurden die Zusagen an die Bauaufsichtsbehörde nicht berücksichtigt". Jedoch wird ein indirekter Schuldvorwurf i. d. R. sehr schnell verstanden und führt häufig dazu, dass die Gesprächssituation eskaliert (Abb. 4.3).

Situation	Du-Botschaft	Ich-Botschaft
OBL Müller und BL Drum besprechen, welches Bohrverfahren eingesetzt werden soll. Der BL findet den Vorschlag des OBLs nicht einleuchtend.	„Sie haben keine Ahnung."	„Ich kann nicht nachvollziehen, wieso Sie dieses Bohrverfahren bevorzugen."
OBL Müller erklärt BL Drum seinen Vorschlag und stellt fest, der BL hat den Sachverhalt falsch verstanden.	„Sie haben mich falsch verstanden."	„Ich habe mich offenbar nicht verständlich genug ausgedrückt."

Abb. 4.3 Beispiele für Ich- und Du-Botschaften

Mit einer Ich-Botschaft können Sie die gleiche Information vermitteln wie mit einer Du-Botschaft – jedoch bewusst aus Ihrer eigenen Perspektive.

Ich-Botschaften sind Mitteilungen über die eigenen Ansichten und Gefühle.

Ich-Botschaften erlauben Ihnen, Ihr Anliegen so vortragen, dass Ihr Gesprächspartner sich nicht angegriffen fühlt und es ihm möglich ist, Ihre Sicht der Dinge zu erkennen und zu verstehen. Eine Ich-Botschaft umfasst folgende Elemente:

• Sachlage
Im ersten Schritt beschreiben Sie objektiv die Sachlage. Dabei verzichten Sie auf eine Bewertung oder Interpretation.

Beispiel

„Ich habe festgestellt, dass die Zusagen an die Bauaufsichtsbehörde nicht eingehalten wurden." ◄

• Empfindung
Die Sachaussage wird durch Ihre Empfindung ergänzt.

Beispiel

„Das bringt mir Stress mit dem Auftraggeber, der hier anruft und seinen Ärger an mir auslässt." ◄

• Konsequenz
Zeigen Sie die Folgen auf, die Sie sehen.

Beispiel

Zeigen Sie die Folgen auf, die Sie sehen. „Falls noch einmal Zusagen nicht eingehalten werden, will die Behörde einen Baustopp anordnen und wir können dann
unsere Termine nicht mehr einhalten." ◄

- **Anforderung**

Formulieren Sie Ihre Bitte oder Anforderung.

Beispiel

„Ich bitte dringend darum, dass die Zusagen eingehalten werden, teilt mir Probleme
frühzeitig mit. Und frühzeitig bedeutet, dass ich noch die zeitliche Chance habe einzugreifen." ◄

- **Zustimmung**

Beenden Sie die Ich-Botschaft, indem Sie sich die Zustimmung Ihres Gesprächspartners
abholen.

Beispiel

„Kann ich auf Euch zählen?" ◄

Kommunizieren Sie besonders in Feedback-, Kritik- und Konfliktgesprächen mit Ich-
Botschaften, um auch schwierige Themen in einer möglichst konstruktiven Gesprächssituation diskutieren zu können.

Die Kommunikation in Ich-Botschaften erfordert Übung und Zeit. Wenn Sie noch
nicht routiniert sind in der Formulierung von Ich-Botschaften, sollten Sie diese vor
einem schwierigen Gespräch einüben. Somit können Sie Ihre Ich-Botschaften im
Gespräch flüssig und frei vortragen, auf kritische Du-Botschaften verzichten und das
Konfliktrisiko verringern.

4.1.2.3 Nonverbale Kommunikation

Nonverbale   Kommunikation   ist   als   Körpersprache   die   nicht-sprachliche
Kommunikation.

Verbale und nonverbale Kommunikation sind i. d. R. untrennbar miteinander verbunden
vgl. (Molcho 2002, S. 23). Jede gesprochene Nachricht wird durch nonverbale Botschaften in Form von Tonfall, Gestik oder Mimik begleitet, z. B. wenn bei einem Vortrag
Ihre Stimme unsicher klingt, Ihre Gesichtshaut immer blasser wird, der kalte Schweiß
ausbricht oder Sie nervös mit dem Fuß wippen.

Hingegen ist nonverbale Kommunikation auch ohne verbale möglich: Wenn Sie z. B. den Zeigefinger auf den Mund legen, wird jeder Westeuropäer auch ohne Worte verstehen, dass er still bzw. leiser sein soll. Mitunter geht die nonverbale Botschaft einer verbalen Nachricht voraus, z. B. wenn Sie freudestrahlend mitteilen, dass Sie den Auftrag erhalten haben. Bevor Sie den Mund aufgemacht haben, hat bereits Ihr freudiger Gesichtsausdruck die Hintergrundinformation geliefert: Jetzt kommt eine gute Neuigkeit.

> Die nonverbale Sprache wird von Emotionen und unbewussten Reaktionen beeinflusst und ist entsprechend schwerer bewusst zu steuern als das gesprochene Wort.

Deshalb wirkt bei Rednern, die ihren Vortrag mit Standardgesten der Rhetorik untermalen, die Körpersprache oft aufgesetzt und unnatürlich, denn eine kontrollierte Körpersprache ist nur schwer anzutrainieren.

Sie können einen authentischen Eindruck vermitteln, wenn Sie das sagen, wovon Sie überzeugt sind. Menschen, deren verbale Botschaften im Einklang mit ihrer nonverbalen Sprache stehen, wirken glaubwürdig, denn sie vermitteln: „Ich meine, was ich sage". Missverhältnisse zwischen verbaler und nonverbaler Kommunikation vermitteln einen widersprüchlichen und eher unglaubwürdigen Eindruck.

Gelegentlich müssen Sie eine Ansicht vertreten, von der Sie nicht hundertprozentig überzeugt sind, z. B. wenn Sie in einer Angebotspräsentation die Methode Bodenstabilisierung mit Kalk oder Zement anpreisen sollen, obwohl Sie die Methode Bodenvereisung für die geeignetere halten.

Dann haben Sie das Problem, einen Standpunkt vertreten zu müssen, der nicht der Ihre ist – und Ihre nonverbale Kommunikation wird u. U. Ihre verbale Argumentation boykottieren.

Auch in solch zwiespältigen Situationen können Sie authentisch bleiben, indem Sie eine Argumentationsstrategie entwickeln, mit der Sie sich treu bleiben. Beispielsweise konzentrieren Sie sich in der Angebotspräsentation auf die positiven Aspekte und Vorteile der Bodenstabilisierung mit Kalk oder Zement und tragen diese ausführlich vor. Die Nachteile, die Sie sehen, erwähnen sie lediglich und weisen kurz auf alternative Lösungsmöglichkeiten hin. Wenn Sie sich in Präsentationen auf die Aspekte konzentrieren, von denen Sie überzeugt sind, können Sie mit einer stimmigen Körpersprache einen authentischen Eindruck vermitteln.

Bewusste Körpersprache

> Mit bewusster Körpersprache können Sie Ihre Gesprächskompetenz erweitern indem Sie hinderliche Gewohnheiten verändern und Ihre persönlichen Möglichkeiten verbessern.

Verwenden Sie die Ausdrucksmöglichkeiten, die Ihrem Wesen entsprechen, denn bewusste Körpersprache erfordert, dass Ihre innere Haltung mit Ihrer Körpersprache übereinstimmt. Wenn Sie z. B. ein extrovertierter Mensch sind, dann wird eine eher expressive Gestik und Mimik Ihrem Wesen entsprechen und einen stimmigen Eindruck vermitteln. Hingegen wird eine solche Ausdrucksform bei einer introvertierten Person eher aufgesetzt wirken.

Wenn Sie eine neue Ausdrucksform erlernen wollen, z. B. lebendiger und lauter zu reden, dann sollten Sie sich klar machen,

- warum Sie sich für diese neue Ausdrucksweise entschieden haben, z. B. weil Sie bei Besprechungen stärker beachtet werden wollen,
- was Sie damit vermitteln wollen, z. B. weil Sie deutlicher als bisher ausdrücken wollen, dass Sie etwas Interessantes und Wichtiges zu sagen haben.

Das Training neuer Ausdrucksformen ist schwierig, weil die Einübung neuer Ausdrucksformen auch eine Änderung Ihrer inneren Haltung erfordert (Bischoff 2007, S. 10 ff.).

Elemente der Körpersprache

> Zu den Elementen der Körpersprache zählen das Aussehen, die Körperhaltung, Gestik, Mimik, Stimme und der Geruch.

Folgende Elemente der Körpersprache sollten Sie bewusst einsetzen.

- **Aussehen**
  Größe, Statur, Haut- und Haarfarbe, Augenfarbe, Kleidung, Statussymbole u. Ä.
  Wenn sich 2 Menschen zum ersten Mal begegnen, dann ist das erste, was sie wahrnehmen, das Äußere des anderen. Innerhalb weniger Sekunden wird eingeschätzt, ob es sich um einen Freund oder Feind handelt und spontan entschieden, ob der fremde Mensch sympathisch oder unsympathisch ist.
  Seien Sie sich bewusst, dass Sie mit Ihrem Aussehen – und dazu gehören auch Ihre Kleidung, Frisur und andere Accessoires, wie z. B. Armbanduhr, Schmuck, Krawatte oder Schuhe – einen Eindruck vermitteln, durch den Sie einer bestimmten Gruppe oder einem bestimmten Typ zugeordnet werden. Ihre Gesamterscheinung hat einen wesentlichen Einfluss darauf, ob Sie bei einem neuen Kontakt eher ablehnend oder eher akzeptiert aufgenommen werden.
  Erfahrungsgemäß tragen Führungskräfte im Bauwesen eher praktische Kleidung wie z. B. Jeans, die auch baustellentauglich ist. Jedoch ist diese Art der Kleidung nicht für jede Situation geeignet. Bei wichtigen Gesprächen sollte Ihr Aussehen der Kleiderordnung Ihres Gesprächspartners entsprechen, denn so können Sie ihm signalisieren,

dass Sie ihm auf gleicher Ebene begegnen und dazugehören. Bedenken Sie, welche Reaktionen Sie bei Ihrem Gesprächspartner auslösen, falls Sie sich nicht anpassen und welche Konsequenzen u. U. dies haben kann.

- **Körperhaltung**
  Sitzend oder stehend, Körperneigung, Körperorientierung wie z. B. zum Gesprächs- partner zu- oder abgewandt, Kopfhaltung, Gangart wie z. B. leichtfüßig oder schwer- fällig, Beinhaltung
  Ihre Körperhaltung umfasst eine Vielzahl von Ausdruckmöglichkeiten, beeinflusst maßgeblich Ihre Ausstrahlung und den Eindruck, den Sie anderen vermitteln. Mit einer überspannten Haltung, in der die Muskeln sichtlich angespannt, die Mimik unbeweglich und der Blick starr sind, vermitteln Sie einen eher angestrengten und überforderten Eindruck. Hingegen wirkt eine sehr entspannte Haltung mit schlaffen Muskeln, hängenden Schultern und schweifendem Blick eher müde und antriebs- los (vgl. Matschig 2012, S. 9 ff.). Mit einer lockeren und aufrechten Körperhaltung können Sie flexibel reagieren, Ihre Atmung kann ungehindert fließen und Sie wirken sicher sowie aufmerksam.
  Wenn Sie in der lockeren und aufrechten Haltung stehen, haben Sie den besten Stand, wenn Ihre Füße ca. schulterbreit auseinander stehen und die Knie nicht ganz durch- gedrückt sind. In der Sitzposition können Sie die lockere, aufrechte Haltung ein- nehmen, indem das Becken gerade ist und die Hände sich oberhalb der Tischkante befinden.
- **Gestik**
  Hände und Füße
  Mit Gesten wird die gesprochene Sprache untermalt und unterstützend ausgedrückt. Der Einsatz und Ausdruck der Gesten ist kulturabhängig, so wird z. B. in süd- europäischen Ländern stärker gestikuliert als in Deutschland, wo Gesten eher spar- samer eingesetzt werden.
  Redebeiträge mit keiner oder nur sehr geringer Gestik vermitteln einen eher unbeteiligten Eindruck und häufig geht eine geringe Gestikulation mit einer mono- tonen Sprechmelodie einher. Der Einsatz von Gesten verbessert den Sprechausdruck und somit auch die Verständlichkeit eines Redebeitrags.
  Versuchen Sie, entsprechend Ihrer Persönlichkeit, Ihre Redebeiträge mit Gesten zu begleiten. Halten Sie Ihre Hände leicht übereinander gelegt ungefähr auf der Höhe des Solarplexus, da sie aus dieser Position heraus leicht bewegt werden können. Achten Sie darauf, dass Sie Ihre Hände nicht verstecken, z. B. in den Hosentaschen oder hinter dem Rücken, diese Ausdrucksform signalisiert Unsicherheit.
- **Mimik**
  Gesichtsausdruck, Augenausdruck, Mund
  Mit Ihrer Mimik als Gesichtsausdruck vermitteln Sie Ihrem Gesprächspartner eine Vielzahl von Informationen über sich. Seien Sie sich bewusst, dass Sie unbewusst und automatisch zeigen was in Ihnen vorgeht z. B. durch die Blickrichtung, die Art des Blickkontakts, ob Sie die Stirn runzeln oder lächeln. Ein aufgeschlossenes Lächeln

wirkt auf den Gesprächspartner einladend und entgegenkommend. Hingegen wirkt ein stereotypes Dauerlächeln irritierend und künstlich. Der gesteuerte Einsatz von Mimik ist schwierig, da z. B. bei einem künstlichen Lächeln auch die Augen mit lachen müssen, damit das Lächeln echt wirkt (Cerwinka und Schranz 2014, S. 14).

Wenig Mimik zu zeigen bedeutet, nur wenig von sich preiszugeben. Besonders bei vertraulichen Gesprächen, wie dem Mitarbeitergespräch sollten Sie mit Mimik kommunizieren, denn so begegnen Sie Ihrem Gesprächspartner offen und fördern eine vertrauensvolle Gesprächssituation. Das sogenannte Pokerface ist bei vertrauensbildenden Maßnahmen und Anlässen kontraproduktiv, da es Verschlossenheit, Misstrauen und ggf. Unsicherheit signalisiert.

- **Stimme**
  Lautstärke, Artikulation, Sprechmelodie
  Mit der Stimme vermitteln Sie über Tonfall und Sprechweise i. d. R. Ihre soziale und kulturelle Herkunft. Zudem sind Sprachmelodie und Betonung entscheidend für die Interpretation des Gesagten (Fischbacher 2010, S. 53 ff.).
  Eine Stimme wirkt z. B. unsicher, wenn sie zu leise, zittrig oder zu hoch ist; sie klingt angespannt, wenn sie zu laut ist und langweilig, wenn sie monoton oder zu tief ist.
  Eine Stimme vermittelt im Allgemeinen einen positiven Eindruck, wenn ruhig und klar artikuliert, Abwechslung in der Betonung berücksichtigt und durch einen Wechsel von Tempo und Lautstärke mit einer lebendigen Sprache gesprochen wird.

- **Geruch**
  Eigengeruch sowie künstliche, parfümierte Düfte
  Bei großer Hitze oder Anstrengung ist der natürliche Geruch eines Menschen für die Umwelt u. U. nicht der angenehmste. Wenn Sie Ihren Geruch bewusst als positives Ausdrucksmittel einsetzen wollen, sollten Sie frisch und nicht übertrieben parfümiert riechen.
  Die bewusst eingesetzte Körpersprache kann nur dann ihre Wirkung erzielen, wenn sie auch richtig verstanden wird.

Körpersprache richtig interpretieren

Damit Körpersprache richtig interpretiert werden kann, muss sie richtig erkannt werden (vgl. Erll und Gymnich 2013, S. 110 ff.). Allgemein verständlich sind in Europa ritualisierte Gesten wie z. B. das Grüßen mit der erhobenen Hand, das Drohen durch den gestreckten Zeigefinger oder die Verachtung durch den gestreckten Mittelfinger.

In internationalen Bauprojekten mit Mitarbeitern aus unterschiedlichen Kulturen kann es leicht zu Missverständnissen zwischen Sender und Empfänger kommen, wenn kulturelle Unterschiede in der Körpersprache bestehen. Beispielsweise bedeuten die zu einem Ring geschlossenen Daumen und Zeigefinger in Griechenland nicht, dass alles in Ordnung ist, sondern gelten dort als eine unanständige Geste und das verneinende Kopfschütteln gilt in Indien als Zustimmung.

Wahrnehmung und Interpretation einer nonverbalen Äusserung

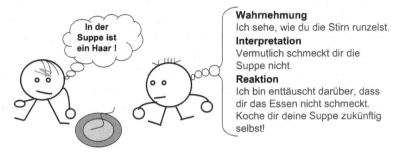

Abb. 4.4 Wahrnehmung und Interpretation einer nonverbalen Nachricht nach Schulz von Thun

Analog zur verbalen Kommunikation muss bei der nonverbalen Kommunikation die Körpersprache des Gesprächspartners richtig decodiert werden, um Kommunikationsstörungen wie Missverständnisse zu vermeiden (vgl. Schulz von Thun 2011a, S. 82; Abb. 4.4).

Achten Sie bei der Interpretation nonverbaler Ausdrücke auf den Gesamteindruck, den Ihr Gesprächspartner vermittelt. Wenn er

- Ihnen entspannt gegenüber sitzt, Sie anlächelt und dabei locker die Arme vor der Brust gekreuzt, dann vermittelt seine Körpersprache, dass er es sich gerade bequem gemacht hat, um Ihnen zuzuhören,
- Ihnen begegnet, mit einer angespannten Körperhaltung, gerunzelter Stirn und die Arme vor der Brust gekreuzt, dann drückt er nonverbal eine eher misstrauische Haltung aus.

Die nonverbale Sprache ist ein komplexes Phänomen. Um die Aussagen der Körpersprache richtig zu deuten, ist es erforderlich, alle Signale der Körpersprache zu berücksichtigen.

4.2 Gespräche

Als Führungskraft im Bauwesen nehmen Gespräche einen großen Teil Ihrer Arbeitszeit in Anspruch. Die Zusammenarbeit mit Kollegen und Mitarbeitern, Auftraggebern, Lieferanten sowie Subunternehmern muss koordiniert werden, Informationen müssen aufgenommen und weitergegeben, Probleme und deren Lösungsmöglichkeiten besprochen werden …

Kennzeichnend für Gespräche ist ihr ungewisser Ausgang, denn das Gesprächs-ergebnis wird nicht nur von Ihnen allein bestimmt. Der Verlauf von Gesprächen wird maßgeblich beeinflusst von den Verhaltensweisen, Motiven und Zielen, die Sie und Ihr Gesprächspartner haben, der Art Ihrer Beziehung zu ihm, dem Gesprächsanlass und Gesprächsthema sowie den äußeren Umständen wie Zeit und Ort.

Viele Gespräche können und werden ad hoc sowie ohne große Vorbereitung erfolg-reich geführt. Bei kritischen Themen und wichtigen Besprechungen ist jedoch eine gründliche Gesprächsvorbereitung sinnvoll und von Nutzen, um angestrebte Besprechungsziele zu erreichen.

4.2.1 Gesprächsvorbereitung

Mit einer gründlichen Gesprächsvorbereitung steigern Sie die Chancen, Ihre Gesprächs-partner für Ihre Ideen oder Absichten zu gewinnen. Sie hilft Ihnen, die Gesprächs-situation angemessen zu berücksichtigen sowie Ihre Argumente sortiert und geschickt vorzutragen.

Im Vorfeld eines Gesprächs sollten Sie Ihre eigene Rolle, sowie die Beziehung zu Ihrem Gesprächspartner hinterfragen und organisatorische Aspekte wie Zeit, Raum, und Ort klären.

Das folgende Gesprächsschema, vorgestellt am Beispiel eines Kritikgesprächs, soll Ihnen helfen, Ihre Gesprächsvorbereitung effizient und strukturiert durchzuführen.

- **Gesprächsanlass**
Was sind Ihre Motive für das Gespräch? Warum wollen Sie das Gespräch führen? Welche sachlichen Gründe und Gefühle motivieren Sie zu einem Gespräch?

Beispiel

Sie sind verärgert über einen Mitarbeiter, weil seine Leistung zunehmend schlechter geworden ist. Die mangelnde Qualität seiner Bauleistung führt dazu, dass immer wieder nachgebessert werden muss. Dadurch entstehen zusätzliche Material- und Personalkosten, zudem können Endtermine nicht eingehalten werden und die Kundenzufriedenheit sinkt. ◄

- **Gesprächsziele**
Was wollen Sie durch das Gespräch erreichen? – Machen Sie sich klar, was Ihre Ziele sind. Ihre Gesprächsziele bestimmen die Gesprächsart.
Wollen Sie einen Konflikt lösen, dann wird im Rahmen eines Konfliktgesprächs eine Einigung angestrebt.
Bei Schwierigkeiten wird mit Problemgesprächen nach der besten Lösung gesucht.
Durch Kritikgespräche können Verhaltensänderungen eingefordert werden.
Formulieren Sie Ihre Ziele konkret und möglichst so, dass die Zielerreichung über-prüft werden kann.

Beispiel

Ihr Ziel ist, dass Qualitätsanforderungen gemäß des Qualitätshandbuchs und Termine gemäß der Projektplanung ab sofort eingehalten werden. ◀

- **Gesprächsinteressen**
  Die Interessen der Gesprächspartner beeinflussen den Gesprächsverlauf.
  Allgemein sind Gesprächsinteressen z. B. der Erhalt von Informationen, der Abschluss von Verträgen, das Treffen konkreter Absprachen, die Einforderung von Verhaltensweisen, die Klärung von Situationen oder das Gewinnen von Verständnis oder Vertrauen.
  Gesprächsinteressen korrespondieren mit den Gesprächszielen und lassen sich aus ihnen ableiten.

Beispiel

Ihre Interessen sind u. a. das Erkennen von Hintergründen, die dazu führen, dass Qualitätsstandards und Termine nicht eingehalten werden.

Sie vermuten bei Ihrem Gesprächspartner folgendes Interesse: Er fordert eine Verbesserung seiner Arbeitsbedingungen durch einen neuen Computer.

Machen Sie sich klar, was Ihre Interessen sind. Überlegen Sie, was die Interessen Ihres Gesprächspartners sein könnten, denn so können Sie sich auf seine Argumente vorbereiten. ◀

- **Konfliktpotenziale**
  Welche Konflikte könnten im Rahmen des Gesprächs auftreten? Wie können mögliche Konflikte vermieden werden?
  Falls Konflikte ausbrechen, wie gehen Sie damit um? Bedenken Sie, dass der Aufprall unterschiedlicher Meinungen oder Interessen, das Durchsetzen von Anweisungen, die Konfrontation mit unliebsamen Wahrheiten u. Ä. zu Konflikten führen können (siehe Kapitel Konfliktmanagement).
  Die Thematisierung der Probleme in Form von Ich-Botschaften, das Zeigen von Verständnis und ggf. das Setzen von Grenzen können das Konfliktrisiko reduzieren.

Beispiel

Um eine sachliche und konstruktive Besprechungsatmosphäre zu fördern, sollte das Gespräch auf der Sachebene beginnen. Als Führungskraft sollten Sie das Gespräch einleiten mit einem Sachstandsbericht:

„Die mangelnde Qualität der Bauleistung erfordert umfangreiche Nachbesserungen. In der letzten Woche hat uns das 30.000 EUR gekostet und zu 2 Tagen Verzögerung geführt. Ich bekomme finanzielle und terminliche Probleme, wenn wir unsere Leistung nicht ab sofort verbessern. Was sind die Ursachen für die mangelhafte Leistung und was können wir tun, um besser zu werden?" ◀

- **Lösungen/Vereinbarungen**
Welche Lösungen bzw. Vereinbarungen streben Sie an? Was ist dabei besonders relevant? Ist Ihr Lösungs- bzw. Vereinbarungsvorschlag für Ihren Gesprächspartner akzeptabel und realisierbar?

Beispiel

Im Rahmen des Kritikgesprächs erarbeiten Sie mit dem Mitarbeiter einen Maßnahmenplan zur Verbesserung der Qualität. Durch tägliche kurze Arbeitsbesprechungen werden Sie zeitnah über Erfolge und Schwierigkeiten informiert. Sie führen regelmäßig Ausführungs- und Leistungskontrollen durch, um den Mitarbeiter zu unterstützen. ◄

- **Abschluss und Verabschiedung**
Wie leiten Sie das Ende des Gesprächs ein? Wie gestalten Sie die Verabschiedung?
In der Abschlussphase des Gesprächs sollten Sie wesentliche Aspekte und Vereinbarungen zusammenfassend wiederholen und sich vergewissern über das Einverständnis Ihres Gesprächspartners.
Mit einer unhöflichen und nachlässigen Verabschiedung vermitteln Sie Ihrem Gesprächspartner nur wenig Respekt und Achtung, was u. U. erreichte Gesprächserfolge zunichtemachen kann. Beenden Sie Ihr Gespräch indem Sie Ihrem Gesprächspartner für seine Zeit und Aufmerksamkeit danken. Zudem sollten Sie auch Ihrem Gesprächspartner die Zeit geben, sich von Ihnen zu verabschieden, bevor Sie ihn zur Tür geleiten.

Beispiel

Wir haben mit dem Maßnahmenplan eine Lösung erarbeitet, um die angestrebten Qualitäts- und Terminziele zu erreichen. Ab sofort werden wir täglich morgens um 8:00 Uhr eine kurze Arbeitsbesprechung durchführen. Zudem informieren Sie mich frühzeitig über Probleme. Wie vereinbart werde ich Sie unterstützen, wenn Sie Hilfe brauchen. Sprechen Sie mich an, wenn es irgendwo hakt oder eng wird. ◄

4.2.2 Überzeugen

Überzeugen ist die Kunst, den Gesprächspartner für die eigene Ansicht bzw. Position zu gewinnen.
Die Fähigkeit zu überzeugen, hat praktische Vorteile, denn überzeugte Mitarbeiter sind i. d. R. motivierter und überzeugte Auftraggeber oder Kunden sind zufriedener und weniger kritisch als nicht-überzeugte.

Die Überzeugung Ihres Gesprächspartners erreichen Sie i. d. R. durch Argumente. Als Führungskraft sollten Sie die Fähigkeit der zielorientierten Argumentation beherrschen, um Ihre Mitarbeiter von Ihren eigenen Vorstellungen überzeugen zu können.

Argumentationsstrategien helfen Ihnen, Ihre Gedanken strukturiert und empfängerorientiert vortragen zu können. Ausgehend von Ihrer Zielsetzung und dem jeweiligen Gesprächspartner überlegen Sie, welche Argumente, wann und wie vorgetragen werden.

Je besser Sie Ihren Gesprächspartner kennen und verstehen, desto leichter gelingt es Ihnen, auf ihn einzugehen und zu überzeugen. Wenn Sie wissen, welche Einstellungen er hat, welche Werte ihm wichtig sind oder was er über bestimmte Dinge denkt, dann können Sie Ihre Argumente auf seine Persönlichkeit abstimmen und jene Argumente vortragen, die für ihn wichtig und einleuchtend sind.

> Entwickeln Sie Ihre **Argumentationsstrategie**, indem Sie sich plausible, schlüssige, widerspruchsfreie, sich gegenseitig ergänzende Haupt- und Nebenargumente überlegen und dazu Beispiele, einleuchtende Fakten, Zahlen und ggf. kurze Geschichten oder Anekdoten zurechtlegen.

Listen Sie für jedes Argument alle möglichen Gegenargumente auf und bereiten entsprechende Antworten vor. Häufig können Gegenargumente mit plastischen Beispielen entwertet und das eigene Argument unterstützt werden. Achten Sie bei der Auswahl von Beispielen darauf, dass diese nicht weit hergeholt oder unpassend sind, denn das kann zu Irritationen und Missverständnissen führen.

Um fachkundig argumentieren zu können, sollte Ihr Wissen fundiert sein, sodass Sie Rückfragen qualifiziert beantworten können, ansonsten werden Sie einen inkompetenten Eindruck vermitteln. Überlegen Sie sich mögliche Rückfragen und entsprechende Antworten, sodass Sie souverän reagieren können.

Planen Sie, mit welcher Argumentationsdramaturgie Sie Ihre Argumente im Gesprächsverlauf vortragen wollen. Beginnen Sie z. B. mit guten Haupt- oder Nebenargumenten. Dabei sollten Sie jedoch nicht Ihr ganzes Pulver verschießen, sondern schlagkräftige Argumente noch zurückhalten. Im mittleren Teil Ihrer Argumentation können die weniger interessanten und überzeugenden Argumente vorgestellt werden. Beschließen Sie Ihre Argumentation mit einem nachhaltigen und starken Argument, da Gesprächspartner oft das zuletzt Gesagte aufgreifen und diskutieren.

Vermeiden Sie generell bedrängend zu wirken, denn das kann dazu führen, dass Ihr Gesprächspartner sich Ihnen verschließt.

Nutzen Sie bei Ihrer Argumentation alle 4 Ebenen einer Nachricht:

- Sachebene: Überlegen Sie mit welchen Daten und Fakten die sachliche Einsicht Ihres Gesprächspartners zu erreichen ist.

- Selbstdarstellungsebene: Mit welchem Verhalten wirken Sie sympathisch und vertrauenswürdig?
- Beziehungsebene: Mit welchen Bemerkungen und Äußerlichkeiten können Sie ein Wir-Gefühl auslösen?
- Appellebene: Wie können Sie Ihrem Gesprächspartner unaufdringlich signalisieren, Ihnen zu folgen?

Beachten Sie bei Ihrer Argumentation, dass Gefühle einen relevanten Einfluss auf die Entscheidung eines Menschen haben. Mitunter sind Gesprächspartner für rationale Argumente nicht empfänglich, da sie sich auf einer emotionalen Ebene den rationalen Argumenten widersetzen.

Beispiel

Ein Chef eines Bauunternehmens war nicht bereit, seine mittlerweile veralteten Bohrgeräte zu erneuern, da sie noch einsatzfähig waren. Erst als sein Bauleiter ihm auf einer Baustelle zeigte, dass ein modernes Bohrgerät erheblich leistungsstärker ist als seine alten Geräte, konnte der Chef den rationalen Argumenten seiner Mitarbeiter folgen. ◄

Wenn z. B. eine neue Technik eingeführt wird, dann sind Menschen, die sich davon überfordert fühlen, nur schwer von den Vorteilen der neuen Technik zu überzeugen. In diesen Fällen können Sie Ihre Gesprächspartner erreichen, indem Sie auf das emotionalgesteuerte Verhalten eingehen und die Heranführung an die neue Technik mit Hilfestellungen begleiten.

Mit Ihrer kommunikativen Kompetenz können Sie ihre Gesprächspartner überzeugen und für Ihre Ideen und ihre Person gewinnen. Mit den 4 Komponenten der Überzeugungskraft fördern Sie die Werte Vertrauen und Glaubwürdigkeit, als Voraussetzung einer gelungenen Kommunikation (vgl. Edmüller und Wilhelm 2016, S. 26 f.):

1. Klarheit als die Fähigkeit, sich präzise, prägnant und verständlich auszudrücken.
2. Verstehen als die Fähigkeit, sich in die Situation und Weltsicht des Gesprächspartners „einzufühlen" und die Dinge von seiner Warte aus sehen.
3. Sinnstiftung, als die Fähigkeit, Dinge zu erklären/begründen und Sinn zu verdeutlichen.
4. Offenheit, als die Fähigkeit, die eigenen Anliegen offen zu äußern und dabei ehrlich und authentisch zu sein.

Hingegen verlieren Führungskräfte ihre Glaubwürdigkeit und das Vertrauen ihrer Mitarbeiter, wenn sie ihre Gesprächspartner manipulieren und diese es bemerken.

Manipulation ist die gezielte Beeinflussung von Personen, ohne deren Wissen und Zustimmung. Manipulation liegt zwischen Zwang und Überzeugung: Das Opfer hat Möglichkeiten, sich zu wehren, doch wird seine abwägende Entscheidung nicht gefördert, sondern möglichst unterdrückt oder übergangen (vgl. Kirn v. 1994, S. 414).

Als Führungskraft führen Sie eine Vielzahl von Gesprächen wie z. B. Informationsgespräche, um aktuelle Informationen zu erhalten und weiterzugeben, Problemgespräche zur Analyse und Lösung von Schwierigkeiten oder Überzeugungsgespräche, um Ideen verwirklichen zu können.

Nachfolgend werden das Feedbackgespräch und das Zielvereinbarungsgespräch als mitarbeiterorientierte Führungsinstrumente ausführlich beschrieben.

4.2.3 Feedbackgespräch

Generell ist ein Feedback ist ein Gespräch, in dem Sie einer Person/einem Mitarbeiter oder einer Gruppe/einem Team eine Rückmeldung über deren Verhalten, Leistung oder Produkte geben. Damit können störende Verhaltensweisen korrigiert und die Effektivität der Zusammenarbeit gesteigert werden (vgl. Grotzfeld et al. 2009, S. 68).

Ein Feedback hat folgende Funktionen:

- Hinweisfunktion
- Lernfunktion
- Motivationsfunktion
- Beziehungsfunktion

Hinweisfunktion

Mit einem Feedback weisen Sie Ihren Gesprächspartner darauf hin, welche Konsequenzen aufgrund seines Verhaltens oder seiner Aktivitäten zu erwarten sind.

Wenn Sie z. B. für einen Tunnelbau einen Subunternehmer beauftragen, 26 Querschläge in ca. 100 Wochen abzubohren, dann wird es erfahrungsgemäß zu erheblichen technischen Anfangsproblemen kommen. Solche Schwierigkeiten führen i. d. R. dazu, dass ein vereinbarter Zeitplan nicht eingehalten wird. In einer solchen Situation sollten Sie als Projektleiter ein Feedbackgespräch mit dem Subunternehmer führen. Weisen Sie ihn darauf hin, dass seine Verzögerungen Ihre Projektarbeiten behindern und dadurch erhebliche Kosten entstehen können – sofern er die anfänglichen Verspätungen nicht einholen kann. Dokumentieren Sie dieses Gespräch in Form einer Aktennotiz oder eines Gesprächsprotokolls.

Lernfunktion

Ein Mitarbeiter, der eine neue Aufgabe übernimmt, lernt i. d. R. nach dem Prinzip Versuch und Irrtum. Durch Hinweise auf Fehler oder Verbesserungsmöglichkeiten lernt er, sich und seine Ergebnisse besser einzuschätzen und kann seine Leistungen durch den Lernprozess verbessern.

Bedenken Sie, dass ungelöste Probleme Ihrer Mitarbeiter oder Subunternehmer immer zu Ihrem Problem werden, da Sie erfolgsverantwortlich sind. Als Projektleiter des oben genannten Tunnelbauprojektes sollten Sie deshalb Ihren Subunternehmer coachen, in dem Sie Ihn auf Optimierungspotenziale hinweisen. Dieses ermöglicht ihm zu lernen und somit besser zu werden, sodass die Abbohrung der Querschläge termingerecht erfolgt. Dabei sollten Sie beachten, dass Sie keine anweisende, sondern lediglich eine beratende Rolle einnehmen. Ansonsten kann es passieren, dass der Subunternehmer Sie für einen eventuellen Misserfolg verantwortlich macht.

Motivationsfunktion
Mit einem Feedback zeigen Sie Ihrem Gesprächspartner, dass Sie seine Leistung wahrnehmen und kritisch würdigen. Damit können Sie die Motivationsbereitschaft Ihres Gesprächspartners fördern.

Beziehungsfunktion
Die Aspekte der Beziehungsfunktion sind z. B.

• Mitteilung über das eigene Befinden
Sie machen Ihren Gesprächspartnern darauf aufmerksam, wie Sie sein Verhalten erleben – und was es für Sie bedeutet.

Beispiel:

„Jens, du hast dich bereits für Lösung A entschieden, das geht mir jetzt zu schnell, da ich noch nicht alle Aspekte durchdacht habe." ◄

• Bitte um Rücksicht und Verständnis
Sie informieren Ihren Gesprächspartner über Ihre Situation, damit er darauf Rücksicht nehmen könnte – und sich nicht auf Vermutungen stützen muss.

Beispiel

„Herr Müller, zurzeit habe ich dringend etwas zu erledigen und kann deswegen Ihren Vorschlag jetzt nicht mit Ihnen besprechen. Was halten Sie davon, wenn wir uns morgen früh, um 8 Uhr für eine halben Stunde treffen?" ◄

• Verhaltensänderungen vorschlagen
Sie teilen Ihrem Gesprächspartner mit, welche Veränderungen seines Verhaltens die Zusammenarbeit mit ihm verbessern würde.

Beispiel

„Bernd, wenn du telefonierst, sprichst Du sehr laut. Wenn es hier so laut ist, kann ich mich kaum noch konzentrieren und komme mit meiner Arbeit nicht voran. Ich bitte dich, zukünftig leiser zu reden, wenn du telefonierst."◄

Wenn Sie mit Ihrem Feedback Kritik äußern, können Sie u. U. bei Ihrem Gesprächspartner wunde Punkte berühren, Ihre Stellungnahme kann ihm u. U. peinlich sein oder ggf. eine Abwehrreaktion auslösen. Eine Feedback-Situation ist oft heikel, sodass es vorteilhaft ist, wenn der Feedback-Geber und Feedback-Nehmer bestimmte Regeln einhalten:

Feedback-Regeln
Als **Feedback-Geber** sollten Sie folgende Regeln beachten (vgl. Fengler und Rath 2009, S. 24):

- Ein Feedback wird ohne Vorwurf vortragen.
  Wenn Sie z. B. in einer Teambesprechung feststellen:
  „Jens, es wurde wieder mit dem alten Plan, der A-Version gearbeitet, dadurch wurden die neuen QM-Vorgaben nicht erfüllt und wir müssen im Bauabschnitt C nacharbeiten",
  dann kann passieren, dass
  – Ihr Mitarbeiter beginnt, sich vor dem versammelten Team zu rechtfertigen – und wertvolle Zeit des Meetings dadurch verloren gehen,
  – es zu einer Verstimmung zwischen Ihnen und dem Mitarbeiter kommt,
  – sich nichts ändert, da keine Problemlösung erarbeitet worden ist.
  Wenn der Mitarbeiter Ihre sachliche Feststellung als Vorwurf interpretiert, dann wird er darauf mit einer Rechtfertigung oder Widerstand reagieren.
- Ein Feedback soll sachlich sein und nicht persönlich werden.
  Sie haben die Pflicht, Ihren Mitarbeiter auf seinen Fehler hinzuweisen, um Folgefehler zu verhindern. Um zu vermeiden, dass Ihre Äußerung als Vorwurf interpretiert wird, sollten Sie lediglich den Sachbestand beschreiben, wie z. B.:
  „Jens, du hast mit dem Plan in Version A gearbeitet".
  Jens muss dieser Tatsache zustimmen und wird sich bei einer so formulierten Feststellung u. U. nicht rechtfertigen. Verzichten Sie auf Vorwürfe bzw. ersetzen diese durch einfache, sachliche Beschreibungen.
- Ein Feedback erfolgt mit Ich-Botschaften und nicht in der Du-Form.
  Du-Aussagen haben einen Vorwurfscharakter und mit provozierenden Du-Botschaften erreichen Sie keine Einsicht, sondern lösen Widerstände aus. Hingegen wirken Ich-Botschaften vorwurfsfrei, wie z. B.:
  „Ich habe festgestellt, dass wir im Bauabschnitt C die QM-Anforderungen noch erfüllen müssen."

Mit vorwurfsfreien Ich-Aussagen können Sie bei den Beteiligten Betroffenheit aus-lösen. Betroffenheit ist eine Vorstufe zur gewünschten Einsicht, z. B. zukünftig darauf zu achten, mit der aktuellen Planversion zu arbeiten.

- Ein Feedback spiegelt das Verhalten des Feedbacknehmers.

Feedback ist eine Kommunikationsform, mit der Sie Ihrem Gesprächspartner einen Spiegel vorhalten, in dem sich sein Verhalten vorwurfsfrei und sachlich widerspiegelt. Dabei werden nur Verhaltensweisen thematisiert, die der Feedback-Nehmer auch ändern kann, denn die Spiegelung soll dem Mitarbeiter helfen, zukünftig besser zu werden.

Sehr empfindliche Mitarbeiter können selbst auf vorwurfsfreies Spiegeln mit Recht-fertigung reagieren. In diesen Fällen sollten Sie Ihren Gesprächspartner unterbrechen und deutlich darauf hinweisen, dass Sie ihm keinen Vorwurf machen.

In einem reinen Feedback werden keine Anweisungen gegeben. In dringenden Fällen oder unter Zeitdruck sollten Sie die Kommunikationsform ändern und vom Feedback zur Anweisung wechseln.

Die Regeln für den **Feedback-Nehmer** lauten:

- zuhören, ohne sich zu rechtfertigen oder zu verteidigen
- Verständnisfragen stellen, z. B.
  - Wie meinen Sie das genau?
  - Wie darf ich das verstehen?
  - Worum speziell geht es Ihnen?
  - Was befürchten Sie konkret?
  - Habe ich Sie richtig verstanden, Sie sagen, ...?
- überprüfen, was ihn als Feedback-Empfänger betrifft und den Rest ignorieren,
- sich für die Rückmeldung bedanken.

Berücksichtigen Sie, dass das Führen von Feedback-Gesprächen eingeübt werden sollte, um Gesprächs- und somit auch Führungsfehler zu vermeiden.

4.2.4 Zielvereinbarungsgespräch

Ergebnisorientiertes Handeln erfordert handlungsleitende Ziele.

Als Führungskraft im Bauwesen vereinbaren Sie i. d. R. tagtäglich Ziele mit Ihren Mitarbeitern, wie z. B. „Wir machen heute erst Feierabend, wenn die Betondecke fertig gegossen ist." oder „Die Vermessungsarbeiten müssen bis morgen abgeschlossen sein.".

Zudem werden im Rahmen des Jahresgesprächs zwischen Führungskräften und Mit-arbeitern Ziele vereinbart, die im Laufe eines Jahres zu erfüllen sind.

Mit Zielvereinbarungen werden, wie bei einem Vertrag verbindliche Absprachen zwischen Führungskraft und Mitarbeitern getroffen. Es ist ein Führungs- und Steuerungsinstrument, das den Mitarbeitern Orientierung geben und die Leistung sowie die Motivation fördern soll (vgl. Weibler 2012, S. 362 f.). Zielvereinbarungen können sich auf kurz- und langfristige Ziele beziehen. Die vereinbarten Ziele sollten generell dokumentiert werden.

Kurzfristige Ziele des Tagesgeschäfts können z. B. in dem Protokoll der täglichen Arbeitsbesprechung notiert werden. Die Dokumentation der Ziele aus dem jährlichen Zielvereinbarungsgespräch erfolgt i. d. R. in Form eines standardisierten Protokolls.

Zielvereinbarungen werden zunehmend im Bauwesen eingesetzt, insbesondere in den großen, internationalen Baukonzernen. denn:

Führen mit Zielen soll

- eigenverantwortliches Handeln und ergebnisorientiertes Arbeiten fördern,
- die Zusammenarbeit zwischen Führungskräften und Mitarbeitern verbessern,
- die Mitarbeiterführung stärker gewichten.

Das Führen mit Zielen basiert auf dem Konzept des Managements by Objectives (MbO) aus dem Jahr 1954: Danach beginnt ein Zielsystem immer mit den Unternehmenszielen und setzt sich nach dem Top-Down-Prinzip über Bereichs-, Abteilungs- und Projekt- bzw. Teamziele bis auf die Ebene der einzelnen Mitarbeiter fort (Abb. 4.5).

Jede nachgeordnete Organisationseinheit hat die Ziele der übergeordneten Organisationseinheit zu unterstützen. Um die Organisationsziele zu erfüllen, werden mit allen Mitarbeitern persönliche Ziele erarbeitet und vereinbart. Nach dem Bottom-up-Prinzip werden die Einzelziele der Mitarbeiterziele kumuliert und überprüft, ob sie die Unternehmensziele erfüllen.

Das Prinzip der **Zielvereinbarung** sieht vor, dass Mitarbeiter und Führungskräfte gemeinsam Ziele erarbeiten. Die Grundidee ist, dass Mitarbeiter motivierter und effizienter arbeiten, wenn sie mitentscheiden können, welche Ziele sie zu erreichen haben.

Falls jedoch Führungskräfte den Mitarbeitern Ziele aufzwingen, ohne die Vorstellungen und Interessen der Mitarbeiter zu berücksichtigen, dann wird die Zielvereinbarung zur

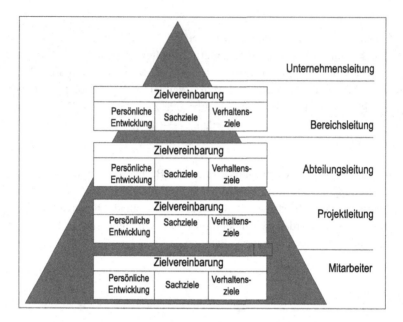

Abb. 4.5 System der Zielvereinbarungen

Farce. Der Verlust der Mitarbeiterpartizipation an der Zieldefinition führt dazu, dass die positiven Effekte wie die Identifikation mit den Zielen und die Motivationssteigerung ausbleiben.

Theoretisch sollen aufgrund von Zielvereinbarungen die Mitarbeiter sich mit ihren Zielen identifizieren, ihr Handeln konkret nach den Zielen ausrichten und zum Mitunternehmer werden. In der Praxis wird i. d. R. die Motivation zur Zielerreichung und Leistungssteigerung gefördert durch Bonusregelungen, Gehaltserhöhungen und Beförderungen.

Zielvereinbarungen umfassen i. d. R.

- quantitative und qualitative Sachziele.
  - quantitative Sachziele wie z. B.: 10 Prozent Deckungsbeitrag auf der Baustelle X
  - qualitative Sachziele wie z. B. die Weiterentwicklung von Methoden um ein Bohrverfahren besser, einfacher, schneller oder kostengünstiger durchzuführen.
- Ziele der persönlichen Entwicklung.
  Für die Ziele der persönlichen Entwicklung werden Förder- und Entwicklungsmaßnahmen mit dem Mitarbeiter vereinbart. Dazu gehören z. B.
  - arbeitsplatzbezogene Maßnahmen wie die Durchführung von Vertretungen
  - die Übertragung von Verantwortung
  - die Veränderung des Aufgabenzuschnittes
  - die Mitarbeit in Arbeits- und Projektgruppen
  - Fortbildungen.

- Verhaltensziele
  Mit Verhaltenszielen wird eine dauerhafte Veränderung bestimmter Verhaltensweisen angestrebt. Verhaltensziele beziehen sich i. d. R. auf die sozialen Kompetenzen des Mitarbeiters.

Generell sind Ziele der persönlichen Entwicklung und des Verhaltens vertraulich zu behandeln, Sachziele hingegen können offen kommuniziert werden.

Prozess der Zielvereinbarung
Zielvereinbarungen sind eine Arbeitsgrundlage für Führungskräfte und Mitarbeiter. Bei dem Führungsinstrument Management by Objectives (MbO)werden i. d. R. Zielvereinbarungen im Rahmen des Jahresgesprächs zu Beginn eines neuen Jahres durchgeführt. Hingegen werden bei dem Führungsinstrument Objectives and Key Results (OKRs) unterjährig Ziele vereinbart, z. B. für jedes Quartal.
Der zyklische Prozess der Zielvereinbarung umfasst die Schritte Zielvereinbarung – Zielverfolgung – Zielerreichung, siehe dazu Abb. 4.6.

Ziele vereinbaren
Ziele werden im Rahmen eines MbO-Zielvereinbarungsgesprächs möglichst gemeinsam mit dem Mitarbeiter festgelegt. Bei OKRs-Zielvereinbarungen wird vom Mitarbeiter zudem gefordert, dass er eigene Ziele formuliert.
Die Vorbereitung des Zielvereinbarungsgesprächs umfasst organisatorische und inhaltliche Aspekte (vgl. Laufer 2005, S. 162 ff.):

Abb. 4.6 Prozess der Zielvereinbarung

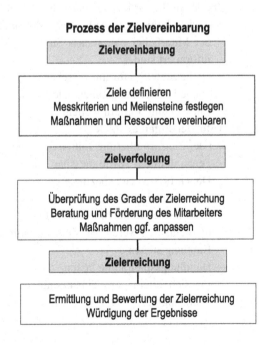

- **Organisatorische Vorbereitungen**
  - Vereinbaren Sie mit Ihren Mitarbeitern rechtzeitig den Gesprächstermin, d. h. mindestens 2 Wochen vor dem geplanten Termin. Somit haben auch Ihre Mitarbeiter genügend Zeit, um sich auf das Gespräch gründlich vorzubereiten. Die gründliche Vorbereitung beider Gesprächspartner ist eine wichtige Voraussetzung für einen positiven und gewinnbringenden Gesprächsverlauf.
  - Planen Sie für das Gespräch ca. ein bis zwei Stunden ein.
  - Sorgen Sie für Räumlichkeiten, in denen das Gespräch ungestört stattfinden kann.
- **Inhaltliche Vorbereitungen**

  Vor Durchführung des Gesprächs sollte Ihnen klar sein, welche Sachziele, Ziele der persönlichen Entwicklung und Verhaltensziele von Ihrer Seite aus angestrebt werden. Die Sachziele werden i. d. R. von den Zielvorgaben mitbestimmt, die Sie im Rahmen Ihrer Zielvereinbarung mit Ihrem Vorgesetzten ausgehandelt haben: Welche Ziele müssen Sie mit Ihrer Organisationseinheit (Projekt, Team, Abteilung, Geschäftsstelle etc.) erfüllen, um erfolgreich zu sein? Sie brauchen Ihr Team, um Ihre eigene Zielvereinbarung einzuhalten. Entsprechend beeinflusst diese Vereinbarung die Zielvorstellung für jedes einzelne Teammitglied und das Gesamtteam.

  Falls Sie mit Ihrem Vorgesetzten vereinbart haben, z. B. ein Bauprojekt mit einem Deckungsbeitrag von 10 Prozent abzuschließen, dann werden Sie diese Zielvorgabe auf ausgewählte Mitarbeiter übertragen, weil Sie mit Ihrem Team die Leistung erbringen wollen und sollen. Berücksichtigen Sie bei Ihren Vorbereitungen folgende Aspekte:
- **Anforderungen an Mitarbeiter**

  Überlegen Sie für jeden Mitarbeiter
  - welche konkreten Aufgaben, Zuständigkeiten und Verantwortungsbereiche der Mitarbeiter hat, sodass Sie über die aktuelle Situation Ihres Mitarbeiters informiert sind,
  - welche Ziele Sie für ihn vorsehen,
  - welche Entwicklungspotenziale Sie bei dem Mitarbeiter sehen und wie Sie seine Entwicklung fördern wollen.
- **Anforderungen an Ziele**

  Bei der Zielformulierung sollten Sie beachten, dass die Ziele
  - genau definiert sowie messbar sind und Umfang, Qualität, Ressourcen, Kosten, Dauer, Fristen etc. spezifizieren,
  - realistisch sind, also auch innerhalb eines Jahres erreicht werden können,
  - in konkretes Handeln umsetzbar sind,
  - untereinander vereinbar sind und mit übergeordneten Unternehmenszielen in Einklang stehen,
  - Handlungsspielräume lassen,
  - für sich alleine erreichbar sind, d. h. die einzelnen Ziele sind voneinander unabhängig.

Untersuchungen haben ergeben, dass anspruchsvolle sowie präzise formulierte Ziele zu einer weitaus höheren Leistung führten als eher unverbindlich und allgemein gehaltene Aufträge (vgl. Winkler und Hofbauer 2010, S. 109).

- **Beurteilung des Mitarbeiters**
  Für die Beurteilung einer Zielerreichung sollten Sie folgende Aspekte berücksichtigen:
  - Welche vereinbarten Ziele wurden erreicht bzw. nicht erreicht?
  - Welche Faktoren wirkten positiv oder negativ auf die Zielerreichung?
  - Wie war die Zusammenarbeit mit den Kollegen und mit Ihnen?
  - Welche von den Personalentwicklungszielen wurden erreicht?
  - Falls es sonstige Vereinbarungen gab: Wie wurden diese umgesetzt?

Schaffen Sie mit einer gründlichen Vorbereitung die Basis für einen erfolgreichen Gesprächsverlauf.

Als Führungskraft sind Sie für die Durchführung des Zielvereinbarungsgesprächs verantwortlich. Versuchen Sie eine offene Gesprächsatmosphäre zu schaffen. Dafür sollten Sie folgendes berücksichtigen:

- Die Gesprächseröffnung beeinflusst maßgeblich das Gesprächsklima. Mit einem offenen und freundlichen Start fördern Sie eine konstruktive Gesprächsatmosphäre.
- Formulieren Sie Kritik nicht als Vorwurf, sondern als Ihre persönliche Sichtweise oder als Frage.
- Achten Sie darauf, die Leistung und nicht die Person zu kritisieren.
- Die Vereinbarung von persönlichen Zielen fördert die Arbeitszufriedenheit der Mitarbeiter.
- Falls die Situation eskaliert, sollten Sie das Gespräch zu einem späteren Zeitpunkt fortführen.
- Bei der Verabschiedung sollten Sie dem Mitarbeiter Ihre Wertschätzung signalisieren.

Im Rahmen des Zielvereinbarungsgesprächs sollte es zu einem ausgewogenen Interessenausgleich zwischen den Zielen Ihres Mitarbeiters und den von Ihnen vertretenen Unternehmenszielen kommen.

Zielvereinbarungen werden in einem schriftlichen Ergebnisprotokoll dokumentiert und von den Gesprächspartnern unterzeichnet. Mit der schriftlichen Fixierung der Zielvereinbarung wird ein verbindlicher Handlungsrahmen für die kommende Planungsperiode geschaffen, der Sicherheit und Orientierung vermitteln soll.

Ziele verfolgen

Im Laufe einer Planungsperiode sollten Sie Ihre Mitarbeiter in ihrer Zielverfolgung unterstützen. Führen Sie Erfolgskontrollen bei Teilzielen durch und unterstützen Sie Ihre Mitarbeiter in Problemfällen durch Feedbackgespräche und Beratung.

Ziele erreichen

Mit der Würdigung von Erfolgen und dem Feiern von Siegen bei Zielerreichung zeigen Sie Ihren Mitarbeitern Ihre Anerkennung und fördern die Motivation und Arbeitsfreude Ihres Teams.

Falls Ziele nicht erreicht werden, sollten sie kritisch überprüfen, welche Hintergründe und Faktoren zu diesem Misserfolg führten (vgl. Eyer und Haussmann 2018, S. 70 f.). Lag es an dem Ziel? War es realistisch oder war es zu hochgesteckt? Sind unerwartete Schwierigkeiten eingetreten, die die Zielerreichung verhinderten, wie z. B. Streiks? Lag es an dem Mitarbeiter? War er mit dem Ziel überfordert? Gab es unerwartete Umstände, die ihn daran hinderten, sein Ziel zu erreichen, wie z. B. Krankheit? Gab es Motivationsprobleme?

Hinterfragen Sie zudem, wie der Misserfolg hätte verhindert werden können: Was oder welche Maßnahmen hätten dem Mitarbeiter geholfen, erfolgreich zu sein?

Seien Sie konsequent: Zeigen Sie erfolgreichen Mitarbeitern Ihre Anerkennung durch immaterielle und materielle Belohnung. Stellen Sie weniger erfolgreiche Mitarbeiter nicht bloß. Bei nicht-erfolgreichen Mitarbeitern sollten Sie unterjährig überprüfen, ob und in welchem Umfang der Mitarbeiter in der Lage ist, die aktuellen Ziele zu erreichen. Somit können Sie bei Problemen rechtzeitig gegensteuern.

4.3   Kommunikation mit schwierigen Gesprächspartnern

Mit Ihren Mitarbeitern, Kollegen, Vorgesetzten, Auftraggebern, Lieferanten, Subunternehmern, Behördenvertretern und anderen begegnen Ihnen die unterschiedlichsten Persönlichkeiten mit ihren jeweiligen Verhaltensweisen. Je nach Verhaltensweise können unterschiedliche Kommunikationstypen identifiziert werden.

Der feindselig-aggressive Kämpfer

Kämpferverhalten drückt Attacke aus. Kämpfer reagieren unfreundlich und unhöflich. Mit ihrem Auftreten versuchen sie, ihre Gesprächspartner einzuschüchtern und zu überwältigen. Typisch für Kämpfer ist, dass sie sich rücksichtslos benehmen und oft einen lauten oder arroganten Ton anschlagen.

Wenn z. B. ein Schichtingenieur oder Polier wutentbrannt Ihr Büro betrit und Ihnen entgegenbrüllt, dass mit einer solchen Mannschaft nicht zu arbeiten sei, dann steht vor Ihnen ein Kämpfer.

Im Umgang mit Kämpfern sollten Sie folgendes beachten: Erfüllen Sie nicht die Erwartung, dass Sie aus Angst, vor Schreck oder vor Wut in die Knie gehen und außer Gefecht gesetzt sind. Vermeiden Sie zudem eine offene Konfrontation darüber, wer gerade Recht hat. In einer Auseinandersetzung mit einem Kämpfer sollten Sie Folgendes beachten:

- Geben Sie dem Kämpfer etwas Zeit, um sich abzuregen. Suchen Sie seinen Blickkontakt und warten Sie bis er etwas ruhiger geworden ist.

- Sobald er etwas gefasster ist, beteiligen Sie sich an dem Gespräch. Unter Umständen ist es dazu erforderlich, dass Sie seinen Redeschwall unterbrechen, um zu Wort zu kommen. Lassen Sie sich jedoch nicht vom Kämpfer unterbrechen.
- Wenn er wenig Neigung zeigt, Ihnen zuzuhören, dann reden Sie ihn direkt mit seinem Namen an, um seine Aufmerksamkeit zu erhöhen. Falls er noch nicht sitzt, dann sorgen Sie dafür, dass er sich hinsetzt, denn die meisten Menschen verhalten sich weniger aggressiv, wenn sie sitzen.
- Sprechen Sie mit ihm in der Ich-Form, so vermeiden Sie, dass Sie dem Kämpfer sagen, was er tun oder lassen soll.
- Auf jeden Fall sollten Sie einen offenen Konflikt mit ihm vermeiden, da dieser eskalieren könnte. Bei einer Eskalation besteht das Risiko, dass der Kämpfer und Sie das Gesicht verlieren oder Brücken hinter sich abbrechen.

Zeigen Sie Format indem Sie freundlich sind, ohne dabei einzuknicken und versuchen Sie den Kämpfer zu verstehen. Dann haben Sie die Chance, dass Sie vom Kämpfer als Gesprächspartner akzeptiert werden und Sie erreichen eine neutralere Gesprächsatmosphäre.

Der heimtückische Heckenschütze

Heckenschützen agieren durch Andeutungen und Sarkasmus, unhöflichen Bemerkungen, übertriebener Mimik und Gestik und schießen aus dem Hinterhalt. Da Heckenschützen Vergeltungsschläge vermeiden wollen, greifen sie andere mit versteckter Taktik und hinterhältigen Bemerkungen an.

Mitarbeiter, die z. B. frustriert sind über die Art und Weise wie sich ein Bauprojekt entwickelt oder Kollegen, die neidisch auf Ihre Position sind, können sich zum Heckenschützen entwickeln.

Im Umgang mit Heckenschützen gilt:

- Versuchen Sie die indirekten Angriffe aufzudecken sowie direkt und bestimmt auf die Attacken einzugehen. Stellen Sie Fragen, wie z. B.: „Was wollten Sie damit andeuten, als Sie vorhin den Daumen nach unten drehten?" Decken Sie seine Maskerade auf.
- Heckenschützen wollen i. d. R. keinen offenen Konflikt und streiten meistens ab, Sie oder eine Situation sabotiert zu haben. Indem Sie auf Behauptungen verzichten und direkte Fragen zu seinen Absichten stellen, können Sie eine klärende Gesprächssituation schaffen als Alternative zum offenen Streit oder schwelenden Konflikt. Unter Umständen wird der Heckenschütze seinen Hinterhalt aufgeben und Ihnen direkt sagen, was ihn stört oder was Sie falsch gemacht haben.
- Bei Angriffen in Teamsitzungen sollten Sie die Gruppe einbeziehen, z. B. wenn der Heckenschütze bemerkt: „Das ist ja typisch, dass wir mal wieder nichts geschafft haben". Dann sollten Sie die anderen Teammitglieder fragen, ob sie diese Kritik bestätigen oder verneinen. Somit können Sie einschätzen, inwieweit der Vorwurf des Heckenschützen berechtigt oder unberechtigt ist.

Generell sollten Sie darauf achten, dass der Heckenschütze Sie nicht manipuliert. Lösen Sie Probleme mit Problemlösungstechniken und lassen Sie sich nicht vom Heckenschützen sagen, was Sie tun sollten.

Der quengelige Nörgler

Nörgler jammern oder beschweren sich ständig. Jedoch werden sie nicht aktiv, um die Situation zu ändern, da sie sich entweder machtlos fühlen oder weil sie nicht bereit sind, die Verantwortung zu übernehmen. Oft haben die Kritikpunkte des Nörglers einen wahren Kern. Nörgler tragen oft Probleme als Beschuldigungen vor. Sie erreichen damit, dass die Beschuldigten aktiv werden und ziehen sich auf diesem Wege aus der Verantwortung.

Wenn z. B. ein Mitarbeiter ständig über Probleme im Projekt klagt, weil die Organisation nur suboptimal ist oder regionale Lieferanten nicht ausreichend berücksichtigt werden, jedoch keinerlei Initiative zeigt, um die Situation zu verbessern, dann haben Sie einen Nörgler vor sich.

Sie können den Nörgler fördern, indem Sie von ihm fordern, sein passives Verhalten mit dem Klagen und der demonstrativen Hilflosigkeit aufzugeben und durch eine lösungsorientierte Perspektive zu ersetzen. Dazu können sie wie folgt vorgehen:

- Hören Sie dem Nörgler aufmerksam zu. Nörgler müssen i. d. R. zuerst ihren Unmut loswerden und sich verstanden fühlen, bevor sie über konstruktive Lösungen nachdenken können.
- Machen Sie dem Nörgler deutlich, dass Sie ihn verstanden haben und dass Sie ihn ernst nehmen. Achten Sie darauf, dass Sie dabei nicht die Verantwortung für seine Probleme übernehmen.
- Nörgler klagen gerne in einem generalisierenden und unkonkreten Stil, indem sie Wörter wie immer und nie verwenden. Schränken Sie seine Beschwerden auf die Fälle ein, die durch Zeit- und Ortsangabe sowie definierte Fakten nachvollziehbar sind.
- Wenn Sie erkannt haben, was die Ursachen seiner Nörgelei sind, sollten Sie die Fakten kurz zusammenfassen. Gegebenenfalls unterbrechen Sie ihn dazu, denn seine Klagen können endlos werden.
- Gehen Sie rasch zur Problemlösung über. Dazu sollten Sie konkrete, zukunftsorientierte und offene Fragen stellen und den Nörgler bei der Erarbeitung der Antworten unterstützen. Gegebenenfalls können Sie angestrebte Verhaltensänderungen mit konkreten Zielvorgaben unterstützen.

Machen Sie dem Nörgler klar, dass Sie generell Initiative und ein lösungsorientiertes Handeln von ihm erwarten und nicht bereit sind, für ihn seine Probleme zu lösen.

Der spontan Explodierende

Gesprächspartner, die einen Wutausbruch erleiden und außer Kontrolle sind, erinnern mitunter an frustrierte Kinder, die sich vor Wut auf den Boden werfen. Bei Menschen, die zu Wutausbrüchen neigen, können durch Widerstände oder Provokationen Situationen eskalieren und es kann zu unverzeihlichen Äußerungen oder sogar Gewaltausbrüchen gegen Sachen und Menschen kommen.

Ein solches Verhalten kann plötzlich und unerwartet auftreten, z. B. im Verlauf einer Diskussion, die anfangs noch sachlich und in konstruktiver Arbeitsatmosphäre verlief. Wenn eine Person mit der Neigung zum Wutausbruch sich in eine Ecke gedrängt oder psychisch bedroht fühlt, dann ist der Wutausbruch eine plötzliche, automatische Reaktion, die der Wütende nur schwer oder kaum kontrollieren kann.

Der Umgang mit Wütenden ist schwierig, da sie in der Wutphase ihre Umwelt kaum wahrnehmen. Generell gilt es, ihnen zu helfen, ihre Selbstkontrolle zurückzugewinnen.

- Geben Sie dem Wütenden etwas Zeit. Mitunter merkt er selbst, wo er ist, wie er sich gerade verhält und kommt wieder zur Besinnung.
- Versuchen Sie seinen Wutausbruch zu unterbrechen, indem Sie seine Aufmerksamkeit erregen. Mit Äußerungen, die eine Signalwirkungen haben, wie z. B. „Stop – Stop", „Moment mal", „So nicht" oder durch Zustimmung „Ja – Ja" können Sie u. U. den Wütenden erreichen.
- Sprechen Sie den Wütenden an und signalisieren ihm, dass Sie ihn ernst nehmen, z. B. durch Sätze wie: „Das ist ein wichtiger Aspekt." oder „Lassen Sie uns das in Ruhe besprechen." Unter Umständen müssen Sie die Sätze laut und deutlich mehrfach wiederholen, damit Sie bei dem tobenden Gesprächspartner ankommen.
- Falls der Wutausbruch in einem Meeting vorkommt und Sie der Besprechungsleiter sind, dann können Sie eine kurze Pause veranlassen, um den Tobenden zu unterbrechen und damit die Situation sich wieder etwas beruhigen kann. Wenn Sie nicht der Diskussionsleiter sind und sich nicht dieser Situation aussetzen wollen, dann können Sie mitteilen, dass Sie gleich zurück sind und verlassen den Raum.

Bemühen Sie sich, nicht die Fassung zu verlieren, wenn Ihr Gesprächspartner einen Wutausbruch erleidet. Versuchen Sie in dieser Situation cool zu reagieren, auch wenn Sie über das Verhalten des Wütenden geschockt und erschrocken sein sollten. Steuern und deeskalieren Sie die Situation durch ein rationales Verhalten.

Der rechthaberische Besserwisser

Der rechthaberische Besserwisser kann es nicht lassen, anderen mit klugen Ratschlägen zu Seite zu stehen. Ungefragt mischt er sich gerne überall ein, um seinen Kommentar abzugeben. Er nervt seine Gesprächspartner, da er immer alles besser weiß, egal worum es geht. Mitunter kann er demotivierend wirken, wenn er anderen seine Vorstellungen und Arbeitsweise aufdrängen will. Rechthaberische Besserwisser wollen nicht nur immer das letzte Wort, sondern auch noch Recht haben. Eine seiner typischen Redewendungen ist z. B.: „Das habe ich ja gleich gesagt!"

Wenn Ihr Gesprächspartner Sie darauf hinweist: „Wenn Sie auf mich gehört hätten …" und feststellt: „Das war mir schon von Anfang an klar …" oder bemerkt: „Sie hätten eben …" – dann steht vor Ihnen ein Besserwisser.

Ist der Besserwisser Ihr Kunde oder Sie haben nur gelegentlich Kontakt zu ihm, dann können Sie die Gesprächssituation positiv gestalten, indem Sie auf ihn eingehen und ihn bestätigen.

Gehört der Besserwisser zu Ihrem Team, dann kann folgendes Vorgehen die Zusammenarbeit mit ihm erleichtern:

- Besserwisser tragen oft sehr ausführlich ihre Meinung und ihr vermeintliches Wissen vor. Vereinbaren Sie Redezeitbegrenzungen, z. B. ein Wortbeitrag darf nicht länger als 3 min dauern.
- Vor einer Besprechung können Sie an das soziale Gewissen des Besserwissers appellieren: Bitten Sie ihn, sich etwas zurückzuhalten, damit die anderen eine Chance haben, ihre Meinung vorzutragen.
- Machen Sie ihn zum Experten: Vereinbaren Sie mit ihm ein Sachgebiet, für das er als Experte offiziell zuständig ist. Bei Fragen oder Problemen, die sein Thema betreffen, ist er „offizieller Besserwisser".
- In einem Vier-Augen-Gespräch sollten Sie ihn darauf hinweisen, dass seine ständige Besserwisserei alle nervt und er mit seinem Verhalten riskiert, vom Team ausgegrenzt zu werden.

Besserwisser haben i. d. R. ein starkes Verlangen nach Anerkennung. Geben Sie ihm diese nur, wenn sie ihm auch zusteht.

Angriffe und Provokationen
Schwierige Gesprächssituationen entstehen durch angreifendes oder provozierendes Gesprächsverhalten. Persönliche Angriffe und Provokationen sind Botschaften auf der Beziehungsebene. Personen mit aggressivem oder provozierendem Gesprächsverhalten streben nicht eine sachliche Auseinandersetzung an, sondern wollen ihren Gesprächspartner verletzen bzw. verunsichern.

Gehen Sie bei persönlichen Angriffen und Provokationen auf die Ebene der Metakommunikation und versuchen die Attacke zu analysieren:

- Sachinformation: Was ist geschehen?
- Selbstdarstellung: Was sagt sein Verhalten über den Angreifer aus?
- Beziehung: Wie ist das Verhältnis?
- Appell: Was will er von mir?

Fragen Sie sich, aus welchem Grund Sie attackiert werden (vgl. Weller 2006, Schulz von Thun 2011a). Unter Umständen haben Sie Ihren Angreifer beleidigt, verletzt oder bedrängt und er reagiert darauf mit Aggression.

Vielleicht will er Sie einschüchtern, damit er seine Ziele ungestört verfolgen kann.

Unter Umständen setzt er seine Angriffe als rhetorisches Mittel ein, mit dem er bezweckt

- vom Thema abzulenken
- seine Argumentationsschwäche zu vertuschen
- die Erarbeitung einer Lösung zu verhindern
- zu manipulieren.

Provokationen, mit denen der Angreifer ein Gespräch unterbrechen will, sollten ignoriert werden, um den Gesprächsverlauf nicht zu stören. Bei wiederholten Belästigungen können Sie das Verhalten ansprechen und bitten, es zu unterlassen, sofern dies die hierarchische Position des Störenfrieds zulässt.

Versuchen Sie bei Angriffen und Provokationen die Ruhe zu bewahren. Reagieren Sie auf Attacken mit ruhiger und bewusster Atmung, denn das hat eine beruhigende Wirkung. Lassen Sie sich nicht zu einem Streitgespräch mit Ihrem Angreifer hinreißen und konzentrieren Sie sich souverän auf Ihr Gesprächsziel.

Kommunikationsmethoden

5

Zusammenfassung

Im Bauwesen gehören Besprechungen zum Alltagsgeschäft. Wenn Sie zu einer Besprechung einladen, übernehmen Sie als einladende Führungskraft i. d. R. die Gesprächsleitung und somit auch die Rolle des Moderators oder Präsentators.

Mit der Kommunikationsmethode Moderation können systematisch und strukturiert Problemlösungen erarbeitet, Entscheidungen eingefordert und eine destruktive und chaotische Meetingkultur verhindert werden. Im Kontext der Vorbereitung, Durchführung und Nachbereitung moderierter Besprechungen und Workshops werden u. a. Kreativitäts- und Problemlösungstechniken vorgestellt sowie das Meeting als Kostenfaktor thematisiert.

Zu Ihren Aufgaben als Führungskraft im Bauwesen gehört es auch zu präsentieren. Im Rahmen einer Präsentation informieren Sie als Präsentator einen Teilnehmerkreis über ausgewählte Inhalte, z. B. bei einer Angebotspräsentation oder einem Fachvortrag. Mit der Kommunikationsmethode Präsentation gelingt Ihnen ein systematischer Aufbau Ihrer Präsentation, mit verständlich aufbereiteten Inhalten, mit aussagekräftigen Visualisierungen und einem gelungenen Präsentationsverhalten.

In diesem Kapitel werden Ihnen die Kommunikationsmethoden Besprechung, Workshop und Präsentation vorgestellt. Mit den Methoden Besprechung und Moderation werden z. B. Team- und Arbeitssitzungen, Konferenzen sowie Workshops geleitet. Die Methode der Präsentation wird verwendet, wenn es um die Darstellung von Informationen geht.

© Springer Fachmedien Wiesbaden GmbH, ein Teil von Springer Nature 2021   143
B. Polzin und H. Weigl, *Führung, Kommunikation und Teamentwicklung im Bauwesen*,
https://doi.org/10.1007/978-3-658-31150-6_5

5.1   Besprechungen

Der Begriff Besprechung bedeutet, dass Menschen sich treffen, um miteinander Sachverhalte zu bereden. Das Wort Besprechung wird auch als Synonym gebraucht, z. B. für Konferenzen, Sitzungen, Beratungen, Meetings oder Informationsveranstaltungen.

Im Bauwesen gehören Besprechungen zum Alltagsgeschäft. Das kann so weit gehen, dass eine Führungskraft bereits durch die Anzahl ihrer Sitzungen ausgelastet ist.

Beispiel

Ein für die Erstellung der HDI[1] verantwortlicher Bauleiter war nur selten auf der Baustelle – auch als die Durchführung der HDI problematisch wurde. Auf die Frage, wieso er sich nicht mehr draußen vor Ort um die Probleme kümmern würde, antwortete er, dass er für die HDI-Arbeiten keine Zeit hätte, da er ständig in Meetings wäre. ◄

Ein Problem der Baustelle in dem obigen Beispiel war die dortige Besprechungskultur: In endlosen unstrukturierten Arbeitssitzungen wurden Probleme diskutiert. Da jedoch die Teilnehmer nicht in der Lage waren, sich für Problemlösungen zu entscheiden und diese umzusetzen, war das Problem am nächsten Tag erneut auf der Tagesordnung und wurde wieder diskutiert ... und wieder ... und wieder.

Eine derart destruktive und chaotische Meetingkultur kann vermieden werden durch eine strukturierte Gesprächsführung mit klaren Zielvorstellungen, die systematisch und konstruktiv Problemlösungen erarbeitet und Entscheidungen einfordert. Denn unklare Zielvorstellungen sowie diffus formulierte Probleme und Fragestellungen führen i. d. R. zu diffusen Lösungen und Antworten.s

5.1.1   Die Führungskraft als Moderator

Moderationen sind strukturierte Gesprächsleitungen, mit dem Ziel die Kreativität aller Teilnehmer zu fördern und mit den Teilnehmern Ergebnisse und Entscheidungen zu erarbeiten.

Sie kennen Moderationen aus dem Radio oder Fernsehen, denn jeder Talkmeister führt als Moderator durch seine Sendung. Erfolgreiche Moderatoren schaffen es, dass die Gesprächsteilnehmer aus sich herausgehen, die Gesprächssituation aktiv mitgestalten und Gesprächsziele erreicht werden.

---

[1]HDI = Hochdruck-Direkteinspritzung oder auch Hochdruck-Injektion.

Wenn Sie zu einer Besprechung einladen, übernehmen Sie als einladende Führungs-kraft i. d. R. die Gesprächsleitung und somit auch die Rolle des Moderators.

Das bedeutet, dass Sie 2 Funktionen übernehmen:

- Als Moderator sind Sie u. a. zuständig für einen strukturierten Gesprächsverlauf und ein gutes Gesprächsklima.
- Als Führungskraft beteiligen Sie sich inhaltlich an der Diskussion und entscheiden darüber, welche Problemlösung umgesetzt werden soll.

Diese Doppelfunktion widerspricht der klassischen Moderationsmethode, nach der ein Moderator ausschließlich für den Moderationsprozess und nicht für die Inhalte und Ent-scheidungen zuständig ist.

> Der klassische Moderationsansatz sieht vor, dass der Moderator eigene Meinungen und Interessen während der Veranstaltung zurückhalten sollte. Mit der fachlichen Unparteilichkeit des Moderators soll erreicht werden, dass die Gesprächsteil-nehmer einen möglichst großen Freiraum für die inhaltlichen Aufgaben haben, sodass sie kreativ und produktiv Lösungen erarbeiten können.

Erfahrungsgemäß ist im Alltagsgeschäft diese klassische Moderationsanforderung nur bedingt praktikabel und die Doppelfunktion Entscheidung und Moderation allgemein üblich. Als Führungskraft ist es Ihre Aufgabe, Ihr Know-how in die Diskussion einzu-bringen sowie über das weitere Vorgehen zu entscheiden und als Moderator sollten Sie den Gesprächsverlauf so gestalten, dass die Teilnehmer ihr Wissen und ihre Erfahrung in die Arbeitssitzung einbringen können und wollen.

Achten Sie darauf, dass Sie in Ihrer Rolle als Moderator

- die Beiträge der anderen nicht unterbinden,
- die Diskussion nicht dominieren oder kontrollieren.

Dann sollten Sie auch mit Ihrer Doppelrolle erfolgreich Besprechungsziele bei möglichst geringem Sitzungsaufwand erreichen.

Je nach Art der Veranstaltung haben Sie unterschiedlichen Moderationsaufgaben zu erfüllen.

Falls Sie ein Meeting, eine Konferenz, einen Workshop o. Ä. zur Problemlösung moderieren, z. B. zur Vermeidung von Verschwendung und zur Kostenreduzierung auf Ihrer Baustelle, dann ist Ihre wesentliche Aufgabe als Moderator, eine Gesprächs-situation zu schaffen, in der Ihre Mitarbeiter ihr kreatives Potenzial einbringen können und konstruktiv mitarbeiten.

Wenn Sie eine Informationsveranstaltung oder eine Veranstaltung zur Delegation von Aufgaben an Ihre Mitarbeiter durchführen, dann ist es Ihre Hauptaufgabe als Moderator, Informationen strukturiert und verständlich aufbereitet weiterzugeben, Fragen zu beantworten und die Diskussion zu leiten.

Als Moderator unterstützen Sie das intellektuelle Potenzial und die Arbeitsbereitschaft der Gesprächsteilnehmer und als Führungskraft fördern Sie durch eine erfolgreiche Umsetzung der Besprechungsergebnisse die Motivation und Arbeitszufriedenheit Ihrer Mitarbeiter.

Besprechungen ohne Moderation können sinnvoll sein, z. B. bei Networking, wenn Sie Kontakte pflegen oder Informationen und Erfahrungen austauschen wollen. Wenn es jedoch z. B. darum geht,

- Aufgaben zu organisieren
- Probleme und Schwachstellen zu erkennen
- mögliche Ursachen für Probleme zu erarbeiten
- Lösungen für bestehende Probleme zu finden
- eine Informationsveranstaltung durchzuführen

dann sollten Sie auf eine systematische Gesprächsführung nicht verzichten.

Mit einer moderierten Gesprächsleitung unterstützen Sie, dass jeder Teilnehmer die Chance hat, zu Wort zu kommen und sich die beste Idee durchsetzen kann – anstatt der „lauteste" Gesprächsteilnehmer.

Erfolgreiche Besprechungen erfordern zudem eine gründliche Vorbereitung, eine systematische und strukturierte Durchführung sowie eine abschließende Nachbereitung.

5.1.2 Besprechungsvorbereitung

Im Rahmen der Besprechungsvorbereitung sind folgende Aspekte zu berücksichtigen:

- Welche Themen mit welcher Zielsetzung sind vorgesehen?
- Für die Ablaufplanung werden die Themenreihenfolge, der Methodeneinsatz und die Dauer der Besprechung festgelegt.
- Teilnehmer werden ausgewählt.
- Eine Kostenkalkulation wird durchgeführt.
- Organisatorische Aspekte wie Besprechungsdatum und -ort, Technik, Einladung, Verpflegung u. Ä. sind zu beachten.

Themen und Ziele
Generell sollten Ihnen die Ziele der Besprechung i. S. v. Ergebnistypen für die einzelnen Tagesordnungspunkte (TOPs) klar sein. Gemäß des Delegationskontinuums nach McGregor sollten Sie z. B. hinterfragen,

- ob etwas gemacht werden soll? Besprechungsziele sind z. B. eine Situationsanalyse und Entscheidungsfindung.
- welche Konsequenzen mit einer Entscheidung verbunden sind? Besprechungsziel ist z. B eine Entscheidungsanalyse.
- was gemacht werden soll? Besprechungsziel ist z. B. eine Problemlösung.
- wie etwas umgesetzt werden soll: wann, wie, wo, von wem, bis wann? Besprechungsziel ist z. B. eine Maßnahmenplanung.
- wie Umsetzungsmaßnahmen zu bewerten sind. Besprechungsziele sind z. B. die Risiko- und Erfolgsanalyse.
- Oder wollen Sie die Teilnehmer lediglich über eine Entscheidung informieren?

Die Festlegung der Besprechungsziele für die jeweiligen Themen ist entscheidend, wie die einzelnen TOPs bearbeitet werden. Somit wird den Erörterungen der TOPs eine Struktur und Richtung vorgegeben, was eine ergebnisorientierte Diskussion fördert.

Ablaufplanung
Nach Festlegung der Besprechungsthemen mit ihren jeweiligen Ergebnistypen legen Sie die Reihenfolge der Themenbearbeitung fest. Die Relevanz der Themen bestimmt ihre Position auf der Tagesordnung. Je wichtiger ein Thema, desto weiter vorne ist es auf der Liste der TOPs.

Die Art des Ergebnistyps beeinflusst die Vorgehensweise bzw. den Methodeneinsatz bei der Bearbeitung der einzelnen TOPs. Bei einer Klärung

- ob etwas gemacht werden soll oder welche Konsequenzen mit einer Entscheidung verbunden sind, ist sicherzustellen, dass alle Teilnehmer über den gleichen Informationsstand verfügen. Dazu beitragen können z. B. Kurzreferate, die zu Beginn eines TOPs einleitend vorgetragen werden. Zudem sollten die Teilnehmer bereits vor der Besprechung besprechungsrelevante Informationen erhalten, um sich auf die TOPs vorbereiten zu können.
- was gemacht werden soll, sind unterschiedliche Problemlösungen zu entwickeln und abzuwägen sowie Entscheidungen zu treffen. Dabei können Kreativitäts- und Entscheidungstechniken zum Einsatz kommen.
- einer Maßnahmenplanung sind vorhandene Ressourcen zu berücksichtigen. Entsprechend sollten dazu notwendige Informationen bereits vor und in der Besprechung den Teilnehmern vorliegen, wie z. B. eine aktuelle Personal- und Geräteeinsatzplanung.
- wie bestimmte Maßnahmen zu bewerten sind, erfordert ggf. spezielles Fachwissen. Bei der Auswahl der Teilnehmer ist darauf zu achten, dass entsprechende Experten an dem Meeting teilnehmen, z. B. für die Klärung der Frage, ob die ausgeschriebene Bohrpfahlwand durch eine Schlitzwand mit kürzerer Bauzeit ersetzt werden kann.
- Bei einer Informationsveranstaltung werden i. d. R. Reden oder Präsentationen vorgetragen. Welche Art von Technik, wie z. B. Beamer, Mikrofon, Videokamera u. Ä. müssen bereitgestellt werden? Wer leitet eine ggf. anschließende Diskussion?

Planen Sie pro Besprechungsthema eine angemessene Bearbeitungszeit ein. Ist die Meetingdauer fix, dann sollten Sie auf eine realistische Anzahl der TOPs achten. Die Tagesordnung sollte nur so viele Themen umfassen, wie in der Veranstaltung auch abgearbeitet werden können. Alles andere führt zu Stress und Frustration bei allen Beteiligten. Falls alle TOPs zu bearbeiten sind, ergibt sich die Gesamtdauer des Meetings aus der Summe der Bearbeitungszeiten pro TOP zuzüglich Pausen. Berücksichtigen Sie bei der Planung der Besprechungsdauer die 60:20:20-Regel.

Zeitregel 60:20:20

Verplanen Sie 60 Prozent der Zeit für die vorgesehenen Aufgaben, kalkulieren Sie 20 Prozent der Zeit für nicht vorhersehbare Themen ein und reservieren Sie 20 Prozent für Pausen und persönliche Gespräche (vgl. Knoblauch et al. 2012, S. 208).

Versuchen Sie den 20 %-Puffer für unvorhergesehene Themen zu reduzieren, um die effektive Arbeitszeit zu erhöhen. Ungeplante Themen oder Details, die nur für wenige Anwesende von Belang sind, können ausgelagert werden. Dazu gehören z. B. Fachgespräche zur Detailklärung, die von einzelnen Teammitgliedern im Anschluss des Meetings besprochen oder diskutiert werden können. Somit können Sie das Meeting straff durchführen und vermeiden Zeitverschwendung für die Teilnehmer, für die solche Detailklärungen nicht relevant sind.

Bei mehrstündigen Besprechungen sind Pausen einzuplanen. Sie erhalten nicht nur die Konzentrations- und Leistungsfähigkeit der Teilnehmer, sondern ermöglichen auch soziale Aktivitäten wie informelle Gespräche und Networking.

Besprechungsteilnehmer
Ausgehend von Ihren Inhalten und Zielsetzungen entscheiden Sie, wer an dem Meeting teilnehmen soll, um eine optimale Effizienz zu erreichen. Beachten Sie, dass die Gruppengröße ein relevanter Faktor für die Leistungsfähigkeit einer Besprechung ist. Generell gilt, dass kleine Gruppen mit 5 bis 7 Teilnehmern leistungsfähiger sind als größere Gruppen.

Aus Zeit- und Kostengründen sollten nur jene Kollegen, Mitarbeiter und Steakholder teilnehmen, die zu den Besprechungsthemen inhaltlich etwas beitragen oder die aus der Meeting-Teilnahme Nutzen für ihre Arbeit ziehen können, z. B. durch die Erlangung von Hintergrundwissen.

Protokollvorbereitung
Oft werden Baustellenbesprechungen ohne Protokolle durchgeführt, da die Protokollerstellung als zu umständlich oder unnötig eingeschätzt wird. Um diese Argumente zu

Ergebnisprotokoll			
Thema:			
Termin / Ort:			
Teilnehmer:			
von / Datum			
Tagesordnung			
TOPs	**to do**	**wer**	**ab / bis wann**
1			
2			
...			

Abb. 5.1 Gliederung eines Ergebnisprotokolls

entkräften, wird folgende einfache und schnelle Protokollierungsmethode empfohlen: Das Protokoll als Ergebnisprotokoll und Online-Protokoll.

In einem Ergebnisprotokoll werden die Besprechungsergebnisse festgehalten, auf eine Dokumentation des Diskussionsverlaufs wird verzichtet.

Online-Protokollierung oder auch Beamer-Protokollierung bedeutet, dass während der laufenden Besprechung die Protokollmitschrift für alle Teilnehmer sichtbar ist, da sie mit einem Beamer an die Wand projiziert wird.

- Erstellen Sie vor der Besprechung ein Protokoll-Formuar mit einem Schreibprogramm wie Word oder ähnliches. Für ein Ergebnisprotokoll hat sich eine Gliederung gemäß der Abb. 5.1 bewährt.
- Bereits vor der Besprechung werden die Angaben aus der Besprechungsplanung wie Thema, Datum, Ort, Teilnehmer und TOPs in das Protokoll-Formular übertragen.
- Während der Besprechung gibt der Protokollant die Besprechungsergebnisse direkt in die entsprechende Protokoll-Datei ein. Das dazu verwendete Laptop ist mit einem Beamer verbunden, der die Protokollmitschrift kontinuierlich auf eine Leinwand projiziert, sodass die Teilnehmer direkt sehen können, was protokolliert wird.

Der Vorteil dieser Art der Protokollierung besteht darin, dass während der Sitzung für jeden TOP erkennbar ist, ob die Ergebnisse richtig dokumentiert werden und die Sitzungsteilnehmer ggf. zeitnah Korrekturen vornehmen können.

Kalkulation Besprechungskosten

Häufig werden Teilnehmer zu Meetings eingeladen, ohne die Konsequenzen bezogen auf Kosten und konkreten Arbeitsausfall zu berücksichtigen. Die Teilnahme an Besprechungen geht zu Lasten anstehender Aufgaben und Arbeiten, denn die können während der Verweildauer in Meetings nicht erledigt werden.

Meetings können zu einem Profit- und Produktivitätskiller werden, wenn die Teilnehmer quasi wahllos eingeladen werden, die zudem unvorbereitet oder zu spät zur Besprechung kommen.

Beispiel

Ein junger und unerfahrener Projektleiter hatte 15 Oberbauleiter und Projektleiter aus allen Teilen Deutschlands zu einem Meeting nach Frankfurt eingeladen. Geklärt werden sollte die Frage, ob ein Angebot zum Bau eines ausgeschriebenen Autobahnabschnittes abgegeben werden soll. Für diese Besprechung hatte er alle Kollegen eingeladen, von denen er annahm, dass sie für die Diskussion und Entscheidung relevant sein könnten. Rund 2 Tage vor der Besprechung erhielten die Teilnehmer per Email den ca. 300seitigen Ausschreibungstext, eine Agenda fehlte. Das Meeting begann an einem Freitag um 11 Uhr, die letzten Kollegen trafen gegen 13 Uhr ein, andere reisten bereits gegen 15 Uhr wieder ab. Von den 15 Anwesenden hatten 6 die Ausschreibungsunterlagen dabei und durchgearbeitet, 5 hatten sie zwar ausgedruckt aber noch nicht gelesen und 4 Teilnehmer hatten die Unterlagen noch nicht gesichtet und auch nicht mitgebracht. An der Besprechung beteiligten sich die 6 Teilnehmer, die die Unterlagen gelesen hatten, die anderen 9 Kollegen bildeten zusammen eine schweigende und mitunter störende Gruppe.

Ausgehend von einem durchschnittlichen Tagessatz von 800 EUR und durchschnittlichen Reisekosten von 400 EUR pro Anwesenden hat das Meeting 18.000 EUR gekostet. Der Verzicht auf die 9 sich nicht beteiligenden Teilnehmer hätte zu einer Reduzierung der Meetingkosten um rund 11.000 EUR geführt. ◄

Zur Vermeidung unnötiger Meetingkosten, sollten Sie im Rahmen Ihrer Besprechungsvorbereitung klären, welche Teilnehmer zu welchem Thema etwas beitragen werden.

Mit einer Aufwandskalkulation können Sie abschätzen, was die Teilnahme eines jeden Anwesenden und die geplante Besprechung kosten wird. Ausgehend von den meetingbedingten Ausfallzeiten und den Stundensätzen der Anwesenden lassen sich die Meetingkosten berechnen. Solche Berechnungen verdeutlichen die oft erstaunlich hohen Meetingkosten.

Abb. 5.2 zeigt beispielhaft eine Besprechungsplanung mit einer Aufwandskalkulation. Neben den Kosten wird auch der zeitliche Aufwand sichtbar.

Aus wirtschaftlichen Gründen sollten an Besprechungen nur jene Stakeholder teilnehmen, die inhaltlich etwas zur Besprechung beitragen können oder die durch ihre Teilnahme einen arbeitsrelevanten Nutzen gewinnen, wie z. B. durch den Erhalt von relevanten Informationen.

Besprechungsplanung mit Aufwandskalkulation					
Thema	**Baustellenstatus Köln-Süd**				
Teilnehmer	J. Bautz (OBL), G. Klug (BL), L. Mann (BL), C. Pohl (BL), J. Sieb (Praktikant), B. Tietz (Kaufmann Finanzen), S. Zack (Geologe)				
Termin / Ort	**06.10.2020, 10:00 – 15:00 Uhr / Geschäftsstelle Köln, Raum 222**				
Tagesordnung					
TOPs		**Ziele**	**von-bis**	**wer/ was**	**Aufwand**
					h	**EUR**
	Begrüßung mit Infos über Ablauf und Ziele	Orientierung geben: Das steht an.	10:00-10:05	OBL Bautz / Gesprächs-leitung	5 h	450 €
		Protokollerstellung	10:00-15:00	Praktikant Sieb / Online-Protokoll	5 h	75 €
1	Projekt-Finanzstatus	– Bericht: Aktuelle Ergebnissituation – Bericht: Erwartete Ergebnisentwicklung	10:05-10:30	Kaufmann Hauser / Information	5 h inkl. Vor-bereitung	400 €
2	Cost Cutting	Ermittlung Einsparpotenziale	10:30-12:00	3 BL: Klug, Mann, Pohl / Fachkenntnisse	3 h pro BL	630€ (9 x 70 €)
		Mittagspause	12:00-12:45			
3	Bodenverhältnisse	– Präsentation Bodengutachten – Ergebnisdiskussion	12:45-13:45	Externer Geologe Zack / Information und Diskussion	5 h inkl. Vor-bereitung	800 €
		Kaffeepause	13:45-14:00			
4	Lean Management: Bohrarbeiten:	Verbesserungsvor-schläge zur Reduzierung von Verschwendung	14:00-14:50	3 BL: Klug, Mann, Pohl / Fachkenntnisse	2 h pro BL	420 € (6 x 70 €)
	Verabschiedung mit Danksagung	Beendigung des Meetings, Orientierung geben durch Infos zum weiteren Vorgehen	14:40 in 14:50	OBL Bautz		
					Summe	2.775 €
Summe OBL- und BL-Arbeitsstunden 20						

Abb. 5.2 Besprechungsplanung mit Aufwandskalkulation

Organisatorische Vorbereitung

Als einladende Führungskraft sind Sie auch für die Organisation der Veranstaltung verantwortlich. Dazu gehören:

- Besprechungsdatum und -zeit ggf. mit Teilnehmern abstimmen
- Raum reservieren
- Medien wie z. B. Flipchart oder Beamer bereitstellen
- Getränke und ggf. weitere Verpflegung anbiet
- Einladung erstellen und versenden.

Diese Aufgaben werden i. d. R. an einen Mitarbeiter delegiert.

Besprechungseinladung

Im Allgemeinen wird zu Besprechungen schriftlich eingeladen. Ausnahmen bilden i. d. R. routinemäßige Arbeitsbesprechungen sowie ad hoc-Meetings.

Mit der schriftlichen Einladung zu einer Besprechung sollten die Teilnehmer alle Informationen erhalten, die sie benötigen, um sich gut auf die Veranstaltung vorbereiten zu können. Dazu gehören:

- Anlass der Veranstaltung
- Veranstaltungsort und -datum mit Anfangs- und Endzeiten
- Tagesordnung mit ggf. Anlagen zu den TOPs
- Frage nach weiteren Themen für die kommende Veranstaltung
- Bitte um Bestätigung der Teilnahme.

Laden Sie frühzeitig ein, ca. 2 Wochen vor dem Veranstaltungstermin sollten Sie die Einladungen versendet haben. Somit geben Sie den Teilnehmern die zeitliche Chance, sich auf die anstehenden Themen vorzubereiten.

> Eine gute Vorbereitung der Teilnehmer ist eine wesentliche Voraussetzung dafür, dass Besprechungsziele erreicht, Entscheidungen gefällt und tragfähige Problemlösungen erarbeitet werden können.

In der Einladung sollten Sie die Teilnehmer bitten, sich auf die anstehende Sitzung vorzubereiten. Diese freundliche Bitte wird i. d. R. nicht als verbindliche Aufforderung verstanden und führt dazu, dass die überwiegende Anzahl der Teilnehmer nur schlecht oder gar nicht vorbereitet zur Besprechung erscheinen.

Zur Verbesserung der Qualität und Produktivität der Besprechungsergebnisse sowie um den Sitzungsaufwand zu verringern, können Sie bereits in der Einladung den Teilnehmern Aufgaben oder Fragen zuordnen. Wenn Sie z. B. einladen, um die Erfolgschancen für eine Angebotsabgabe auszuloten, dann sollten Sie konkret und namentlich die jeweiligen Teilnehmer bitten, sich auf bestimmte Punkte vorzubereiten, sodass sie ihre Ergebnisse in der Besprechung vortragen können. Lassen Sie sich die Erledigung der Aufgaben bestätigen, damit Sie sicher sind, dass die Aufgaben erfüllt werden und Sie möglichst vor Beginn der Veranstaltung wissen, woran Sie sind.

Schriftliche Einladungen mit der Frage nach weiteren Besprechungsthemen ermöglichen den Teilnehmern auf ggf. vernachlässigte Aspekte hinzuweisen und ihre Ideen einzubringen. Setzen Sie einen Redaktionsschluss für die Vorschläge weiterer Themen. Bewährt hat sich ein Endtermin von 7 Werktagen vor Beginn der Veranstaltung. Somit haben Sie noch ausreichend Zeit, um zu entscheiden, ob die vorgeschlagenen Themen in die Tagesordnung aufgenommen werden und um die Veranstaltungsteilnehmer über die neuen Tagesordnungspunkte zu informieren.

Durch die schriftliche Einreichung von Tagesordnungspunkten können Sie in der Besprechung auf den üblicherweise letzten TOP Sonstiges verzichten. Somit wird vermieden, dass Themen angesprochen werden, auf die sich die Teilnehmer nicht vorbereiten konnten und die i. d. R. auf die nächste Sitzung vertagt werden.

5.1.3 Besprechungsdurchführung

Wenn Sie Besprechungen leiten, dann benötigen Sie als Moderator Ihre Aufmerksamkeit für die Gesprächsführung; deshalb sollten Sie nicht das Protokoll führen.

Unter Umständen stellen Sie Kommunikationsregeln als Verhaltensregeln vor. Bewährt hat sich, diese bereits vor der Besprechung auf einem Flipchart-Blatt zu notieren, und diese vor Beginn der Besprechung für alle Teilnehmer gut sichtbar aufzuhängen (Abb. 5.3).

Als Moderator sind Sie für die Gesprächsleitung zuständig (vgl. Kellner 2000a, S. 93 ff.).

Das beginnt mit der Eröffnung der Besprechung. In der Eröffnungsphase eines Meetings werden die Teilnehmer begrüßt, die Besprechungspunkte und -ziele der Veranstaltung vorgestellt sowie über den organisatorischen Ablauf informiert, wie über Pausenzeiten und wann das Meeting enden wird. Falls sich einige Teilnehmer noch nicht kennen, sollten sich die einzelnen Personen kurz vorstellen und nennen, wieso sie an der Besprechung teilnehmen.

Bewährt hat sich die Tagesordnung zu visualisieren, z. B. auf einem Flipchartbogen, der auch während der Besprechung für alle Teilnehmer gut sichtbar sein sollte (Abb. 5.4).

In der Eröffnungsphase sollten alle Unklarheiten beseitigt werden, um eine konstruktive Zusammenarbeit zu fördern. Halten Sie diese Phase relativ kurz und achten Sie darauf, dass keine wertvolle Besprechungszeit durch Privatgespräche der Teilnehmer verschwendet wird.

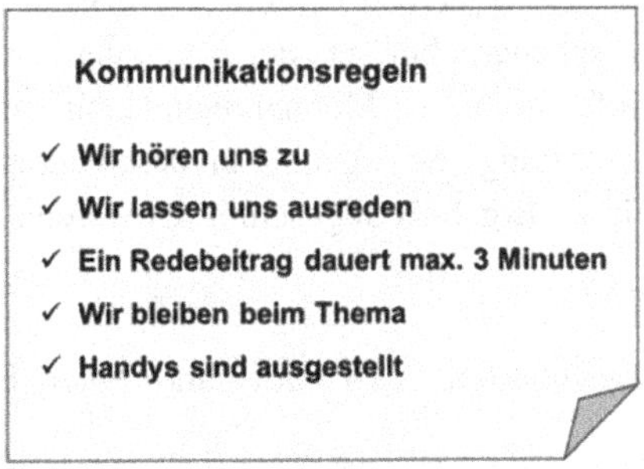

Kommunikationsregeln

- ✓ Wir hören uns zu
- ✓ Wir lassen uns ausreden
- ✓ Ein Redebeitrag dauert max. 3 Minuten
- ✓ Wir bleiben beim Thema
- ✓ Handys sind ausgestellt

Abb. 5.3 Kommunikationsregeln für Besprechungen

Abb. 5.4 Tagesordnung einer Besprechung

Nach der Eröffnungsphase beginnt die Arbeitsphase in der zu den einzelnen Besprechungsthemen Informationen ausgetauscht, diskutiert, entschieden oder Maßnahmen festgelegt werden. Als Moderator haben Sie die Aufgabe, dafür zu sorgen, dass während der Besprechung der rote Faden nicht verloren geht, möglichst alle Tagesordnungspunkte abgearbeitet werden und der Zeitplan eingehalten wird.

Jeder TOP sollte durch einen Teilnehmer als Experte oder Sie als Moderator eingeführt werden, wobei die Sachlage und der angestrebte Ergebnistyp kurz vorgestellt werden. Sie erreichen damit, dass alle Teilnehmer über die wesentlichen Aspekte des und Ziele des Besprechungsthemas informiert sind und fördern somit eine zielfokussierte Themenbearbeitung.

Während der Bearbeitung der einzelnen Tagesordnungspunkte sollten Sie als Moderator die Reihenfolge der Wortmeldungen beachten und eine Beteiligung aller Teilnehmer fördern. Falls Konflikte auftreten sollten Sie die streitenden Teilnehmer von der Beziehungsebene auf die Sachebene zurückführen. Abschweifungen sollten eingegrenzt und auf eine ziel- bzw. ergebnisorientierte Diskussion geachtet werden. Mit der Zusammenfassung von Zwischenergebnissen, der Ableitung von Schlussfolgerungen und Konsequenzen oder der Aufstellung von Maßnahmenplänen können Sie den Gesprächsverlauf steuern und die Erarbeitung von Ergebnissen beschleunigen.

Jeder TOP sollte mit einem Ergebnis abgeschlossen werden. Ergebnistypen sind beispielsweise:

- Der TOP ist eindeutig erledigt, z. B. aufgrund einer Entscheidung über eine Sanierungsmaßnahme.
- Für den TOP wurde während des Meetings ein Maßnahmenplan erstellt, der TOP ist im Rahmen der aktuellen Besprechung erledigt, muss aber nach der Besprechung weiterbearbeitet werden

- Zu dem TOP fehlen noch Informationen, die von Teilnehmer X auf dem nächsten Meeting vorgestellt werden. Der TOP wird in der nächsten Besprechung nochmals diskutiert.

Während der Sitzung sollten Sie auf Thementreue achten, störendes Verhalten der Teilnehmer unterbinden und ein Durchpowern von Inhalten verhindern. Erfahrungsgemäß werden sich nicht alle Gesprächsteilnehmer in gleicher Weise an der Besprechung beteiligen. Menschen sind sehr unterschiedlich (Abb. 5.5) und häufig werden Sie als Moderator mit Teilnehmern konfrontiert, die

- streitsüchtig sind: Bereits bei kleinen Anlässen fahren sie aus der Haut oder reagieren ironisch bzw. vertreten ihre Meinung sonst wie provozierend, was anstrengend und unangenehm ist.
  Gehen Sie nicht auf solche Provokationen ein und bitten freundlich darum, auf der Sachebene zu bleiben. Bewahren Sie die Ruhe und begrenzen diplomatisch die Redezeit des streitsüchtigen Teilnehmers.

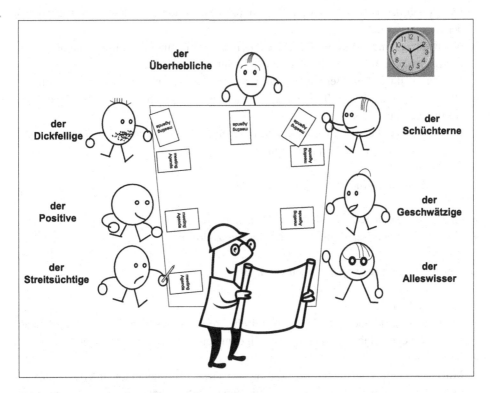

Abb. 5.5 Charakteristika der Besprechungsteilnehmer

- positiv den Gesprächsverlauf beeinflussen: Teilnehmer mit einer hohen Sozialkompetenz fördern i. d. R. eine erfolgreiche Gesprächsdurchführung. Sie arbeiten
konstruktiv mit und unterstützen den Moderator bei der Gesprächsdurchführung.
Der positive Gesprächsteilnehmer ist eine große Hilfe in der Diskussion und Sie
sollten versuchen, ihn möglichst häufig einzubeziehen.
- dickfellig sind: Diese Teilnehmer vermitteln einen desinteressierten Eindruck.
Häufig ist dieses Verhalten auf die frühere Erfahrung zurückzuführen: „Was ich sage,
interessiert hier eh keinen".
Versuchen Sie ihn durch Fragen in die Diskussion mit einzubeziehen, denn auch seine
Erfahrungen und Kenntnisse können ggf. die Qualität der Problemlösungen oder den
Diskussionsverlauf positiv beeinflussen.
- überheblich sind: Arrogant wirkende Teilnehmer verstecken häufig ihre Unsicherheit
hinter der Maske der Überheblichkeit und reagieren empfindlich auf Kritik.
Wenn Sie die Empfindlichkeit des Besprechungsteilnehmers berücksichtigen, wird
seine Bereitschaft zunehmen, sich an der Besprechung aktiv zu beteiligen.
- zurückhaltend sind: Stille Teilnehmer sind u. U. schüchtern oder halten sich aus
taktischen Gründen zurück.
Ruhige Teilnehmer können Sie i. d. R. durch Fragen und bestärkendes Verhalten aus
der Reserve locken.
- geschwätzig sind: Typisch für diese Gesprächsteilnehmern sind monologisierende
Beiträge, häufig mit sich wiederholenden Inhalten.
Weisen Sie ihn auf die Begrenzung der Redezeit hin und unterbrechen ihn taktvoll.
- allwissend sind: Diese Teilnehmer können u. U. durch fundiertes Wissen die
Besprechung bereichern.
Bitten Sie ihn bei Fachfragen um seine Stellungnahme, damit die Besprechungs-
gruppe von seinem Wissen profitieren kann.

Als Moderator haben Sie die Aufgabe, Teilnehmer mit

- einem zu dominanten Gesprächsverhalten zu begrenzen,
- einer zu geringen Beteiligung aus der Reserve zu locken.

Dafür können Sie Fragetypen nutzen wie z. B.

- offene und direkte Fragen
Solche Fragen können als Türöffner bei eher ruhigen Gesprächsteilnehmern dienen,
z. B.: „Welche Erfahrungen haben Sie mit dem neuen Ankergerät gemacht?"
- Nachfragen
Mit Nachfragen können Sie den Dialog zwischen 2 Teilnehmern unterbrechen und
in die Diskussion weitere Gesprächsteilnehmer einbeziehen. Zudem kann mit einer
erneuten Frage der Diskussionsverlauf strukturiert und ein konstruktives Gespräch
gefördert werden.

Bewährt hat sich bei schwierigen oder langwierigen Diskussionen, die wesentlichen Argumente zu visualisieren, sodass sie für alle Teilnehmer lesbar sind, z. B. auf einem Flipchart. Wenn dann bereits vorgetragene Argumente wiederholt werden, haben Sie die Möglichkeit auf die Notizen zu verweisen und können somit überflüssige Diskussionsbeiträge unterbinden.

Gegen Ende der Sitzung sollten Sie die Ergebnisse kurz zusammenfassen, ggf. einen weiteren Besprechungstermin mit den Teilnehmern vereinbaren, ihnen für die Mitarbeit danken und sie verabschieden.

Versuchen Sie während der Veranstaltung für ein Arbeitsklima zu sorgen, in dem die Teilnehmer motiviert mitarbeiten.

In der Abschlussphase der Besprechung werden ggf. die wesentlichen Ergebnisse noch einmal kurz zusammengefasst und Anregungen bzw. Themen für das nächste Meeting erfragt. Informieren Sie die Teilnehmer über das weitere Vorgehen und danken ihnen für ihr Engagement.

Protokollerstellung während der Besprechung
Für das Protokoll empfiehlt sich die Form eines Ergebnisprotokolls. In einem Ergebnisprotokoll werden lediglich Beschlüsse wie z. B. Entscheidungen, Aufgaben, Zuständigkeiten und Termine dokumentiert; auf Kommentare oder die Wiedergabe von Diskussionen wird verzichtet. Somit wird ein überschaubares Dokument erstellt, in dem alles Wesentliche enthalten ist.

Ein Protokoll hat den Vorteil, dass die Ergebnisse einer Sitzung nicht vergessen werden, da sie ja dokumentiert sind. Damit können z. B.

- getroffene Vereinbarungen auch im Nachhinein noch bewiesen und ihre Einhaltung überprüft werden.
- Personen, die nicht an der Besprechung teilgenommen haben, über den aktuellen Stand der Dinge informiert werden.

Das Ergebnisprotokoll hilft an Fragen, Probleme, Themen, Resultate etc. vergangener Sitzungen zu erinnern, sodass sie weiterbearbeitet werden können oder um sie ggf. erneut aufzugreifen. Abb. 5.6 zeigt beispielhaft ein Ergebnisprotokoll einer mehrstündigen Baustellenbesprechung.

Üblicherweise notiert ein Protokollant die Besprechungsergebnisse und erstellt nach der Sitzung das Protokoll in Reinschrift. Der Aufwand für eine Reinschrift wird durch eine Beamer-Protokollierung reduziert, da nach der Besprechung lediglich Tippfehler korrigiert werden müssen, bevor es an die Besprechungsteilnehmer versendet wird. In der darauffolgenden Sitzung wird dann die Richtigkeit des Protokolls von den Teilnehmern bestätigt oder ggf. eine Korrektur des Protokolls veranlasst.

Der Vorteil einer Protokollführung mit Beamer besteht u. a. darin, dass die Meetingteilnehmer bereits während der Besprechung erkennen können, ob die Ergebnisse richtig und vollständig protokolliert werden und ggf. Berichtigungen einbringen können.

Ergebnisprotokoll			
Thema / **Termin / Ort**	Baustellenstatus Köln-Süd, 06.10.2020, 10:00 – 15:00 Uhr / Geschäftsstelle Köln		
Teilnehmer	J. Bautz (OBL), G. Klug (BL), L. Mann (BL), C. Pohl (BL), D. Schmieder (Oberpolier), J. Sieb (Praktikant), B. Tietz (Kaufmann Finanzen), S. Zack (Geologe)		
von / Datum	J. Sieb / 07.10.2020		
Tagesordnung			
TOPs	**to do**	**wer**	**ab / bis wann**
1 Projekt- Finanzstatus	Finanzbericht: Siehe Protokollanlage	Kaufmann Tietz	-
2 Cost Cutting	Maßnahmenplan erarbeiten	BL Klug, BL Mann	bis 30.10.2020
3 Bodenverhältnisse	Vor- und Nachteile von HDI und Bodenvereisung auflisten und jeweilige Kosten ermitteln	BL Pohl, Praktikant Sieb	Bis 23.10.2020
4 Lean Management: Bohrarbeiten	Maßnahmenplan zur Reduzierung von Verschwendung erarbeiten	BL Mann, BL Pohl Praktikant Sieb	bis 30.10.2020
	Verbesserung der Kundenzufriedenheit: Tagesberichte täglich an Auftraggeber weiterleiten	BL Klug	ab sofort

Abb. 5.6   Beispiel Ergebnisprotokoll

5.1.4   Besprechungsnachbereitung

Nach einer Besprechung sollte das Protokoll möglichst zeitnah den Teilnehmern übermittelt werden, z. B. innerhalb von 3 Werktagen. Vor der Versendung sollte das Protokoll auf Vollständigkeit und Richtigkeit überprüft werden, sodass Fehler oder missverständliche Formulierungen noch korrigiert werden können.

Um die Verbindlichkeit von Besprechungsergebnissen zu verdeutlichen, sollten Sie als Führungskraft darauf achten, dass Vereinbarungen, wie z. B. die Umsetzung von Entscheidungen oder die Erstellung von Maßnahmenplänen, termingerecht realisiert werden.

Falls Sie feststellen, dass bestimmte Entscheidungen oder Maßnahmen nicht zu den erwünschten positiven Effekten führen, sollten Sie als Führungskraft frühzeitig entsprechende Korrekturmaßnahmen veranlassen.

Gemäß dem Sprichwort: „Selbstkritik ist der erste Weg zur Besserung", sollten Sie sich nach einer Besprechung fragen, was gut funktioniert hat, was nicht so gut war und was Sie beim nächsten Mal besser machen können. Somit geben Sie sich die Chance, aus Ihren Erfahrungen zu lernen und Ihre Moderationen noch besser zu gestalten.

5.2   Workshops

Der Begriff Workshop kann ins Deutsche mit Arbeitsgruppe oder Arbeitskreis übersetzt werden. Workshops haben sich bewährt, wenn es darum geht, für komplexe Fragen oder Probleme Antworten und Lösungen zu entwickeln. Sie sind häufig Tagesveranstaltungen und können je nach Problem- oder Fragestellung auch mehrtägige Veranstaltungen sein. Kennzeichnend für Workshops ist der Einsatz unterschiedlicher Moderationstechniken zur Problembearbeitung und Lösungsfindung.

> Generell ist eine Moderationstechnik eine systematische Vorgehensweise, die z. B. dazu beiträgt,
>
> - für eine positive Arbeitsatmosphäre zu sorgen
> - alle Teilnehmer in eine Diskussion einzubeziehen
> - sodass alle Teilnehmer gleichberechtigt zu Wort kommen können
> - Kreativität und Ideenreichtum zu fördern
> - Entscheidungen zu erleichtern
> - Konfliktsituationen zu entschärfen.

5.2.1   Workshop-Vorbereitung

Je besser ein Workshop vorbereitet ist, desto größer ist die Chance ein nachhaltiges Ergebnis zu erlangen. Dafür ist es erforderlich, dass zu bearbeitenden Probleme oder Fragen im Vorfeld klar definiert sind, um den Workshop-Ablauf darauf abzustimmen. Im Rahmen einer Workshop-Planung wird u. a. überlegt,

- für welche Themen, Fragen oder Probleme
- zur Erreichung welcher Ziele
- welche Moderationstechniken
- mit welchem Zeitaufwand

eingesetzt werden.

Workshop-Teilnehmer
Die Teilnehmer sollten einen Bezug zum Workshop-Thema haben, um sich aktiv mit ihren Ideen an Diskussion zu beteiligen und motiviert an einer Lösung mitzuarbeiten. Die Anzahl der Teilnehmer sollte zwischen 6 und 12 Personen liegen.

Kalkulation Workshop-Kosten
Die Kostenkalkulation eines Workshops erfolgt analog zu der einer Besprechung: Für jeden Teilnehmer wird die Dauer der Anwesenheit mit seinem Stundensatz multi-

pliziert. Zur Ermittlung der Gesamtkosten werden die Kosten aller Teilnehmer summiert. Ergänzend dazu können bei einem Workshop weitere Kosten anfallen wie:

- Honorarkosten für einen externen Moderator
- Honorarkosten für teilnehmende externe Experten
- Mietkosten für einen angemietete Seminarraum z. B. in einem Hotel
- Verpflegungskosten für Teilnehmer.

Abb. 5.7 zeigt beispielhaft eine Workshop-Ablaufplanung.

Workshop-Ablaufplanung

Thema	Workshop Risikoanalyse Baustelle Köln-Süd
Termin/ Ort	20.10.2020, 10:00 – 16:30 Uhr / Ort: Geschäftsstelle Köln, Raum 232
Teilnehmer	J. Bautz (OBL), G. Klug (BL), L. Mann (BL), C. Pohl (BL), D. Schmieder (Oberpolier), J. Sieb (Praktikant)
Moderation	Frau Dr. Hellen (Kommunikationsberaterin)

Zeit	Was	Ziele	Methoden / Medien
10:00 - 10:30	o Begrüßung o Vorstellungsrunde o Information über Ablauf, Ziele, Protokollführung	o Orientierung geben o Motivieren sich aktiv einzubringen	Flipchart mit o Zielen o Pausenzeiten o Ende des Workshops
10:30 - 10:45	Einführung ins Thema	o Kurzer Vortrag (max. 10 Min.) mit Daten und Fakten sowie ggf. Ideen und Erfahrungen o ca. 5 -10 Min. für Fragen der Teilnehmer einplanen	Fachvortrag mit anschließenden Verständnisfragen durch OBL Bautz
10:45 - 12:15	Arbeitsphase	o Erarbeitung möglicher Risiken o Erarbeitung potenzieller Risikoursachen	Brainwriting Mind Mapping
12:15 - 13:00	Mittagspause		
13:00 - 14:30	Arbeitsphase	o Wahrscheinlichkeit der Risikorealisierung o Wozu führt das Risiko? o Risikoindikatoren o Gegensteuerungsaktionen	o Moderierte Diskussion o 6-Hüte-Methode o Ursache-Wirkungs-Analyse nach dem 5-Fragen-Prinzip
14:30 - 14:45	Kaffeepause		
14:45 - 16:15	Ergebnisphase	o Maßnahmenplanung aufstellen (was, wer mit wem, bis wann) o To-dos festlegen o Ergebnisse zusammenfassen	o Moderierte Diskussion
16:15 - 16:30	Verabschiedung	o Danksagung für Mitarbeit o Ausblick geben	

Abb. 5.7 Beispiel Workshop-Ablaufplanung

Hallo Kollegen,

zum Thema "Risikoanalyse für die Baustelle Köln-Süd" werden wir

am 20.10.2020 von 10:00 Uhr – 16:30 Uhr

in der Geschäftsstelle Köln, Raum 232

einen Workshop durchführen. Bitte richtet euch darauf ein, dass ihr an diesem Tag der Baustelle nicht zur Verfügung steht und organisiert entsprechende Vertretungen.

Teilnehmer sind: G. Klug (BL), L. Mann (BL), C. Pohl (BL), D. Schmieder (Oberpolier), J. Sieb (Praktikant) und ich.

Ziele des Workshops sind:

✓ Risikoanalyse: Erarbeitung einer Liste möglicher Risiken für die einzelnen Bauabschnitte.

✓ Frühwarnsystem: Erarbeitung von Frühwarnkriterien für die einzelnen Bauabschnitte.

✓ Installation: Erarbeitung einer Maßnahmenplanung zur Installation und Überwachung des Frühwarnsystems.

Frau Dr. Hellen, eine erfahrene Moderatorin, wird die Workshop-Moderation durchführen.

Kreativität und Produktivität sind ausdrücklich erwünscht!

Glückauf!

J. Bautz

Abb. 5.8 Einladung zum Workshop

Planen Sie den Zeitaufwand für Workshops eher großzügig ein, so kommen Sie nicht in die Verlegenheit, die eingeplante Dauer zu überziehen. Diese Regel gilt auch für Besprechungen aller Art. Erfahrungsgemäß reagieren Teilnehmer verärgert, wenn Veranstaltungen länger als geplant dauern, hingegen nehmen sie es nicht übel, wenn diese früher als geplant enden.

Organisatorische Vorbereitung

Die organisatorischen Aufgaben für die Vorbereitung von Workshops und Besprechungen sind sehr ähnlich (vgl. Abschn. 5.1.2).

Bei einem Inhouse-Workshop, in eigenen Geschäftsräumen, sollten Metaplanwände für Kartenabfragen und Flipcharts für Notizen bereitgestellt werden. Darübernhinausgehende Moderationsmaterialien werden vom Moderator eingebracht.

Einladung zu Workshops

Die Einladung zu einem Workshop beschreibt die Problem- und Zielvorstellungen, die in dem Workshop zu bearbeiten sind (Abb. 5.8). Diese sollten möglichst konkret formuliert werden, sodass die Teilnehmer sich auf die Aufgaben vorbereiten können und am Ende des Workshops erkennbar ist, ob die angestrebten Ziele erreicht wurden.

Abb. 5.9 Tagesordnung eines
Workshops

5.2.2   Workshop-Durchführung

Für die Moderation von Workshops wird der Einsatz ausgebildeter Moderatoren empfohlen, denn die inhaltliche Vorbereitung von Workshops ist aufwendig und die Durchführung erfordert Erfahrung mit den Moderationstechniken. Es ist die Aufgabe des Moderators die Teilnehmer zur Mitarbeit zu motivieren und möglichst eine Arbeitsatmosphäre zu schaffen, in der die Themenbearbeitung in den Fluss kommt.

Analog zur Besprechung werden i. d. R. die Tagesordnung visualisiert (Abb. 5.9) und Kommunikationsregeln vorgestellt. Eine typische Workshop-Kommunikationsregel lautet: „What happens in Vegas stays in Vegas.", d. h. Vertrauliches bleibt vertraulich. Protokolliert und veröffentlicht werden nur die Arbeitsergebnisse. Die Protokollführung und -erstellung erfolgt i. d. R. durch den ausgebildeten Moderator.

Als Führungskraft, die nicht die Moderation übernimmt, können Sie sich intensiver auf die inhaltliche Diskussion konzentrieren. Zudem sind Sie von dem Rollenkonflikt unparteiischer Moderator contra interessenorientierte Entscheidung und dem Vorwurf der Manipulation durch die Gesprächsleitung befreit.

Workshop-Protokoll
Das Workshop-Protokoll kann je nach Art der Themenbearbeitung unterschiedlich ausfallen. Analog zum Besprechungsprotokoll kann es als Beamer- und Ergebnisprotokoll im Verlauf des Workshops erstellt werden. Möglich sind auch Foto-Protokolle, die aus den Fotos aller Workshop-Ergebnisse bestehen. Ein Nachteil des Foto-Protokolls ist, dass es oft nur für die Teilnehmer des Workshops verständlich ist.

5.2.3 Workshop-Nachbereitung

In der Nachbereitungsphase eines Workshops werden Protokolle versandt und ggf. Beurteilungsbögen ausgewertet.

Für Ihr Lessons Learnt sprechen Sie mit den Teilnehmern und fragen z. B. „Was ist gut gelaufen? Was hat gefehlt, um es beim nächsten Mal besser zu machen?".

5.2.4 Moderationstechniken

Wenn in Workshops und Besprechungen die Teilnehmer auf der Stelle treten, dann helfen Moderationstechniken zur Kreativitätsförderung oder Problemlösung neue Ideen zu entwickeln.

Brainstorming

Zu den bekannten Kreativitätstechniken gehört das Brainstorming (vgl. Klein 2003, S. 93 ff.). Diese Technik wurde entwickelt zur Anregung der Kreativität in Gruppen. Dabei äußern Teilnehmer spontan ihre Ideen zu einem Thema, wobei eine Bewertung und Diskussion der Vorschläge in der Phase der Ideensammlung untersagt ist, um den kreativen Prozess nicht zu stören. Brainstorming ist gut geeignet, wenn ein klar definiertes Problem oder Ziel diskutiert wird.

Zur Durchführung des Brainstormings hat sich folgendes Vorgehen bewährt: In der Einleitung stellt der Moderator das Thema und die Brainstorming-Regeln vor. Diese sollten zudem visualisiert werden, z. B. auf Flipchartblättern, die für alle Teilnehmer gut sichtbar aufgehängt werden (Abb. 5.10).

Die Teilnehmer äußern mündlich ihre spontanen Ideen und ein Moderator notiert die Beiträge für alle sichtbar, z. B. auf einem Flipchartbogen. Dabei besteht das Risiko, dass erste Wortbeiträge das Brainstorming dominieren und alternative Ideen ausgeblendet werden. Nach der Phase der Ideensammlung werden ähnliche Ergebnisse zu Clustern zusammengefasst und bewertet.

Abb. 5.10 Brainstorming-Regeln

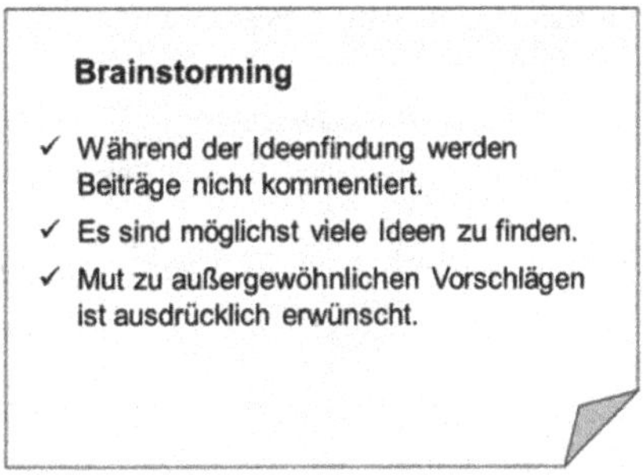

Brainstorming

✓ Während der Ideenfindung werden Beiträge nicht kommentiert.

✓ Es sind möglichst viele Ideen zu finden.

✓ Mut zu außergewöhnlichen Vorschlägen ist ausdrücklich erwünscht.

Brainwriting

Das Brainwriting ist eine schriftliche Version des Brainstormings. Im Gegensatz zum Brainstorming werden bei dem Brainwriting die Ideen nicht laut ausgesprochen, sondern von jedem Teilnehmer schriftlich notiert, z. B. auf einer Karteikarte im DIN-A-6-Format (vgl. Kellner 2000a, S. 69 ff.). Die Karten werden von dem Moderator eingesammelt und gemischt, sodass nicht erkennbar ist, welche Idee von welchem Teilnehmer ist. Die Anonymität ist erwünscht, um den Teilnehmern eventuelle Hemmungen bei der Ideenfindung zu nehmen.

Wie bei dem Brainstorming werden ähnliche Vorschläge zu Clustern zusammengefasst, bewertet und ggf. einer Ideenliste dokumentiert.

Mind Mapping

Das menschliche Gehirn verfügt über 2 Denkmodi, die jeweils der linken und rechten Hirnhälfte zugeordnet werden. Der linken Gehirnhälfte werden sprachlich-logische Funktionen wie analytisches Denken, Logik, Sprache, Zahlen, Linearität und Analyse zugeordnet und der rechten intuitiv-bildhaftes Denken wie Raumwahrnehmung, Fantasie, Farbe, Rhythmus und Musterkennung.

Unter Einbezug dieser Erkenntnisse entwickelte in den 70er Jahren des 20. Jh. der Engländer Tony Buzan die Technik des Mind Mapping. Mit dieser Methode sollen bewusst beide Gehirnhälften angesprochen und durch ihre gemeinsame Nutzung Synergiepotenziale genutzt werden, um eine geistige Leistungssteigerung zu erreichen. Dazu wird wie folgt vorgegangen (vgl. Kellner 2000a, S. 77 ff.):

Die zu bearbeitende Fragestellung wird stichwortartig als sogenanntes Schlüsselwort auf die Mitte eines Blattes, Flipcharts o. Ä. angeordnet. Die Anwendung von Schlüsselwörtern soll das assoziative Denken der Teilnehmer fördern. Hauptideen werden als Äste vom zentralen Thema abgeleitet, nachgeordnete Ideen werden als Zweige dargestellt, alle Ideen werden in Form von Schlüsselwörtern notiert.

Von jedem Ast und Zweig können weitere Verästelungen vorgenommen werden. Generell gilt, dass jede Idee zu einem Ursprung für neue Vorschläge werden kann (Abb. 5.11).

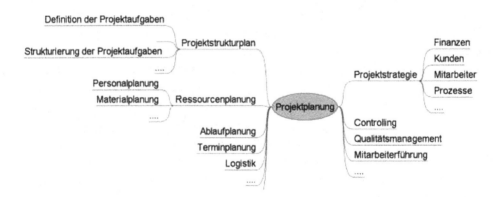

Abb. 5.11 Beispiel Mind Mapping

Durch die grafische Darstellung werden auch komplexe Problemlösungen übersichtlich dargestellt. Die Ideendarstellung in Form von Ästen und Zweigen führt zu einer Hierarchisierung und Strukturierung der Lösungsvorschläge. Aufgrund der grafischen Aufbereitung ist gut erkennbar, welche Aspekte bereits ausführlich bearbeitet und welche bislang weniger berücksichtigt wurden. Nachteilig ist, dass die Mind Mapping-Struktur nicht geeignet ist, für die Darstellung komplexer Beziehungen zwischen den Zweigen.

Sechs Denkhüte – Six Thinking Hats
Die Moderationstechnik der 6 Denkhüte – Six Thinking Hats[2] ist besonders geeignet zur Bearbeitung komplexerer Aufgaben sowie zur Bewertung und Optimierung von Lösungsvorschlägen oder Ideen. Die 6-Hüte-Methode ist eine geführte Gruppendiskussion mit Elementen des Rollenspiels.

Kerngedanke der Methode ist, dass die Teilnehmer in eine gemeinsame Richtung denken. Das parallele Denken der Teilnehmer vermeidet etwaige Konflikte und Konfrontationen während der Diskussion und erzeugt ein Gemeinschaftsgefühl gegenüber der zu lösenden Aufgabe.

Dazu werden 6 Hüte[3] in unterschiedlichen Farben eingesetzt. Jede Hutfarbe symbolisiert eine Rolle mit charakteristischer Denk- und Verhaltensweise. Die Bearbeitung eines Themas oder Problems erfolgt quasi im Rahmen eines Rollenspiels, denn alle Teilnehmer agieren im Stil der jeweiligen Hutfarbe:

Hutfarbe: Charakteristische Denk- und Verhaltensweise
- **Weiß:** Neutrales, analytisches Denken: Relevant sind Fakten, Zahlen, Daten.
- **Rot:** Subjektives, emotionales Denken: Persönliche Meinungen, positive wie negative Gefühle sowie Widersprüchlichkeiten werden geäußert.
- **Schwarz:** Pessimistisches Kritisieren: Konzentration auf objektive Argumente mit negativen Aspekten, Risiken und Einwände.
- **Gelb:** Realistischer Optimismus: Gesucht werden positive Argumente, objektive Chancen, Vorteile und Nutzen.
- **Grün:** Assoziative Kreativität: Produziert werden neue Ideen, kreative Lösungen, Innovationen.
- **Blau:** Strukturierend ordnend: Behält den Gesamtüberblick über den Prozess, strukturiert Ideen und moderiert die Diskussion.

---

[2]Edward de Bono hat diese Methode 1986 entwickelt.
[3]Alternativen zu den farbigen Hüten sind z. B. farbige Armbänder, Moderationskarten oder Badges.

Für das parallele Denken ist es relevant, dass alle Teilnehmer -mit Ausnahme des Moderators- zur gleichen Zeit Hüte mit der gleichen Farbe tragen. Dadurch, dass alle Beteiligten zur gleichen Zeit in die gleiche Richtung denken, wird ein kontraproduktives Argumentieren eingestellt, was Zeit einspart, die Effektivität erhöht und Reibungsverluste reduziert.

Weil die Teilnehmer 6 verschiedene Rollen und Perspektiven auf ein Thema bzw. Problem einnehmen, wird eine einseitige Betrachtung des Themas bzw. Problems verhindert. Dabei können kontroverse Gedanken und Ideen geäußert werden, ohne dass diese zu Rechtfertigungen führen, da sich die Teilnehmer immer auf ihre jeweilige Rolle berufen können.

Der Moderator trägt den blauen Hut, denn er strukturiert den Gesprächsverlauf. Während der Diskussion regt der Moderator an, wann die Teilnehmer einen Hutwechsel und somit einen Perspektivwechsel vornehmen und schlägt dazu die entsprechende Hutfarbe vor. Alle relevanten Diskussionsergebnisse werden vom Moderator schriftlich festgehalten. Da sich mit der Zeit die Konzentration und Produktivität der Teilnehmer verringert, sollte die Methode 60 bis 90 min nicht überschreiten.

5.2.5 Entscheidungstechniken

Nachfolgend werden 2 Methoden vorgestellt, die zur Unterstützung bei Entscheidungsprozessen eingesetzt werden können.

Vier-Felder-Entscheidungsmatrix
Generell dient eine Entscheidungsmatrix einer Auswahl, um die beste oder praktikabelste Idee zu ermitteln. Je nach Fragestellung werden Art und Anzahl von Bewertungskriterien festgelegt, anhand derer Ideen oder Lösungsvorschläge beurteilt werden. Für jede Art von Entscheidung können spezifische Entscheidungsmatrizen erstellt werden.

Mit der nachfolgenden 4-Felder-Entscheidungsmatrix werden Vorschläge systematisch überprüft und bewertet anhand der Kriterien:

- Zeit der Realisierung: Kurzfristige oder langfristige Dauer
- Entscheidungsmöglichkeiten: Entscheidungen werden selbst oder von anderen getroffen.

systematisch überprüft und bewertet.

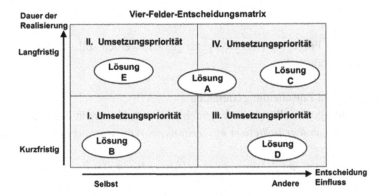

Abb. 5.12 Entscheidungsmatrix: Realisierungsdauer und Beeinflussungsmöglichkeit

Dazu werden für alle Ideen oder Lösungsvorschläge der jeweilige Zeitbedarf zur Realisierung und die Entscheidungskompetenz eingeschätzt und entsprechend ihrer Ergebnisse in der Entscheidungsmatrix positioniert.

Je kurzfristiger ein Lösungsvorschlag realisiert werden kann und je umfassender Sie die Realisierung des Lösungsvorschlags beeinflussen können, desto schneller werden Sie Umsetzungserfolge erzielen. Entsprechend hat Idee B die höchste Umsetzungspriorität in der Matrix (Abb. 5.12).

Nutzwertanalyse

Die Nutzwertanalyse (NWA)[4] ist eine qualitative Methode der Entscheidungstheorie, die bei komplexen Problemen die Entscheidungsfindung rational unterstützen soll. Eine NWA ist nützlich, wenn auf Basis von weichen Faktoren[5], Alternativen zu bewerten sind und eine Entscheidung für eine Alternative gefällt werden soll. „Der ermittelte Nutzwert – ein subjektiver Wertbegriff – gibt die Vorteilhaftigkeit einer Planungsalternative an." (Horvath, 1994, S. 461).

Die Nutzwertanalyse erfolgt in folgenden Schritten

1. Festlegung von Entscheidungsvarianten
2. Festlegung von Bewertungskriterien
3. Gewichtung der Bewertungskriterien
4. Bewertung der Kriterien
5. Bewertung der Entscheidungsvarianten

und wird anhand der Entscheidung „Kauf eines Bohrgeräts – aber welches?" nachfolgend veranschaulicht.

---

[4]Bekannt auch als Punktwertverfahren, Punktbewertungsverfahren oder Scoring-Modell

[5]Weiche Faktoren sind nicht objektiv quantifizierbare Angaben wie z. B. Einschätzungen, subjektive Eindrücke und Einflüsse oder Verhaltensweisen.

Beispiel

Zur Klärung der Frage, welches Bohrgerät gekauft werden soll, wird eine Nutzwertanalyse durchgeführt.

1. Festlegung von Entscheidungsvarianten
   Welches Bohrgerät sollte gekauft werden? Gerät A oder Gerät B oder Gerät C?
   – *Der Bauingenieur präferiert ein leistungsstarkes, wartungsarmes und sicheres*
   Bohrgerät.
   – *Der Kaufmann hat 3 Angebote eingeholt, er bevorzugt das preiswerteste Gerät*
   A.
2. Festlegung von Bewertungskriterien
   Anhand welcher produkt- und zielbezogenen Kriterien soll eine Entscheidung
   getroffen werden? Generell kann zwischen Leistungs-, Kosten- und Termin-
   kriterien unterschieden werden.
   – *Kriterien des Bauingenieurs: Leistungsstärke, durchschnittliche Verbrauchs-*
   kosten (Diesel, Wartung, Ersatzteile), Sicherheitsausstattung
   – *Kriterien des Kaufmanns: Preis und Lebensdauer des Geräts*
3. Gewichtung der Bewertungskriterien
   Mit der Gewichtung der Bewertungskriterien wird die Wichtigkeit der einzelnen
   Kriterien festgelegt. Je nach Wichtigkeit wird jedem Kriterium ein Prozentsatz
   hinterlegt, wobei die Summe der Einzelgewichtungen (EG) 100 % ergeben muss.
   – *Der Bauingenieur und der Kaufmann einigen sich auf* eine Gewichtung, wie in
   Abb. 5.13 dargestellt.
4. Bewertung der Kriterien
   Die Art der Kriterienbewertung wird festgelegt. Dazu werden die einzelnen
   Kriterien z. B. mit Punkten bewertet, wobei die höchste Punktzahl die beste
   Bewertung ist, z. B.:

Sehr gut	= 5 Punkte
Gut	= 4 Punkte
Befriedigend	= 3 Punkte
Ausreichend	= 2 Punkte
Mangelhaft	= 1 Punkt

5. Bewertung der Entscheidungsvarianten
   Die Bewertung erfolgt, in dem die Kriterien der Entscheidungsvarianten durch die
   Vergabe von Punkten bewertet werden.
   – *Der Bauingenieur und der Kaufmann einigen sich für jedes Gerät und*
   Kriterium auf eine Verteilung der Punkte, wie in Abb. 5.14 abgebildet. ◄

Kriterien	Gerät A		Gerät B		Gerät C	
	EG	Punkte	EG	Punkte	EG	Punkte
Kaufpreis	25%		25%		25%	
Lebensdauer des Geräts	20%		20%		20%	
Leistungsstärke	25%		25%		25%	
Verbrauchskosten	20%		20%		20%	
Sicherheitsausstattung	10%		10%		10%	
Summe	100%		100%		100%	

Abb. 5.13 Nutzwertanalyse mit Einzelgewichtungen

Kriterien	Gerät A		Gerät B		Gerät C	
	EG	Punkte	EG	Punkte	EG	Punkte
Kaufpreis	25%	4	25%	3	25%	3
Lebensdauer des Geräts	20%	3	20%	5	20%	4
Leistungsstärke	25%	3	25%	5	25%	4
Verbrauchskosten	20%	3	20%	4	20%	3
Sicherheitsausstattung	10%	3	10%	5	10%	5
Summe	100%		100%		100%	

Abb. 5.14 Nutzwertanalyse mit Einzelgewichtungen und Punkten

Kriterien	Gerät A			Gerät B			Gerät C		
	EG	Punkte	=	EG	Punkte	=	EG	Punkte	=
Kaufpreis	25%	4	1	25%	3	0,75	25%	3	0,75
Lebensdauer des Geräts	20%	3	0,6	20%	5	1	20%	4	0,8
Leistungsstärke	25%	3	0,8	25%	5	1,25	25%	4	1
Verbrauchskosten	20%	3	0,6	20%	4	0,8	20%	3	0,6
Sicherheitsausstattung	10%	3	0,3	10%	5	0,5	10%	5	0,5
Summe	100%		3,3	100%		4,3	100%		3,65

Abb. 5.15 Nutzwertanalyse mit Einzelgewichten, Punkten und Produktwert

Ergebnis der Nutzwertanalyse

Für jedes Kriterium wird ein Produktwert errechnet, durch die Multiplikation seiner Einzelgewichtung mit seiner Punktzahl. Das Ergebnis für jede Entscheidungsalternative ergibt sich durch die Summierung ihrer Produktwerte. Die Entscheidungsvariante mit dem höchsten Summenwert entspricht am besten den Auswahlkriterien und weist den höchsten Nutzwert aus (Abb. 5.15).

– *Das obige Ergebnis der Nutzwertanalyse zeigt, dass das Bohrgerät B den höchsten Nutzenwert aufweist, was auch den Kaufmann überzeugt, Bohrgerät B anzuschaffen.*

Die Vorteile der Nutzwertanalyse liegen in ihrer transparenten Entscheidungsfindung, die schriftlich dokumentiert ist und auch von anderen Personen nachvoll-
zogen werden kann. Nachteilig ist an der Methode, dass die Bewertung subjektiv
ist, denn die Festlegung der Gewichtung und die Punktvergabe sind keine objektiv
quantifizierbaren Angaben.

5.3   Präsentation

Zu Ihren Aufgaben als Führungskraft im Bauwesen gehört es, zu präsentieren. Vielleicht
müssen Sie den aktuellen Stand Ihres Projektes der Geschäftsleitung vorstellen oder
Sie werden eingeladen, einen Fachvortrag zu halten oder Sie haben die Aufgabe, ein
Angebot zu präsentieren.

Generell ist eine Präsentation eine Veranstaltung, bei der Sie als Präsentator einen
Teilnehmerkreis über ausgewählte Inhalte informieren.

Dabei kann es sich z. B. um eine Rede, ein Referat oder auch eine multimediale
Computer-Präsentation handeln.
   Eine erfolgreiche Präsentation zeichnet sich aus durch

1. einen systematischen Aufbau,
2. verständlich aufbereitete Inhalte mit aussagekräftigen Visualisierungen,
3. ein gelungenes Präsentationsverhalten.

Eine gründliche Vorbereitung ist erforderlich, um diese Anforderungen zu erfüllen.
   Jede Präsentation besteht aus den Phasen der Vorbereitung, Durchführung und Nachbereitung.

5.3.1   Vorbereitung der Präsentation

Mit einer gründlichen Vorbereitung erreichen Sie, dass Sie Kompetenz ausstrahlen, auf
Fragen souverän antworten und sicher auftreten können.
   Im Rahmen der Vorbereitung sollten Sie folgende Fragen bearbeiten:

• Wie sind die Rahmenbedingungen?
• Was ist mein Thema?
• Was ist mein Ziel?
• Wer ist mein Publikum?

Art der Veranstaltung	o Informationen für Vorgesetzte, Kollegen und Mitarbeiter
	o Festakt
	o Tagung
	o Angebotspräsentation
	o ...
Ablauf	o Welcher Stellenwert hat ihr Beitrag auf der Veranstaltung?
	o Gibt es weitere Vortragende? – Wenn ja: Wer ist Ihr Vorrednder?
	o Ist zu Ihrem Beitrag eine Diskussion oder Fragerunde vorgesehen?
Redezeit	o Wie lang ist Ihre Redezeit?
Technik	o Wie ist der Vortragsraum technisch ausgestattet?
	o Mikrophon
	o Beamer
	o Laptop mit Beamer
	o Dia-Projektor
	o ...

Abb. 5.16 Checkliste Rahmenbedingungen für Präsentationen

- Welche Inhalte will ich präsentieren?
- Wie werde ich die Präsentation aufbauen?
- Wie trage ich gekonnt vor?

Die Checkliste (Abb. 5.16) soll Ihnen helfen, sich Klarheit über die wesentlichen Rahmenbedingungen Ihrer Präsentation zu verschaffen.

Berücksichtigen Sie den Satz des Philosophen Demokrit[6]: „Es werden mehr Menschen durch Übung tüchtig als durch ihre ursprüngliche Anlage.".

Rahmenbedingungen der Präsentation
Bevor Sie sich mit den Inhalten Ihrer Präsentation auseinandersetzen, sollten Sie über die Rahmenbedingungen Ihrer Präsentation informiert sein. Somit können Sie Ihren Auftritt an die Rahmenbedingungen anpassen und vermeiden unliebsame Überraschungen.

Beispiel

Sie werden eingeladen, auf einer Tagung über die Methode der Bodenvereisung zu referieren. Angesichts der Komplexität des Themas haben Sie einen dreißigminütigen Vortrag mit einer umfangreichen Powerpoint-Präsentation vorbereitet. Am Tag der Veranstaltung erfahren Sie, dass für die Präsentation ca. 15 min zur Verfügung stehen und anschließend eine Fragen- und Diskussionsrunde geplant ist. ◄

---

[6]Demokrit, griechischer Philosoph (460–371 v. Chr.).

Thema und Ziel Ihrer Präsentation

Es kommt nur selten vor, dass Themen einer Präsentation frei wählbar sind. Normalerweise werden Referenten eingeladen oder aufgefordert, einen Vortrag über ein ausgewähltes Thema zu halten.

Wenn Sie z. B. eingeladen werden, über das Thema Baugrube zu referieren, so empfiehlt sich, vorab zu klären, welche Aspekte dieses Themas präsentiert werden sollen: Handelt es sich dabei z. B. um

- MIP-Verfahren für komplexe Baugruben oder
- alternative Verbausysteme oder
- aktuelle Erkenntnisse und Erfahrungen bei tiefen Baugruben?

Soll das Thema eher theorielastig oder eher praxisorientiert vorgestellt werden? Wie Sie das Thema ausführen, sollte von der Zielsetzung Ihrer Präsentation bestimmt werden. Je nach Präsentationsanlass könnten Ihre Ziele beispielsweise sein:

1. Informationen darstellen, z. B. als Referent auf einem Fachsymposium oder als Projektleiter informieren Sie Ihre Mitarbeiter über den aktuellen Projektstatus,
2. Rechenschaft ablegen, z. B. die Begründung der zeitlichen und finanziellen Entwicklung Ihres Bauprojektes,
3. verschiedene Entscheidungsmöglichkeiten aufzeigen, z. B. zur Frage, ob die Bodenstabilisierung mittels HDI oder Bodenvereisung erfolgen sollte,
4. die Teilnehmer der Präsentation von Ihrer Meinung zu überzeugen, z. B. wenn der Auftraggeber wissen will, warum Sie für die Bodenstabilisierung die Methode Bodenvereisung bevorzugen,
5. Kunden für Ihre Art der Projektdurchführung überzeugen, z. B. im Rahmen einer Angebotspräsentation.

Erfolgsrelevant für Ihre Präsentation ist, dass Sie sich darüber im Klaren sind, welches Vortragsziel Sie verfolgen. Mit einer konkreten Zielformulierung reduzieren Sie das Risiko, sich argumentativ zu verzetteln und Sie verbessern Ihre Chancen, eine zielorientierte Präsentation zu gestalten.

Wer ist Ihr Publikum?

Je nach Art der Veranstaltung kann Ihr Publikum sehr unterschiedlich sein. Wenn Sie z. B. als Projektleiter

- einen Projektstatus vor Ihren Kollegen und Mitarbeitern präsentieren, ist Ihnen die Zielgruppe Ihrer Präsentation gut bekannt. Sie wissen, wie Sie sprachlich und inhaltlich das Interesse und die Aufmerksamkeit der Teilnehmer gewinnen können.

- ein Angebot präsentieren, dann sollten Sie aufgrund von Vorbesprechungen die Interessen Ihrer Zielgruppe/Auftraggeber ungefähr einschätzen und in der Gestaltung Ihrer Präsentation berücksichtigen können.

Machen Sie sich bewusst, wer Ihr Publikum ist, denn dann können Sie Ihre Präsentation inhaltlich und sprachlich auf Ihre Zielgruppe abstimmen. Zuhörer erkennen i. d. R., wenn sie dort abgeholt werden, wo sie stehen und auf ihre Belange eingegangen wird. Erfahrungsgemäß honorieren Teilnehmer ein solches Abholen mit Interesse und Aufmerksamkeit für Ihre Präsentation.

Welche Inhalte tragen Sie vor?
Bei der Auswahl der Inhalte sollten Sie immer die Zielsetzung der Präsentation sowie die Interessen und Voraussetzungen Ihrer Zuhörer vor Ihren Augen haben.
Fragen Sie sich:

- Welche Aussagen sind für meine Zielsetzung relevant?
- Welchen Nutzen können die Zuhörer aus meinem Beitrag gewinnen?

Wenn Ihr Präsentationsziel in der Information besteht, dann konzentrieren Sie sich auf die Darstellung von Fakten, Überlegungen und Konsequenzen. Bei dem Ziel Überzeugung verwenden Sie ergänzend zu den Informationen auch Argumente, um die Zuhörer von einer Idee, der eigenen Meinung oder einer bestimmten Vorgehensweise zu überzeugen und um die eigene Position zu stärken. Dabei können Sie auch Gegenargumente aufgreifen, um diese bereits im Rahmen der Präsentation zu entkräften.
Folgende Probleme können bei der Sichtung der Ihnen zur Verfügung stehenden Informationen auftreten:

- Sie haben nicht genügend Informationen und Material wie z. B. Fotos, Grafiken, Tabellen und müssen recherchieren, beispielsweise in Nachschlagewerken, Fachbüchern, Fachzeitschriften oder Sie fragen Arbeitskollegen sowie Experten an Hochschulen und Forschungseinrichtungen. In diesem Fall sollten Sie den Zeitaufwand für Recherchen in die Vorbereitungszeit mit einplanen.
- Sie haben zu viel Material. In diesem Fall müssen Sie entscheiden,
  - mit welchen Inhalten
  - können Sie Ihr Ziel erreichen
  - in der vorgegebenen Redezeit.

Folgende Fragen sollten Ihnen bei der Auswahl behilflich sein: Was ist so wichtig, dass ich darauf nicht verzichten kann? – Was ist so interessant, dass ich darauf nicht verzichten will? – Was ist so nebensächlich, dass ich darauf verzichten sollte?

- Sie werden eingeladen, ein Referat auf einem Fachkongress zu halten. Sie fühlen sich geehrt und nehmen die Herausforderung an. Nun haben Sie die Aufgabe, innerhalb der vorgegebenen Redezeit von 20 min das Referat zu halten: „Der Einsatz von HDI zur Bodensicherung gegen drückendes Wasser". Im Rahmen dieses Referates sollen Sie die Methode, die Art der Ausführung und Ihre Erfahrungen beschreiben. Eigentlich könnten Sie über das Thema stundenlang referieren – doch nun müssen Sie entscheiden und auswählen, was Sie vortragen wollen.
- Sie haben Ihre Kollegen zu einem Meeting eingeladen, um mit ihnen eine Angebotserstellung zu diskutieren. Da Sie aus Erfahrung wissen, dass die Kollegen es wieder einmal nicht geschafft haben, die Ausschreibungsunterlagen gründlich zu lesen, wollen Sie die relevanten Punkte der Ausschreibung zu Beginn der Besprechung präsentieren. Sie haben sich vorgenommen, diese in rund 15 min den Kollegen vorzutragen.

Bei der Auswahl und Aufbereitung der Informationen sollten Sie Ihre Redezeit stets im Blick haben!

Nachdem Sie entschieden haben, welche Informationen für Ihre Zielsetzung relevant und für das Publikum interessant sind, wird der Ablauf der Präsentation strukturiert. ◄

5.3.1.1 Die Struktur Ihrer Präsentation

Generell besteht eine Präsentation aus einer Einleitung, einem Hauptteil und einer Schlussphase.

Vorbereitung der Einleitung

In der Einleitungsphase Ihrer Präsentation geht es darum, bei Ihren Zuhörern Interesse zu wecken und Orientierung zu geben, sodass sie bereit sind, dem Vortrag ihre Aufmerksamkeit zu schenken. Die Einleitungsphase umfasst in der Regel folgende Inhalte:

- **ein Startsignal**
  Mit einem Startsignal vermitteln Sie: „Es geht los" und fordern von den Teilnehmern ihre Aufmerksamkeit ein. Gängige Startsignale sind z. B. der Gongschlag, Klopfen gegen ein Trinkglas oder die Bitte an die Teilnehmer, ihre Plätze einzunehmen. Zudem können Sie die Aufmerksamkeit der Zuhörer gewinnen, indem Sie Ihre Präsentation einleiten mit einem Sprichwort, Zitat oder Ereignis, das zu ihrem Thema passt.
- **die Begrüßung der Zuhörer**
  Überlegen Sie vorab, ob und wen Sie namentlich begrüßen sollten – ansonsten gilt: Halten Sie Ihre Begrüßung kurz und knapp, um die Teilnehmer nicht zu langweilen.

- **die Vorstellung Ihrer Person und ggf. Ihrer Kompetenzen**
  Ihre Zuhörer möchten wissen, mit wem sie es zu tun haben. Deshalb sollten Sie gut verständlich Ihren Namen nennen, ggf. Ihren Arbeitsbereich und die Firma, die Sie unter Umständen vertreten. Je nach Anlass und Teilnehmerkreis Ihrer Präsentation stellen Sie unter Umständen auch Ihre Kompetenzen und – sofern erforderlich – Ihre Referenzen vor. Denn das Publikum will wissen, mit welcher Legitimation Sie über ein Thema referieren.
- **Information über Ziele und Inhalte der Präsentation**
  Informieren Sie Ihre Zuhörer kurz über das Ziel Ihrer Präsentation und wie Sie dieses erreichen wollen. Somit weiß Ihr Publikum worauf es sich einlässt und was es zu erwarten hat.

Beachten Sie die Zeit! Zu jedem Punkt Ihrer Einleitung sollten Sie maximal 2 bis 3 kurze Sätze vortragen.

Vorbereitung des Hauptteils
Nach der Einleitungsphase werden die Inhalte des Themas präsentiert. Mit einer spannenden Präsentation schaffen Sie es, dass Ihnen die Zuhörer bis zum Ende Ihres Vortrages folgen – und nicht schon vorher abschalten.

Präsentationsdramaturgie – Machen Sie es spannend!
Spannung erreichen Sie durch die Entwicklung einer Dramaturgie: Ihr Vortrag entwickelt sich zu einem Höhepunkt hin, wobei jede Ihrer Aussagen auf die vorhergehende aufbaut und auf die nächste ausgerichtet ist. Wenn Ihre Zuhörer die Dramaturgie erkennen und nachvollziehen können, werden Sie mit Interesse Ihren Ausführungen folgen (vgl. Moesslang 2011, S. 59 ff.).

Die nachfolgende Grafik zeigt eine Präsentationsdramaturgie, die nach einer relativ kurzen Begrüßungsphase mit der inhaltlichen Präsentation beginnt und mit einer Ausklangsphase endet (Abb. 5.17).

Die nachfolgende Grafik verdeutlicht, dass der Spannungshöhepunkt erst gegen Ende der Präsentation erreicht wird. Damit soll bezweckt werden, dass die Teilnehmer bis zum Schluss Ihres Vortrags Ihnen aufmerksam zuhören. Wenn Sie zum Beispiel einen Vortrag

Abb. 5.17 Dramaturgischer Spannungsbogen mit einem Höhepunkt

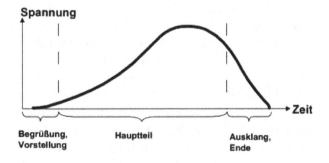

Abb. 5.18 Drei Beispiele für dramaturgische Spannungsbögen mit 2 Höhepunkten

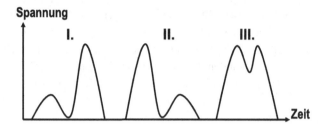

halten über eine neue HDI-Methode, dann kann der Spannungshöhepunkt zum Beispiel lauten: Erfahrungen und Probleme mit dieser Methode.

Auch mehrere Präsentationshöhepunkte sind möglich. Für die Dramaturgie eine Angebotspräsentation könnten Sie beispielsweise auch 2 (oder mehr) Höhepunkte einplanen: Einerseits könnte die fachliche Lösung problematischer Baufragen einen Höhepunkt bilden und andererseits könnten die zeit- und/oder preisbezogenen Aspekte einen weiteren Höhepunkt stellen. Je nach Inhalt und Absicht haben sie verschiedene Möglichkeiten Höhepunkte einzuplanen. Die obige Grafik zeigt mögliche unterschiedliche dramaturgische Verläufe bei 2 Höhepunkten (Abb. 5.18).

Bei Diskussionen, die sich an einen Vortrag anschließen, gehen Zuhörer oft zuerst auf die Aussagen ein, die sie zuletzt im Vortrag gehört haben. Von dieser Erfahrung ausgehend, können Sie als Präsentator versuchen, den Einstieg in die Diskussion zu lenken.

Beispiel

Für ein Bauprojekt in einem Naturschutzgebiet haben Sie ein Angebot zu präsentieren. Sie wissen, dass für den Auftraggeber der Naturschutz die erste Priorität hat und die Faktoren Zeit und Kosten eher nachrangig relevant sind. Da Sie die baufachlichen Naturschutz-Anforderungen problemlos erfüllen können, wollen Sie diesen Punkt ausführlich nach der Angebotspräsentation diskutieren, um die Kompetenz Ihres Unternehmens noch einmal hervorheben zu können. In diesem Fall könnten Sie z. B. als ersten Höhepunkt organisatorische und wirtschaftliche Aspekte wählen und als zweiten Höhepunkt die fachlichen Qualifikationen und Problemlösungen präsentieren.

Unter Berücksichtigung Ihrer Zielsetzung und ausgerichtet auf die Dramaturgie Ihres Vortrags gliedern Sie die Inhalte Ihrer Präsentation in Haupt- und Unterpunkte und bereiten die Inhalte und Materialien für den Vortrag auf. Dabei sollten Sie beachten, dass Ihre Informationen logisch aufeinander aufgebaut sind und Ihr Vortrag einen erkennbaren roten Faden aufweist. ◄

Geben Sie Ihren Zuhörern die Chance, die vorgetragenen Fakten und Argumente zu verstehen und berücksichtigen dabei, wie viele Informationen Ihre Zuhörer in der Kürze der Zeit aufnehmen können. Vermeiden Sie in Ihrem Vortrag Bandwurmsätze, denn je verschachtelter ein Satz ist, desto schwieriger ist es, die Satzaussage zu verstehen.

Vorbereitung des Abschlusses
Nach der Vorstellung des Hauptteils leiten Sie den Abschluss Ihrer Präsentation ein.
Bewährt hat sich auf das Ende des Vortrags konkret hinzuweisen, z. B. „Liebe Kollegen,
nun komme ich zum Ende …" und geben eine kurze Zusammenfassung der wichtigsten
Ergebnisse. Diese Zusammenfassung sollte nicht länger als 3 bis maximal 5 min dauern,
ansonsten verärgern Sie Ihre Zuhörer.

Als letztes danken Sie den Zuhörern, z. B. für ihr Kommen und ihre Aufmerksamkeit
und verabschieden sich mit einer Grußformel.

5.3.1.2 Visualisierung – Ein Bild sagt mehr als 100 Worte

Nutzen Sie bei Ihrer Präsentation die Chance, Ihre Aussagen durch Textaussagen, Bilder,
Fotos und Grafiken wie z. B. Diagramme u. Ä. zu veranschaulichen. Visualisierungen
sollen helfen,

- wichtige Aussagen herauszustellen,
- komplexe Inhalte verständlicher zu machen,
- Zusammenhänge aufzuzeigen,
- den Erklärungsaufwand zu verkürzen.

> Mit **Visualisierungen** können Sie erreichen, dass Ihre Aussagen besser behalten
> und verstanden werden.

Im Vergleich zum Nur-Hören erhöht der Einsatz visueller Hilfsmittel die Behaltensquote
um ca. 30 Prozent und die Überzeugungskraft eines Vortrags um rund 40 Prozent.

Bei der bildlichen Gestaltung Ihres Vortrages sollten Sie folgende Grundsätze
beachten (vgl. Pöhm 2006, S. 33 ff.):

- Visualisieren Sie nur, was wichtig ist.
- Übertreiben Sie nicht: Überfrachtete Bilder führen dazu, man vor lauter Bäumen den
  Wald nicht mehr erkennt.
- Das was Sie zeigen wollen, sollte auch gut erkennbar sein.

Bei der Ausarbeitung einer gelungenen Präsentation sollen Ihnen folgende Hinweise
helfen:

Layout
- **Bildaufteilung**
  - Erstellen Sie ein einheitliches Design für Ihre Präsentation bezogen auf Rand-
    breiten, Rahmen, Platzierung von Überschriften, des Firmenlogos und Ähnlichem.
  - Wichtige Aussagen werden zentral auf dem Bild platziert.
  - Darstellungen sollten nicht überfrachtet werden.

- **Farben**
  - Bei Unterscheidungen wird Gleiches in gleicher Farbe und Verschiedenartiges in unterschiedlichen Farben dargestellt.
  - Seien Sie sparsam mit den Farben, als Faustregel gilt: 3 Farben neben schwarz und weiß.
  - Beachten Sie, dass helle Farben aus größerer Entfernung nur noch schwer zu erkennen sind, Konturen und Farben sollten gut erkennbar sein.
  - Als optischen roten Faden sollten Sie für die Präsentation eine einheitliche Farbauswahl treffen und nicht auf jeder Darstellung eine neue Farbkombination verwenden.
- **Überschriften**
  - Überschriften sind ein kurzer und prägnanter Hinweis auf den Inhalt, z. B. in Form von Schlagworten und Kernaussagen.
  - Durch die Schriftgröße, Fettdruck, Schriftfarbe oder Absätze u. Ä. sollten Überschriften deutlich herausgestellt werden.
- **Schrift**
  - Die Schrift sollte so groß sein, dass sie auch in der letzten Stuhlreihe noch lesbar ist, als Faustregel gilt: mindestens Schriftgröße 14.
  - Die Schriftart sollte einfach und gut lesbar sein.
  - Sie sollten die Groß- und Kleinschreibung bevorzugen, da Wörter in Großbuchstaben schwer zu erfassen sind.

Texte

Verwenden Sie verständliche Ausdrücke und formulieren Sie kurze und einfache Sätze. Die Gliederung in Haupt- und Unterpunkte sollte deutlich erkennbar sein, z. B. durch Fettdruck, unterschiedliche Schriftgröße oder Schriftfarbe.

Bilder, Fotos, Zeichnungen

Generell lockern Bilder wie z. B. Fotos und Zeichnungen Präsentationen auf. Bei der Auswahl der Bilder sollten Sie beachten, dass Bilder stärker als das gesprochene Wort Emotionen wecken und Betroffenheit auslösen können.

> Bilder haben eine Demonstrationsfunktion und können komplexe Inhalte prägnant darstellen, Erklärungen vereinfachen und Erläuterungsaufwand verkürzen (Abb. 5.19).

Zahlen

Falls Sie Zahlen präsentieren, dann sollten Sie auf die Darstellung unübersichtlicher Zahlenkolonnen verzichten. Mit zusammenfassenden, beschreibenden Größen wie

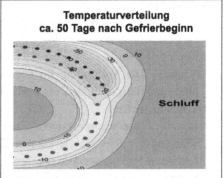

Abb. 5.19 Beispiele für Präsentationsfolien

Mittelwerte, Trendverläufe, Kennzahlen sowie anhand von Diagrammen und übersichtlichen Tabellen können auch zahlenbasierte Aussagen interessant und nachvollziehbar dargestellt werden.

- **Diagramme**
  - Kurvendiagramme, z. B. bei Entwicklungsverläufen und Prozessen,
  - Säulendiagramme, z. B. bei Größenvergleichen,
  - Kreis- und Tortendiagramme, z. B. bei prozentualen Verteilungen und Gesamtdarstellungen.
- **Tabellen**
  Tabellen sollten nur wenige Zeilen und Spalten aufweisen (maximal 5). Ansonsten wird es für die Teilnehmer zu schwierig, die dargestellten Informationen zu erfassen.

Präsentieren Sie nach dem **KISS-Prinzip: Keep it short and simple.** Je einfacher die Formulierungen Ihrer Aussagen und Visualisierungen sind, desto besser werden Ihre Zuhörer Sie verstehen.

Medieneinsatz
Sie müssen entscheiden, mit welchen Medien Sie Ihre Präsentation vortragen wollen.

- **Beamer/Projektor**
  - Vorteile: Beamer ermöglichen eine relativ einfache Anwendung der Multimedia-Elemente Ton, Bild und Film. Zudem besteht die Möglichkeit der Bildanimationen sowie eine gute Erkennbarkeit der Bilder auch bei Tageslicht.
  - Nachteil: Es besteht das Risiko, dass die Bilder von dem gesprochenen Wort ablenken. Die Präsentation kann den Vortragscharakter verlieren und den einer Filmvorführung annehmen.

- **Diaprojektor**
  - Vorteile: Dia-Präsentationen verfügen i. d. R. über eine gute Bildqualität. Mit 2 Diaprojektoren können Bildabfolgen ohne störende Pausen als Diashow gezeigt werden.
  - Nachteil: Die Vorführung im abgedunkelten Raum macht das Publikum leicht müde und führt dazu, dass die Konzentration der Zuhörer abnimmt.
- **Overheadprojektor**
  - Vorteile: Overheadprojektoren sind fast in jedem Tagungsraum vorhanden. Während der Präsentation können Sie durch das direkte Beschreiben einer vorbereiteten Folie besondere Aufmerksamkeit wecken und durch ein Übereinanderlegen mehrerer Folien können Sie ein Bild dynamisch aufbauen.
  - Nachteile: Die Folienreihenfolge kann durcheinandergeraten. Die Bilder müssen i. d. R. durch einen Drucker auf Folien übertragen werden, somit ist die Bildqualität von der Druckerleistung abhängig.
- **Flipchart**
  Flipcharts sind etwa 70 cm breite und 100 cm hohe Papierbögen. Sie können bei Präsentationen eingesetzt werden, wenn ein Bild oder Text parallel zu mehreren Visualisierungen dargestellt werden soll.

Üben Sie den Umgang mit den Medien, die Sie im Rahmen Ihrer Präsentation einsetzen wollen.

5.3.1.3 Einübung der Präsentation

„Reden lernt man durch reden" (Marcus Tullius Cicero) und „Das menschliche Gehirn ist eine großartige Sache. Es funktioniert vom Moment der Geburt an – bis zu dem Zeitpunkt, wo du aufstehst, um eine Rede zu halten." (Mark Twain).

Das beste Mittel gegen Lampenfieber ist eine gute Vorbereitung. Anhand Ihrer erstellten Präsentation sollten Sie Ihren Auftritt einüben.

Manuskript und Karteikarten

Bewährt hat sich die Erstellung eines Manuskripts, in dem Sie stichwortartig notieren, was Sie an welcher Stelle, wie lange vortragen wollen. Mit der Manuskripterstellung überprüfen Sie den logischen Aufbau und die Dramaturgie Ihres Vortrags und schaffen sich eine Gedankenstütze für die Durchführung der Präsentation (Abb. 5.20). Je nach Neigung können Sie das Manuskript erstellen auf Din-A-4-Papier oder auch auf Karteikarten, z. B. in Größe DIN-A-5.

Die Stichworte sollten Sie in einer relativ großen Schrift (z. B. Schriftgrad 16) notieren, dann können Sie mit einem Blick die Stichworte erkennen bzw. unauffällig ablesen. Mit einiger Übung schaffen Sie es, Ihre Stichworte oder Texte so abzulesen, dass es Ihr Publikum kaum wahrnimmt.

Folien	Wortbeitrag	Dauer
Einleitung		
Eine sichere Bodenvereisung unter dem Donaukanal Name des Redners Firmenname	**1. Folie:** Einblendung der Titelfolie als Startsignal - Begrüßung der Teilnehmer - Vorstellung der eigenen Person	1 Minute
NL Spezialtiefbau Technik	**2. Folie:** Information über Ziele und Inhalte	1 Minute
Hauptteil		
Phasen der Vereisung	**3. Folie:** Vorstellung der Methode Bodenvereisung - ... - ... - ...	3 Minuten
Prinzip Stickstoff-Vereisung	**4. Folie:** Erläuterung: Bodenvereisung mit Stickstoff - ... - ... - ...	3 Minuten
	...	...
Abschluss		
Vielen Dank für Ihre Aufmerksamkeit! Name des Referenten Firmenlogo /-name	**Letzte Folie:** - Verabschiedung mit Grußformel - Aufforderung, Fragen zu stellen - Einleitung der Diskussionsrunde -....	1 Minute

Abb. 5.20 Beispiel eines Redemanuskripts

Verlassen Sie sich nicht darauf, dass Sie ad hoc die passenden Worte für den Anfang finden werden. Deshalb sollten Sie Ihre Einleitung immer vorab ausformulieren.

Wenn Sie den Anfang unprofessionell beginnen, wirken Sie unvorbereitet, unsicher und ggf. sogar inkompetent. Sie müssen dann während Ihres Vortrags Ihre Kompetenz beweisen und Ihr Publikum zurückgewinnen.

Planen Sie ein, dass Ihnen während des Vortrags nicht die richtigen Worte und Fakten einfallen werden. Als gedankliche Stütze sollten Sie Ihr Manuskript oder Karteikarten mit den relevanten Informationen dabeihaben.

Wie den Anfang sollten Sie auch den Abschluss Ihrer Präsentation vorformulieren, um einen professionellen Eindruck zu hinterlassen.

Abschließend sollten Sie sich auch auf Fragen vorbereiten, die ggf. zu Ihrer Präsentation gestellt werden könnten. Überlegen Sie sich,

- welche Aspekte Ihres Vortrags für die Teilnehmer besonders interessant sein könnten und eventuell zu Nachfragen führen,
- welche Gegenargumente ggf. vorgetragen werden könnten und wie Sie darauf antworten,
- wie Sie reagieren, wenn Ihre Kompetenz und Erfahrung hinterfragt werden sollten.

Nach der inhaltlichen Vorbereitung sollten Sie auch Ihren Auftritt üben.

Körpersprache, Mimik und Sprache

Ihr Auftreten und Ihre Präsenz sind erfolgsrelevant für die Vermittlung Ihrer Inhalte. Achten Sie auf ein gepflegtes Aussehen und wählen Sie dem Anlass entsprechend eine angemessene Kleidung, in der Sie sich wohl fühlen.

Körpersprache und Mimik sollten Sie nutzen, um Ihre Aussagen zu unterstreichen und um Ihren Vortrag lebendiger zu gestalten

- **Körperhaltung**
  - Nehmen Sie eine lockere, gerade Haltung ein und vermeiden Sie mit dem Oberkörper zu wippen oder stocksteif dazustehen.
  - Stellen Sie die Beine locker und etwa in Schulterbreite nebeneinander, sodass Sie sicher stehen.
- **Gestik**
  - Achten Sie darauf, dass Sie Ihre Hände nicht in der Hosentasche oder verschränkt hinter dem Rücken verstecken, denn das wirkt unsicher.
  - Wenn Sie vor einem Rednerpult stehen, können Sie die Hände locker am Rand des Pults platzieren – aus dieser Haltung können Sie leicht Ihre Hände heben um zu gestikulieren.

– Wenn Sie frei vor Ihrem Publikum stehen, hat es sich bewährt, die Hände locker ineinander gelegt in Höhe Ihres Solarplexus zu halten. Aus dieser Position können Sie leicht die Arme und Hände in verschiedene Richtungen bewegen.

- **Mimik**
  Nutzen Sie die Möglichkeit, mit verschiedenen Gesichtsausdrücken Ihren Beitrag zu unterstreichen. Kritische Aspekte verdeutlichen Sie z. B. durch einen ernsten Gesichtsausdruck und erfolgreiche Ergebnisse durch ein Lächeln.

- **Blickkontakt**
  Mit Blickkontakt sprechen Sie Ihr Publikum direkt an und können die Aufmerksamkeit der Teilnehmer auf sich und Ihren Vortrag ziehen.
  – Suchen Sie zu Ihrem Publikum Blickkontakt. Dabei sollten Sie vermeiden, einzelne Personen zu fixieren, sondern versuchen Sie, in die Runde zu schauen.
  – Auch wenn Sie einen Text von einem Blatt ablesen, sollten Sie es schaffen, aufzugucken und Blickkontakt zu den Teilnehmern herzustellen.

- **Sprache**
  Setzen Sie bewusst Ihre Sprache ein, um ein Thema verständlich und ausdrucksstark zu präsentieren. Vermeiden Sie Ihre Rede auswendig zu lernen. Es ist zeitaufwendig und wenn Sie während Ihres Vortrags gestört werden, können Sie unter Umständen den Faden verlieren und sich an den folgenden Text nicht mehr erinnern.
  Mithilfe Ihres Manuskripts oder Ihrer Karteikarten sollten Sie versuchen, den Beitrag möglichst frei zu halten. Versuchen Sie dabei, die berühmten Fülllaute wie „ähm" oder „ääh" zu unterdrücken. Unbewusste sowie sprachliche Fehler können Sie entdecken, wenn Sie Ihre Rede vorab aufnehmen und abhören.
  Zur Vorbereitung Ihres Auftritts sollten Sie Ihr Manuskript mehrmals laut vorlesen. Dadurch wird Ihnen die Materie vertrauter, Sie gewinnen an Sicherheit und es wird Ihnen leichter fallen, Ihren Vortrag frei zu halten.
  – Deutliche Sprache
    Sie sollten so laut sprechen, dass Sie auch in der letzten Publikumsreihe gut zu verstehen sind.
    Versuchen Sie eine klare Aussprache ohne Endungen zu verschlucken.
    Ein gesprochener Dialekt sollte für alle Teilnehmer verständlich sein – ansonsten sollten Sie Hochdeutsch reden.
    Tragen Sie in kurzen Sätzen vor, das erhöht die Verständlichkeit.
  – Ausdrucksstark vortragen
    Für einen lebendigen Sprachstil sollten Sie Verben verwenden statt Substantivierungen.
    Trauen Sie sich, eine wichtige Aussage durch eine kurze Pause von ca. 4 bis max. 6 Sekunden zu unterstreichen.
    Arbeiten Sie mit rhetorischen Fragen wie z. B.: „Glauben Sie, dass wir bei den heutigen Baupreisen noch Geld verdienen können?" Durch solche Fragen sprechen Sie Ihr Publikum direkt an, fordern es zum Mitdenken auf und fördern das Interesse an Ihrem Vortrag.

Schaffen Sie Gemeinsamkeiten zu Ihrem Publikum durch die Verwendung von „Wir" statt „Ich". Mit der Wir-Form verbinden Sie sich mit den Zuhörern.

Üben Sie Ihren Vortrag vor einer Kamera. Anhand der Aufnahme können Sie erkennen, wie Sie mit welcher Mimik und Körperhaltung wirken, ob Sie mit Ihrem Ausdruck zufrieden sind und ob Sie sicher und souverän wirken.

5.3.2 Durchführung der Präsentation

Eine Präsentation ist wie ein Auftritt auf einer Bühne und Sie sind der Hauptdarsteller und Entertainer. Mit Ihrem Auftritt sollten Sie Persönlichkeit und Kompetenz ausstrahlen sowie mit einem ansprechenden Vortrag Ihr Publikum für sich einnehmen und fachlich überzeugen. Aufgrund Ihrer Vorbereitungen und Proben sollten Sie Ihren Auftritt erfolgreich absolvieren.

Immer wieder kommt es bei Präsentationen zu Störungen bzw. Unterbrechungen.

- Sie versprechen sich: Bleiben Sie ruhig und berichtigen Sie sich – ohne sich groß zu entschuldigen.
- Teilnehmer kommen zu spät: Je nach Art und Rahmen der Präsentation können Sie zu spät kommende Teilnehmer ignorieren oder durch einen kurzen Blickkontakt begrüßen.
- Teilnehmer tuscheln: Versuchen Sie durch Blickkontakt die Aufmerksamkeit zurück zu gewinnen oder sprechen Sie die Betreffenden direkt an, z. B. „Kann ich Ihnen weiterhelfen?"
- Fragen werden gestellt: Auf Fragen können Sie direkt eingehen, wenn die Beantwortung der Frage Sie nicht aus Ihrem Konzept bringt.

Falls Ihr Manuskript vorsieht, dass Sie im Laufe Ihres Vortrags noch auf diese Frage eingehen werden, können Sie darauf hinweisen, z. B.: „Auf diese Frage komme ich gleich noch zu sprechen." Sofern Sie eine Frage nicht während der Präsentation beantworten wollen, dann schlagen Sie vor, auf diese Frage am Ende des Vortrags einzugehen. Damit dieser Aspekt nicht vergessen wird, können Sie den Fragenden bitten, seine Frage am Ende des Vortrags zu wiederholen.

Generell gilt: Bleiben Sie stets ruhig und freundlich – auch bei Provokationen – und lassen Sie sich nicht aus der Ruhe bringen.

5.3.3 Nachbereitung der Präsentation

Eine Nachbereitung Ihrer Präsentation ermöglicht Ihnen aus Ihren Fehlern zu lernen und zukünftig besser zu werden.

Gehen Sie anhand Ihres Manuskriptes Ihren Vortrag noch einmal durch und überlegen, wo Sie mit sich zufrieden waren und wo Sie Verbesserungsmöglichkeiten für den
nächsten Vortrag sehen. Falls Sie im Team die Präsentation erstellt haben, sollte auch die
Nachbereitung mit dem Team erfolgen.

Einleitung

Konnten Sie in der Einleitungsphase die Teilnehmer für den Vortrag gewinnen? – Falls
eher nicht: Was kann zukünftig besser gemacht werden?

Hauptteil

Stimmte der logische Aufbau der Präsentation? Falls Sie zeitweise das Gefühl
hatten, dass die Teilnehmer eher gelangweilt reagiert haben: An welchen Stellen der
Präsentation war das? Und an welchen Stellen haben die Teilnehmer positiv reagiert?
Haben Sie den Eindruck, dass Sie das Ziel Ihrer Präsentation erreicht haben?

Abschluss

Sind Sie mit der Abschlussphase zufrieden? – Falls eher nicht: Wie können Sie den
Abschluss zukünftig besser gestalten?

Allgemein

Waren Sie akustisch gut zu verstehen? Gab es Probleme mit den Medien?
Notieren Sie auf dem Präsentations-Manuskript Tipps und Verbesserungsvorschläge,
sodass Sie bei der nächsten Präsentation davon profitieren können.

Change- und Transformation Management

6

Zusammenfassung

Alles wandelt sich, auch der deutsche Bausektor ist in Bewegung. Die zunehmende Digitalisierung der Arbeitswelt durchdringt und verändert die Baubranche, erkennbar an der Einführung von 3D-Druck, Cloud-Technologie, 3D-Laserscanning und Building Information Modeling (BIM). In einer Befragung zur „Digitalisierung der deutschen Bauindustrie 2019" gaben 51% der befragten Führungskräfte der Baubranche an, dass sich durch die Einführung von BIM das Geschäftsmodell in den kommenden 5 Jahren gravierend verändern werde (PricewaterhouseCoopers 2019, S. 40). Das erfordert von Führungskräften zumindest Basiswissen zum Change- und Transformation Management. Vermittelt werden relevante Konzepte und Methoden für einen erfolgreichen Wandel. Dazu werden wesentliche Aspekte des Change- und Transformation Management anhand von Praxisbeispielen anschaulich beschrieben.

6.1 Grundlagen

In der Literatur und Praxis bestehen für die Begriffe Change Management und Transformation Management keine eindeutigen Definitionen. Als Synonym für den Begriff Change Management wurde ursprünglich auch der Begriff Transformation Management verwendet (vgl. Kraus et al. 2010, S. 14). Jedoch hat sich in den letzten Jahren, auch bedingt durch die digitale Transformation, eine Unterscheidung zwischen den Begriffen Change Management und Transformation Management bzw. Transformation durchgesetzt. Nachfolgend werden die Begriffe Change Management und Transformation Management voneinander abgrenzend vorgestellt.

© Springer Fachmedien Wiesbaden GmbH, ein Teil von Springer Nature 2021
B. Polzin und H. Weigl, *Führung, Kommunikation und Teamentwicklung im Bauwesen*,
https://doi.org/10.1007/978-3-658-31150-6_6

„Das Konzept Change Management umfasst alle *geplanten, gesteuerten* und *kontrollierten Veränderungen* in den *Strukturen, Prozessen* und (sofern dies möglich ist) in den *Kulturen* sozio-ökonomischer Systeme. [...] Es erscheint evident, dass die erfolgreiche Bewältigung von multi-dimensionalen und komplexen Aufgaben eine konzeptionelle Vielfalt erfordert, die sowohl Elemente eines *radikalen* als auch eines *evolutionären* Wandels (Change) beinhaltet." (Thom 1995, S. 870).

Change Management bezieht sich auf Veränderungsprojekte, bei denen es um die Planung und Realisierung konkreter Veränderungen geht, um Fehlentwicklungen zu korrigieren, wie z. B. zu hohe Kosten, Verschwendung im Prozessablauf, Bauzeitdauer, Mitarbeiterfluktuation. Das Ziel der Veränderung und die Vorgehensweise sind klar definiert. Change-Projekte habe eine eher kurz- bis mittelfristig Umsetzungsdauer. Change-Projekte werden dem „Entwicklungsmodus Optimierung" zugeordnet, im Sinne von „run the business" (Winter et al. 2008, S. 44).

Beispiel

Bedingt durch die Anschaffung eines neuen Bohrgeräts wird der Prozess zur Erstellung von Bohrpfählen angepasst und optimiert. Dazu wird ein Change-Projekt eingeleitet: Rollen und Funktionen der Prozessbeteiligten werden überprüft und ggf. neu definiert, Strukturen und Arbeitsweisen werden hinterfragt und angepasst. Die am Prozess beteiligten Gerätefahrer, Poliere und Bauleiter erlernen die neuen Anforderungen und setzen sie um. Damit ist das Ziel des Change-Projektes erreicht: Alle Prozessbeteiligten realisieren erforderliche Verhaltensanpassungen, damit der neu definierte Prozess reibungslos funktioniert. Der neu definierte Prozess wird im QM-Handbuch dokumentiert und das Change-Projekt ist abgeschlossen. ◄

Transformation Management ist ein multidimensionales, prozessorientiertes Veränderungsmanagement bei Unternehmensneuausrichtungen. Mit einer strategischen, kulturellen und organisatorischen Erneuerung beabsichtigt es eine nachhaltige Sicherung der Wettbewerbsfähigkeit.

Transformation Management hat eine ganzheitliche Sichtweise auf die gesamte Organisation und umfasst vernetzte Entwicklungsprozesse mit einer Vielzahl sich gegenseitig beeinflussenden Faktoren (vgl. Klasen 2019, S. 4 ff.).

Die Ziele einer Transformation sind visionär und fundamental, wie z. B. die Neuausrichtung der Unternehmensvision und -kultur und die Digitalisierung von Geschäftsmodellen[1] (Schallmo et al. 2018, S. 60 f.). Eine Transformation ist ein langfristiger und oft auch kontinuierlicher Wandel und in seinem Kontext werden eine Vielzahl von Change-Projekten orchestriert (vgl. Winkelhake 2017, S. 2).

> Transformationsprozesse gehören zum „Entwicklungsmodus Veränderung" im Sinne von „change the business" (Winter et al. 2008, S. 44).

Beispiel

Ein Bauunternehmen leitet mit einer unternehmensweiten Einführung von Lean Management einen Kulturwandel ein, der den Regeln des Transformation Management unterliegt. Dem Top-Management ist klar, dass die traditionelle Unternehmenskultur, mit ihrem selbstverständlichen Verhalten der Führungskräften untereinander sowie zu ihren Mitarbeitern, den gelebten Werten und die vorherrschende Moral weitgehend durch eine Unternehmenskultur erneuert wird, die auf Prinzipien der Lean Philosophie und eines Lean Thinking basiert. Die große Herausforderung dieser Transformation ist u. a., dass verfestigte Einstellungen und Verhaltensweisen wie

- ein befehls- und kontrollorientiertes Führungsverhalten sich zu einem teamorientierten Verhalten entwickelt.
- eine defizitäre Service- und Kundenorientierung der Administration und Produktion sich zu einem service- und kundenorientierten Verhalten wandelt.
- Arbeitsweisen mit einer hohen Verschwendung i.S. von Muda, Mura und Muri sich mithilfe von Lean Thinking, Lean-Konzepten und -Instrumenten zu schlanken Prozessen verändern. ◄

Wesentlich für ein Verständnis von Change- und Transformation Management[2] ist, dass der Faktor Mensch, also die Einstellungen und das Verhalten von Führungskräften und Mitarbeitern ausschlaggebend für den Erfolg eines Veränderungsprojekts sind. Dabei ist die Kontinuität von Werten wie Ehrlichkeit und Fairness unverzichtbar für eine vertrauensvolle und partnerschaftliche Zusammenarbeit.

---

[1]Ein Geschäftsmodell beschreibt welche Produkte oder Dienstleistungen ein Unternehmen für Kunden bzw. Auftraggeber erzeugt und damit Umsätze generiert.

[2]Die Führungsaufgabe Change- und Transformation Management umfasst die Funktionen Leadership und Management.

Der Erfolg des organisatorischen Change ist abhängig von dem persönlichen Verhalten der Beteiligten	
Organisatorische Change-Komponente	**Sozialpsychologische Change-Komponente**
Wir wechseln von ad hoc-Prozessen hin zu dokumentierten und qualitätsgesicherten Prozessen. ➡	Die neu dokumentierten und qualitätsgesicherten Prozesse werden ausgeführt **durch jemanden**.
Wir stellen unsere Systeme um: Von vielen kleinen Systemen hin zu einem Gesamtsystem. ➡	Die neu integrierte Datenbank wird genutzt **durch jemanden**.
Wir führen Building Information Modeling (BIM) ein. ➡	Das neue Verfahren beeinflusst die Arbeitsweise **von jemandem**.
Wir führen Lean Management ein. ➡	Neue Einstellungen, Verhaltens- und Arbeitsweisen werden erlernt und umgesetzt **durch jemanden**.

Abb. 6.1 Erfolgsfaktor Mensch im Change-Prozess

Führungskräfte gehen häufig davon aus, dass mit einem guten Projektmanagement, das plant und organisiert, was, wann und wie eingeführt wird, Change-Ziele erfolgreich erreicht werden können. Doch bei der Umsetzung organisatorischer und technischer Anforderungen zur Realisierung einer Veränderung handelt es sich lediglich um einen organisatorischen Change (vgl. Steinle et al. 2008, S. 10). Dabei wird oft übersehen, dass ein organisatorischer Change stets auch individuelle Anpassungen und Veränderungen der Mitarbeiter erfordert (vgl. Hiatt/Creasey 2012, S. 4 ff.).

Change- und Transformation Management umfassen eine organisatorische Change-Komponente zur Umsetzung struktureller, prozessualer sowie technischer Veränderungen und eine sozialpsychologische[3] Change-Komponente, die dazu dient, Change-Beteiligte bei ihren persönlichen Transformationen zu unterstützen, in ihrer Entwicklung – von ihren gegenwärtigen Einstellungen/Verhaltensweisen hin zu ihren zukünftigen Einstellungen/Verhaltensweisen (Abb. 6.1).

Erfahrungsgemäß trägt die organisatorische Change-Komponente lediglich zu ca. 25 % zum Erfolg eines Veränderungsprojekts bei, hingegen die sozialpsychologische Komponente zu ca. 75 %. Erfolgsrelevant ist die Unterstützung der vom Veränderungsprozess Betroffenen bei ihrer persönlichen Transformation, denn sie sollen die technischen und prozessualen Änderungen umsetzen und neue Verhaltensweisen einüben (Abb.6.1).

---

[3]Die Sozialpsychologie untersucht wie das Leben in Gruppen/Gemeinschaften das menschliche Denken, Fühlen und Verhalten beeinflusst und umgekehrt welchen Einfluss das Denken, Fühlen und Verhalten auf das Leben in Gruppen/Gemeinschaften ausübt. Dabei werden Interaktionen zwischen Individuen, innerhalb von Gruppen und zwischen Gruppen analysiert (Kessler/Fritsche 2018, S. 8).

Organisatorische Change-Ziele		Change- und Transformation-Ziele
Sachziele	Monetäre Ziele z.B. Kostensenkung	Zielgerichtete Umsetzung geplanter Veränderungen
	Nicht-monetäre Ziele z.B. Qualitätssteigerung	Mitarbeiter durch den Veränderungsprozess führen
Verhaltensziele	Interne Ziele z.B. Kundenfokussierung	Förderung der Akzeptanz der geplanten Veränderung
	Externe Ziele z.B. Imageverbesserung	Sicherstellung eines erfolgreichen und nachhaltigen Ergebnisses
Ökologische Ziele	Materielle Ziele z.B. umweltfreundliche Verfahren	Kommunikation und Information im Projektverlauf sicherstellen
	Immaterielle Ziele z.B. Einhaltung von Umweltschutzauflagen	Senkung des Ressourceneinsatzes durch reibungslosen Ablauf
...	...	...

Abb. 6.2 Ziele des organisatorischen Change und des Change- und Transformation Managements

Wie relevant die angemessene Berücksichtigung des Faktors Mensch in Veränderungsprojekten ist, zeigt eine hohe Quote an gescheiterten Veränderungsprojekten. Denn wenn die von einer Veränderung betroffenen Mitarbeiter und Führungskräfte im Veränderungsprozess nicht angemessen berücksichtigt und einbezogen werden, werden sie die angestrebte Veränderung nicht akzeptieren und mittragen.

Abb. 6.2 verdeutlicht den Unterschied zwischen den Zielen der organisatorischen Change-Komponente und den Zielen des Change- und Transformation Management, in denen die organisatorischen Change-Ziele und die prozessorientierten Ziele der sozialpsychologischen Komponente vereint sind.

Change- und Transformation Management als die Vereinigung der organisatorischen Change-Komponente mit der sozialpsychologischen Change-Komponente ist erfolgsrelevant für Ihre Change-Projekte und Transformationsprozesse.

Unternehmensinterne und unternehmensexterne Gründe für Veränderungen
Veränderungen können unternehmensintern initiiert werden, z. B. bei durch einen Generationenwechsel in der Führungsebene. Weitere Ursachen für unternehmensinternen Wandel sind z. B. Kulturveränderungen, Strategieänderung, Innovationen, Serviceverbesserung und eine Umstellung der Produktionstechnologie.

Unternehmensexterne Gründe, die zu Veränderungen im Unternehmen führen, sind z. B. Übernahmen/Fusionen, Gesetzesänderungen, technische Innovationen, Globalisierung, ökologische Vorgaben oder gesellschaftliche Entwicklungen, wie z. B. die Vereinbarkeit von Beruf und Familie.

Arten von Wandel

Veränderungen können kontinuierlich oder revolutionär sein (vgl. Stamm 1999, S. 151).

Ein kontinuierlicher Wandel ist der Wandel der 1. Ordnung und wird auch als evolutionärer Wandel bezeichnet. Kennzeichnend für den Wandel der 1. Ordnung ist eine kontinuierliche Weiterentwicklung wie sie im kontinuierlichen Verbesserungsprozess (KVP) angestrebt wird. Dabei geht es um die Verbesserung z. B. bestehender Strukturen, Rollen, Verhaltensweisen, Prozesse und Werkzeuge/Maschinen, ohne sie prinzipiell infrage zu stellen. Typisch für den evolutionären Wandel ist die Durchführung kleiner Verbesserungen, die erst über einen längeren Zeitraum hin zu größeren Veränderungen führen. Handlungsleitend ist die Frage: Tun wir die Dinge richtig?

Der revolutionäre Wandel ist der Wandel der 2. Ordnung und beschreibt fundamentale Veränderungen. Typisch für den Wandel der 2. Ordnung ist die umwälzende Veränderung von Prinzipien, Strukturen, Rollen und Verhaltensweisen. Der Bruch mit dem Alten und Bisherigem erfordert ein neues Verständnis und neue Denkweisen. Beispiele für einen revolutionären Wandel sind der Wechsel von Papier und Zeichenbrett hin zum Computer/Plotter und bezogen auf den betrieblichen Ablauf Reorganisationen oder Fusionen.

Veränderungen nach Unternehmensebenen

Wandel betrifft immer mindestens eine der 3 folgenden Ebenen (vgl. Heberle/ Stolzenberg 2013, S. 2 ff.) und führt zu

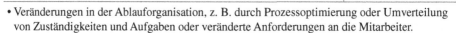

• Veränderungen in der **Aufbauorganisation,** z. B. durch die Schaffung neuer Abteilungen oder die Fusion von Unternehmen, Geschäftsbereichen, oder Abteilungen

- Strukturen
- Reorganisation
- Fusion

• Veränderungen in der Ablauforganisation, z. B. durch Prozessoptimierung oder Umverteilung von Zuständigkeiten und Aufgaben oder veränderte Anforderungen an die Mitarbeiter.

- Prozesse
- Rollen und Zuständigkeiten
- Aufgaben

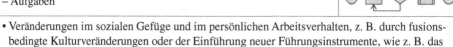

• Veränderungen im sozialen Gefüge und im persönlichen Arbeitsverhalten, z. B. durch fusionsbedingte Kulturveränderungen oder der Einführung neuer Führungsinstrumente, wie z. B. das Zielvereinbarungsgespräch.

- Werte der Zusammenarbeit
- Führungsinstrumente
- Aufgaben

Generell zu berücksichtigen sind die Interdependenzen der drei Ebenen. Bei einer Veränderung auf einer Ebene sind die Auswirkungen auf den anderen Ebenen zu überprüfen und zu berücksichtigen.

Fachliche und überfachliche Dimensionen der Veränderung
Veränderungen haben i. d. R. immer eine fachliche und eine überfachliche Dimension. Die fachliche Dimension ist Teil der organisatorische Change-Komponente. Sie umfasst Regelungen und Maßnahmen, die alle Beteiligten befähigen, in der veränderten Arbeitssituation erfolgreich zu sein. Dazu gehören z. B.

- die Klärung von Rollen und Verantwortlichkeiten
- die Festlegung von Vorgehensweisen und Prozessen
- die Bereitstellung der veränderungsbedingten Ressourcen, wie z. B. Computer, Software, Geräte, Maschinen, u.ä.
- Maßnahmen der Personalentwicklung: Durch einen Vergleich des Soll-Zustands mit dem Ist-Zustand wird der Fortbildungsbedarf ermittelt und entsprechende Weiterbildungen durchgeführt, wie z. B.
  - Seminare zur fachlichen Qualifikation, z. B. zur Verbesserung der EDV- oder Fremdsprachenkenntnisse
  - Coaching zur Vertiefung überfachlicher Kompetenzen, z. B. für die Führung virtueller Teams
  - Training on the Job, z. B. die Einarbeitung in neue Aufgaben unter besonderer Anleitung.

Die überfachliche Dimension der Veränderung ist die Interaktionsebene und bezieht sich auf die Art und Weise wie betroffene Führungskräfte und Mitarbeiter mit einer Veränderung umgehen und ist Teil der sozialpsychologischen Change-Komponente. Erfahrungsgemäß ist das Verhalten der Beteiligten erfolgsentscheidend, denn sie sind es, die Veränderungen umsetzen und mittragen müssen.

Formale und informelle Organisation
Bei der überfachlichen Dimension ist zu berücksichtigen, dass jede Organisation, sei es ein Unternehmen, eine Abteilung oder ein Team über eine formale und informale Organisation verfügt. Die formale Organisation ist mit ihrer offiziellen Struktur wie z. B. der Geschäftsverteilung und den Weisungsbefugnissen direkt erkennbar. Hingegen ist die informale Organisation nur schwer wahrnehmbar, da sie als „ergänzendes, offiziell nicht vorgesehenes Netzwerk sozialer Beziehungen, die formale Organisation teils überlagert, neutralisiert und ergänzt." (Blahusch 1978, S. 548). Für ein erfolgreiches Change- und Transformation Management ist es unbedingt erforderlich, die informelle Organisation zu kennen und einzubeziehen.
    Zu den **überfachlichen Erfolgsfaktoren** gehören

- die Überzeugung, dass die Veränderung notwendig, richtig und sinnvoll ist
- die Akzeptanz der fachlichen/sachlichen Aspekte der Veränderung
- die Bereitschaft die Veränderung zu unterstützen

- der konkrete Beistand bei der Umsetzung der Veränderung
- die Berücksichtigung der informellen Organisation.

6.2 Widerstand

In der Literatur und Praxis existiert für den Begriff Widerstand keine einheitliche Definition und nachfolgend wird Widerstand verstanden als „passive oder aktive Verhaltensweisen von betroffenen Mitarbeitern, Gruppen oder der ganzen Belegschaft, die die Veränderungsziele blockieren, ablehnen, infrage stellen, unterlaufen oder nicht unterstützen." (vgl. Kraus et al. 2010, S. 62).

Der Widerstand von Mitarbeitern ist eine wesentliche Ursache dafür, dass Veränderungen nicht erfolgreich realisiert werden. Es stellt sich die Frage, wieso normale, intelligente Menschen Veränderungen ablehnen, die notwendig und sinnvoll sind.

Ursachen von Widerstand

Doppler und Lauterburg (2014, S. 355) führen Widerstand auf folgende 3 Ursachen zurück:

- Mangelndes Verstehen: Die Betroffenen haben die Ziele, Hintergründe und Absichten einer Veränderung nicht verstanden.
- Mangelnder Glaube/mangelndes Vertrauen: Die Betroffenen haben Ziele, Hintergründe und Absichten verstanden, aber sie glauben nicht bzw. sie vertrauen nicht, was ihnen mitgeteilt wird.
- Mangelnder Wille/mangelnde Fähigkeit: Die Betroffenen haben verstanden, worum es geht und sie glauben auch bzw. vertrauen auf das, was ihnen mitgeteilt wird. Jedoch wollen oder können sie die Veränderung nicht mittragen, da sie davon keine positiven Konsequenzen erwarten.

Erfahrungsgemäß reichen umfangreichen Informationen und Überzeugungsarbeit oft nicht aus, um Widerstände aufzulösen. Dies gilt insbesondere dann, wenn ein Widerstand auf die unterschiedlichen Ziele von Unternehmen und Betroffenen zurückzuführen ist. Denn Maßnahmen, die sich positiv auf die Unternehmensentwicklung auswirken können, haben u. U. negative Auswirkungen auf die betroffenen Mitarbeiter.

Veränderungen führen zu Stress bei den Betroffenen, wenn z. B. damit Arbeitsplatz- und Statusverlust, Versetzungen, der Verlust von Karrierechancen, ein Auseinanderbrechen eingespielter Teams oder familiäre Konflikte verbunden sind. Die Ungewissheit über zukünftige Entwicklungen ist für viele Betroffenen dermaßen problematisch, sodass sie mit Angst reagieren und deshalb auf mögliche Veränderungen lieber verzichten (vgl. Kruse 2005, S. 24). Da Gefühle wie z. B. Stress und Angst den Betroffenen i. d. R. unangenehm sind, werden sie nicht thematisiert. Doch auch wenn Emotionen nicht offengelegt werden, so beeinflussen sie das Verhalten und können zu Widerstand führen.

Typische Symptome für Widerstand bei Veränderungen		
	Verbal / Reden	**Nonverbal / Verhalten**
Aktiv / Angriff	**Widerspruch** - Gegenargumentation - Vorwürfe - Abwertungen - Polemik - Drohungen	**Aufregung** - Abwertende Gestik/Mimik - Intrigen - Cliquenbildung - Aufregung - Sabotage
Passiv / Flucht	**Ausweichen** - Schweigen - Bagatellisieren - Ins Lächerliche ziehen - Unwesentliches debattieren - Blödeln	**Lustlosigkeit** - Unaufmerksamkeit - Innere Kündigung - Krankheit - Boykott

Abb. 6.3 Symptome für Widerstand in Anlehnung an Doppler/Lauterburg

Widerstand erkennen

Wenn Sie als Führungskraft ein Veränderungsprojekt leiten, ist es für Sie wichtig, Widerstand zu erkennen. Denn nur dann können Sie angemessen auf den Widerstand reagieren. In der nachfolgenden Tabelle sind typische Widerstandsymptome (vgl. Doppler und Lauterburg, 2014, S. 357) aufgelistet (Abb. 6.3).

Aktiver verbaler Widerstand ist i. d. R. leicht erkennbar, hingegen ist es schwieriger den passiven Widerstand zu identifizieren. Passiver Widerstand kann z. B. in Form von Unaufmerksamkeit, Fernbleiben vom Arbeitsplatz und erhöhtem Krankstand auftreten. Oder es wird Widerstand geleistet, in dem Neuerungen einfach nicht umgesetzt werden.

Umgang mit Widerstand

Schaffen Sie Transparenz! Erfahrungsgemäß können Sie den Widerstand reduzieren, wenn alle Beteiligten wissen, worum es geht.

Betreiben Sie ein aktives Marketing in eigener Sache, um bei Ihren Mitarbeitern die Zustimmung zu der geplanten Veränderung zu fördern. Überzeugen Sie dabei frühzeitig jene Mitarbeiter, die Einfluss auf andere Kollegen ausüben.

Wenn Sie als Führungskraft in einem Veränderungsprozess Widerstand bei einem Mitarbeiter erkennen, dann ist es unbedingt erforderlich, dass Sie die tatsächlichen Ursachen für seinen Widerstand verstehen. Gibt es einen Zielkonflikt zwischen den Veränderungszielen und den Interessen oder Bedürfnissen des Mitarbeiters? Welche Ängste führen zu seinem Widerstand? Was sollte aus Sicht des Mitarbeiters berücksichtigt oder verhindert werden?

Sie benötigen solche Informationen, um auf die Bedenken des Mitarbeiters einzugehen und zu entkräften. Leisten Sie Überzeugungsarbeit indem Sie die Notwendigkeit sowie den Sinn und den Nutzen der Veränderung aufzeigen. Treffen Sie gemeinsame Absprachen für das weitere Vorgehen und achten Sie darauf, dass diese eingehalten werden.

Wenn Sie feststellen, dass trotz Geduld und Verständnis der Widerstand bestehen bleibt, dann sollten Sie mit eindeutigen Verhaltensregeln und Anweisungen den Mitarbeiter führen. Bleibt der Mitarbeiter weiterhin uneinsichtig, dann sollten Sie ihm die möglichen Konsequenzen seines Verhaltens aufzeigen und ggf. umsetzen. Denken Sie daran, nur solche Drohungen auszusprechen, die Sie auch durchsetzen wollen und können.

6.3   Führung bei Veränderungen

In jedem Unternehmen befinden sich Mitarbeiter, die einen Wandel befürworten und Mitarbeiter, die einen Wandel ablehnen. Von Veränderungen Betroffene verhalten sich unterschiedlich, was jeweils auch ein unterschiedliches Führungsverhalten erfordert.

Dabei wird das Verhalten der Betroffenen beeinflusst durch zu erwartende persönliche Vorteile, wie z. B. eine Beförderung, oder Nachteile, wie z. B. eine Versetzung zu einem anderen Standort des Unternehmens, was ggf. mit einem Umzug verbunden ist.

Eine Analyse der geplanten Veränderung ermöglicht Ihnen, die Bedeutung der Veränderung für die jeweiligen Mitarbeiter einzuschätzen:

Technologische Veränderungen, wie z. B. die Einführung neuer Software oder Maschinen führen i. d. R. dazu, dass der Mitarbeiter lernen muss, mit der technologischen Veränderung umzugehen. Oft führt die Notwendigkeit von Schulungen und Einarbeitungen zu Verunsicherungen und können zu einem Stressfaktor werden.

Methodische Veränderungen, z. B. initiiert durch Prozessoptimierungen, können zu neuen Arbeitsabläufen und Schnittstellen führen. Der Mitarbeiter ist gefordert, sich auf eine neue Arbeitsweise einzustellen und ggf. mit neuen Kollegen zusammenarbeiten. Auch die Änderung von Arbeitsweisen kann bei Mitarbeitern Verunsicherung und Stress auslösen.

Verhaltensänderungen, z. B. um eine Verbesserung der Service- und Kundenorientierung zu erreichen, erfordern, dass der Mitarbeiter die Änderungen akzeptiert und bereit ist, eine neue Handlungsweise einzuüben. Hier müssen Sie u. U. den Mitarbeiter von der Notwendigkeit der Verhaltensänderungen überzeugen und ihn bei der Einübung des neuen Benehmens unterstützen.

Ferner ist das **Ausmaß der Bedrohlichkeit der Veränderung** für den einzelnen Mitarbeiter zu berücksichtigen. Dabei ist zu beachten, dass die Bedrohlichkeit einer Veränderung je nach Mentalität und Fähigkeiten des einzelnen Mitarbeiters subjektiv unterschiedlich eingeschätzt werden kann. Beispielsweise kann ein Seminarbesuch bei einem Mitarbeiter mit einer Schwerhörigkeit einen größeren Stress auslösen als bei einem Mitarbeiter ohne Hörschwäche. Und die Versetzung in ein neues Team verunsichert Mitarbeiter A, hingegen freut sich Mitarbeiter B auf eine interessante Erfahrung.

Als Führungskraft sollten Sie für jeden Ihrer Mitarbeiter die Bedrohlichkeit der Veränderung hinterfragen, um auf die jeweiligen individuellen Reaktionen angemessen reagieren zu können: Werden gewachsene Arbeitsbeziehungen in einem eingespielten Team aufgegeben? Muss der Mitarbeiter mit neuen Kollegen auskommen? Oder wird „nur" eine neue Software mit neuen Prozessabläufen eingeführt?

Und letztlich stellt sich die Frage nach der Kosten-Nutzen-Relation für den jeweiligen Mitarbeiter. Was verliert und was gewinnt er durch die Veränderung?

Um die Bedrohlichkeit einer Veränderung, z. B. einer Restrukturierung, zu relativieren, sollten die betroffenen Mitarbeiter zeitnah und umfassend über die Zielsetzung sowie den Umsetzungsprozess informiert werden. Ansonsten wächst das Risiko, dass die Mitarbeiter zunehmend verunsichert werden und gute Mitarbeiter aus Gründen der Verunsicherung das Unternehmen verlassen.

Generell gilt: Bei allen geplanten Veränderungen sollten Sie Ihre Mitarbeiter frühzeitig und umfassend informieren.

6.3.1 Kompetenzeinschätzung

Bei Veränderungen stellen sich die betroffenen Mitarbeiter auch die Frage, ob sie die veränderungsbedingten neuen Anforderungen erfüllen können. Durch den Vergleich der eigenen Kenntnisse und Fähigkeiten mit den neuen Arbeitsanforderungen werden Gefühle ausgelöst, die sich positiv oder negativ auf das Leistungsverhalten auswirken können.

Wenn Mitarbeiter mit einem Veränderungsvorhaben konfrontiert werden, dann durchläuft ihre subjektive Selbsteinschätzung der persönlichen Kompetenzen folgende 7 Phasen (vgl.: Conner und Clements 1999, S. 41):

In **Phase 1 des Schocks** werden die Betroffenen mit einer Veränderung konfrontiert. Sie erkennen, dass bewährte Arbeits- und Verhaltensweisen abgelöst werden und neue Handlungsmuster mit neuen Anforderungen erforderlich sind. Im Vergleich mit den neuen Anforderungen werden die eigenen Kompetenzen als nur gering eingeschätzt, was zu einem Schock führt. Dieser Schock führt auch dazu, dass die Leistung sinkt.

In **Phase 2 der Verneinung** bestreiten die Betroffenen die Notwendigkeit der Veränderung und halten an dem alten Zustand fest. Durch ihren Glauben daran, dass der alte Zustand bestehen bleibt, steigt auch wieder ihre Selbsteinschätzung bezogen auf ihre Kompetenzen.

In **Phase 3 der Einsicht** verstehen die Betroffenen, dass eine Veränderung notwendig ist. Zudem erkennen sie, dass eine Differenz zwischen den veränderungsbedingten, neuen Anforderungen und ihren Kompetenzen besteht. Das führt zu Verunsicherungen und Frustrationen und entsprechend sinkt ihre Selbsteinschätzung bezogen auf ihre Kompetenzen.

In **Phase 4 der Akzeptanz** besteht die Bereitschaft zur aktiven Veränderung. Jedoch verfügen die Betroffenen noch nicht über die dafür notwendigen Verhaltens- und Arbeitsweisen, was zum Tiefpunkt der eigenen Kompetenzwahrnehmung führt.

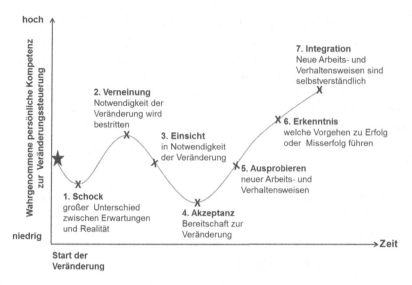

Abb. 6.4 Verlauf eines Veränderungsprozesses nach Conner/Clements

In **Phase 5 des Ausprobierens** werden neue Verhaltens- und Arbeitsweisen erlernt und trainiert. Erste Erfolge führen dazu, dass sich die Wahrnehmung der Kompetenzen verbessert.

In **Phase 6 der Erkenntnis** werden die neuen Verhaltens- und Arbeitsweisen als richtig akzeptiert. Die Betroffenen wissen, wie sie handeln müssen, um erfolgreich zu sein.

In **Phase 7 der Integration** sind die neuen Denk- und Verhaltensweisen vollständig übernommen worden und gelten als selbstverständlich (Abb. 6.4).

Empfehlungen zum Führungsverhalten:
- Verdeutlichen Sie die Dringlichkeit und Notwendigkeit der Veränderung, indem Sie die negativen Konsequenzen verdeutlichen, wenn sich nichts ändert.
- Schaffen Sie durch umfangreiche Informationen eine hohe Transparenz.
- Bieten Sie dialogorientierte Gespräche an, in denen Fragen und Bedenken direkt besprochen und Blockaden abgebaut werden können.
- Binden Sie Betroffene frühzeitig in den Veränderungsprozess ein, z. B. bei Planungs-aufgaben.
- Unterstützen Sie Ihre Mitarbeiter bei der Weiterentwicklung der Kompetenzen durch Fort- und Weiterbildungen.

Seien Sie fehlertolerant und akzeptieren Sie, dass in einem Lernprozess mit Versuch und Irrtum auch Fehler gemacht werden.

6.3.2 Verhaltensmuster

Wenn eine Veränderung für Mitarbeiter vorteilhaft ist, dann werden sie das Veränderungsprojekt auch befürworten und unterstützen. Hingegen werden jene Mitarbeiter, die durch eine Veränderung Nachteile erwarten, sich bei der Umsetzung der Veränderung eher zurückhalten oder Widerstand leisten.

In Abhängigkeit einer positiven oder negativen Bewertung der Veränderung können folgende 4 verhaltensbedingte Rollen unterschieden werden (vgl. Kraus et al. 2010, S. 46 ff.):

- Der Treiber: Er bewertet die Veränderung positiv, treibt die Gestaltung und Steuerung des Veränderungsprozesses voran, versucht andere für die Veränderung zu begeistern und sichert sich seine Vorteile.
- Der bereitwillige Passive: Er bewertet die Veränderung positiv, verhält sich eher abwartend und sichert sich seine Besitzstände.
- Der missmutige Abwartende: Er bewertet die Veränderung negativ, ist nicht entscheidungsbereit, will die Veränderung nicht wahrhaben und verhält sich unauffällig.
- Der Verweigerer: Er bewertet die Veränderung negativ, leistet aktiven sowie passiven Widerstand z. B. durch Unterdrückung und Verfälschung von Informationen und will die alte Ordnung bewahren.

Motivierte Mitarbeiter können aufgrund eines Veränderungsprozesses ihren Status verlieren, z. B. als Teamleiter und die Rolle des missmutig Abwartenden oder Verweigerers einnehmen. Und Mitarbeiter, die durch das Veränderungsprojekt z. B. unerwartete Karrierechancen erhalten, können sich zum Treiber entwickeln. Als Führungskraft sollten Sie solche Entwicklungen berücksichtigen und gemäß der situativen Führung die Qualifikation und das Engagement der Mitarbeiter neu bewerten.

Führung eines Treibers
Da Mitarbeiter mit der Treiber-Rolle die Veränderungen positiv bewerten, sollten sie bei der Umsetzungsplanung und während der Projektarbeit eingebunden werden. Setzen Sie den Treiber z. B. auch als Multiplikator ein, denn seine Begeisterung für das Veränderungsprojekt kann andere Mitarbeiter positiv beeinflussen. Bei einem Treiber ist der Führungsstil partizipativ-delegativ und beziehungsorientiert. Da der Treiber sich auch für seine Eigeninteressen engagiert einsetzt, sollten Sie als Führungskraft die Kontrollfunktion nicht außer Acht lassen.

Führung eines bereitwilligen Passiven
Mitarbeiter, die die Veränderung grundsätzlich positiv sehen und sich dabei eher passiv verhalten, sollten zu aktiven Unterstützung der Veränderung motiviert werden. Als Führungskraft sollten Sie den bereitwilligen Passiven ermutigen, auffordern und ggf.

coachen. Auch bei einem bereitwilligen Passiven ist der Führungsstil einbeziehend und beziehungsorientiert.

Führung eines missmutig Abwartenden

Bei einem Mitarbeiter mit der Rolle des missmutig Abwartenden besteht das Risiko des passiven und verdeckten Widerstandes. Als Führungskraft sollten Sie mit diesem Mitarbeiter intensive Gespräche führen, um einerseits seine Ansichten kennen zu lernen und ihn andererseits von der Sinnhaftigkeit und Notwendigkeit der Veränderung zu überzeugen. Zudem sollten Sie unterbinden, dass der missmutige Mitarbeiter sich über die Veränderung negativ äußert und andere Kollegen negativ beeinflusst. Selbst bei einem missmutig Abwartenden ist der Führungsstil einbeziehend und beziehungsorientiert, eine eher autoritäre Führung ist i. d. R. eher nicht erforderlich.

Führung eines Verweigerers

Zu dem Verhalten eines Verweigerers gehört der passive Widerstand. Als Führungskraft sollten Sie versuchen, den Verweigerer aus seiner Verweigerungshaltung herauszuführen. Wie bei dem missmutig Abwartenden ist es auch hier erforderlich, durch Gespräche Überzeugungsarbeit zu leisten. Bei einem Verweigerer ist der anfängliche Führungsstil einbeziehend und beziehungsorientiert. Wenn erkennbar wird, dass der Mitarbeiter seine Verweigerungshaltung nicht aufgibt, wird der Führungsstil zunehmend aufgabenanweisend und direktiv. Als Führungskraft wechseln Sie von der Strategie Überzeugung zur Strategie Anweisung, das bedeutet für den Mitarbeiter einen Wechsel vom Wollen zum Müssen. Sollte der Mitarbeiter weiterhin seine Verweigerungshaltung aufrechterhalten, dann sollten Sie ihn auf die möglichen Konsequenzen seines Verhaltens hinweisen und ggf. umsetzen.

Erfahrungsgemäß zeigen Menschen generell die Bereitschaft, Entscheidungen mitzutragen, wenn sie am Entscheidungsprozess einbezogen wurden. Diese Bereitschaft bleibt i. d. R. bestehen, selbst wenn die Entscheidung nicht ihrem Votum entspricht. Aus diesem Grunde ist ein partizipativer Führungsstil in Veränderungsprozessen erfolgsrelevant, denn betroffene Mitarbeiter werden über eine einbeziehende Führung zu Beteiligten an Entscheidungen und Entwicklungen.

6.4   Umsetzung

Zum Basiswissen Change Management gehören die Phasenmodelle von Lewin und Kotter, die in diesem Abschnitt vorgestellt werden. Daran folgend wird ein Phasenmodell für einen Transformationsprozess skizzenhaft beschrieben.

6.4.1 Drei-Phasenmodell von Lewin

Damit Veränderungen umgesetzt werden können, ist es erforderlich, die Mitarbeiter zu unterstützen, die einen Wandel fördern. Von dieser Erkenntnis ausgehend entwickelt der Sozialpsychologe Kurt Lewin bereits 1947 das Drei-Phasenmodell der Veränderung, das die Grundlage aller weiteren Change Management-Modelle bildet:

- Phase 1: Unfreezing (Auftauen): Die Betroffenen werden auf eine Veränderung vorbereitet. Dazu ist es erforderlich, dass die Betroffenen über die Veränderung informiert und von ihrer Notwendigkeit überzeugt werden. Ziel ist, dass die Betroffenen eine Bereitschaft zur Veränderung zeigen.
- Phase 2: Changing (Verändern): Die geplante Veränderung wird umgesetzt. Da sich die betroffenen Mitarbeiter und Führungskräfte mit veränderten Arbeitsbedingungen und Verhaltensweisen vertraut machen müssen, kommt es in dieser Phase i. d. R. zu einem Leistungsabfall.
- Phase 3: Freezing (Einfrieren): Die in Phase 2 umgesetzte Veränderung wird stabilisiert. Die Veränderung der Phase 2 entwickelt sich zur neuen Norm. Verhaltens- und Arbeitsweisen, die in Phase 2 erfolgreich waren, werden systematisch angewendet.

Auf die Erkenntnisse von Kurt Lewin bezieht sich fast jedes moderne Phasenmodell der Veränderung.

6.4.2 Acht-Stufen-Prozess von Kotter

Für die Realisierung langfristiger und komplexer Veränderungen, wie z. B. „die Einführung einer Kundenorientierung als neue Verhaltensweise", hat sich das Veränderungskonzept von John Kotter bewährt. Der Harvardprofessor John Kotter untersuchte in den 1990er Jahren Unternehmen, die sich in Veränderungsprozessen befanden. Ausgehend von den Forschungsergebnissen entwickelte er eine Handlungsanleitung[4], wie in 8 Stufen eine Veränderung erfolgreich durchgeführt werden kann (vgl. Kotter 1997, S. 38 ff.):

Stufe 1: Gefühl der Dringlichkeit erzeugen
Auf der ersten Stufe geht es darum, dass die dringende Notwendigkeit einer Veränderung und somit auch ihre Sinnhaftigkeit erkannt werden. Ohne die Vermittlung eines

---

[4]Auch die 8 Stufen der Veränderung nach Kotter lassen sich in das 3-Phasenmodell von Lewin integrieren: Kotters Stufen 1–4 entsprechen der Phase Auftauen, die Stufen 5–7 der Phase Veränderung und Stufe 8 der Phase Einfrieren.

Sinns kann eine Veränderung nicht gelingen. Dies kann Ihnen als Führungskraft und Initiator einer Veränderung gelingen, indem Sie Probleme und potenzielle Krisen sowie positive Chancen erkennen und diskutieren. Eine Dringlichkeit besteht, wenn z. B. eine mangelnde Kundenorientierung oder eine Fokussierung auf wenige Ertragsfelder langfristig die Existenz des Unternehmens gefährden wird.

In dieser Stufe schafft es die Führungskraft, die Veränderungsnotwendigkeit zu formulieren und kommunizieren. Zudem gelingt es ihr, die Personen zu identifizieren, die für den Wandel förderlich sind.

Bei Stufe 1 besteht das Risiko des Führungsfehlers, kein oder ein nur zu geringes Verständnis über die Dringlichkeit und Sinnhaftigkeit der Veränderung zu vermitteln.

Stufe 2: Aufbau einer Führungskoalition
Auf Stufe 2 geht es darum ein Change-Team zusammenzustellen, das über jene Kompetenzen verfügt, die notwendig sind, um die Veränderung umzusetzen.

Aufgabe des Change-Teams ist es, die Veränderung vorantreiben. Damit das Change-Team erfolgreich sein kann, sollten in dem Team Personen mit hierarchischer Macht und fachlicher Kompetenz vertreten sein.

Bei Stufe 2 besteht das Risiko, dass die Bildung eines engagierten Change-Teams misslingt. Dies kann geschehen, wenn das Top-Management in dem Team nicht vertreten ist. Ein „Flagge zeigen" auf der höchsten Managementebene kann dazu beitragen, die großen Trägheitspotenziale eines Unternehmens zu überwinden.

Stufe 3: Vision und Strategie entwickeln
Auf Stufe 3 erarbeitet das Change-Team eine Vision, die richtungsweisend für den ist. Die Vision sollte leicht zu vermitteln und zu verstehen sein und die langfristigen Interessen der Betroffenen berücksichtigen. Zudem sollte sie den Sinn der Veränderung vermitteln (vgl. Jaworski/Zurlino 2009, S. 30 ff.).

Ausgehend von der Vision formuliert das Change-Team Ziele und Strategien, um die Vision umzusetzen. Um den Umsetzungsverlauf und -erfolg messen zu können, werden Erfolgskriterien für die Zielerreichung definiert.

Bei Stufe 3 besteht das Risiko, dass die Vision zu komplex ist und von den Betroffenen nicht verstanden wird. Nach Kotter ist eine Vision erst fähig, eine Schlüsselrolle im Veränderungsprozess einzunehmen, wenn sie in höchstens 5 min beschrieben werden kann und eine Reaktion auslöst, die Verständnis und Interesse zeigt.

Stufe 4: Vision und Strategien des Wandels kommunizieren
Auf Stufe 4 sollte jede Möglichkeit genutzt werden, um die Vision und ihre Strategien zu kommunizieren. Die Vermittlung von Vision und Strategie sollte mit einfachen und verständlichen Formulierungen in Gesprächen mit den Betroffenen erfolgen, sodass ein Dialog entstehen kann.

Veränderungen, wie z. B. die Einführung einer intensiveren Service- und Kundenorientierung erfordern Verhaltensänderungen von den Betroffenen. Eine Bereitschaft zur

Verhaltensänderung kann erreicht werden, wenn die Betroffenen einen Sinn und Nutzen in der Veränderung erkennen. Deshalb sollten insbesondere bei der Vermittlung der Vision und Strategie die Aspekte Sinn und Nutzen berücksichtigt werden.

Zudem ist es für die Veränderung erfolgsrelevant, dass das Verhalten des Top-Managements und anderer relevanter Personen mit den Aussagen von Vision und Strategie übereinstimmen.

Bei Stufe 4 bestehen die Risiken, dass die Vision des Wandels unzureichend kommuniziert wird und dass das Verhalten des Top-Managements mit den Aussagen der Vision nicht übereinstimmt, z. B. wenn Wasser gepredigt und Wein getrunken wird.

Stufe 5: Hindernisse beseitigen

Auf Stufe 5 geht es darum, jene Hindernisse zu beseitigen, die die Vision des Wandels schwächen sowie solche Strukturen zu schaffen, die im Einklang mit der Vision stehen.

Konkrete Strukturen, Prozesse und Verhaltensweisen für eine ausgeprägte Service- und Kundenorientierung werden entwickelt und mit der Methode Projektmanagement gesteuert und umgesetzt.

Bei Stufe 5 besteht das Risiko, dass Mitarbeiter und Führungskräfte den Veränderungsprozess blockieren durch aktiven und/oder passiven Widerstand (vgl. Abschn. 6.2). Zudem kann der Veränderungsprozess behindert werden, wenn organisatorische Rahmenbedingungen nicht im Einklang mit der Vision stehen.

Stufe 6: Kurzfristige Erfolge sichtbar machen

Auf Stufe 6 ist es erforderlich, kurzfristige Erfolge zu realisieren. Denn je tiefgreifender eine Veränderung ist, desto schwieriger und längerfristiger ist ihre Realisierung. Damit ein langfristiger Veränderungsprozess erfolgreich verläuft sind kurzfristige Erfolge notwendig, die zur Erreichung des nächsten Meilensteins motivieren.

Mitarbeiter, die Erfolge ermöglichen, werden mit Anerkennung und Auszeichnung belohnt, denn eine Führung mit anspruchsvollen und präzisen Zielen hat eine motivierende Wirkung.

Bei Stufe 6 besteht das Risiko, dass die Führungskraft keine kurzfristig erreichbaren Ziele formuliert und somit motivationsfördernde Effekte nicht genutzt werden.

Stufe 7: Verbesserungen weiter vorantreiben

Auf Stufe 7 sollten die ersten veränderungsbedingten Verbesserungen erreicht sein.

Für eine erfolgreiche Umsetzung der Veränderung werden die Unternehmensstrukturen weiterhin der Vision angepasst und die Personalentwicklung visionskonform ausgerichtet. Führungskräfte und Mitarbeiter werden z. B. geschult, um mit neuen Strukturen und Arbeitsformen, wie sie z. B. bei virtuellen Teams bestehen, erfolgreich zu sein.

Bei Stufe 7 besteht das Risiko, dass durch ein zu frühes Feiern von Siegen die Dringlichkeit der Veränderung verloren geht und die Motivation sinkt.

Stufe 8: Veränderungen in der Unternehmenskultur verankern

Auf Stufe 8 soll eine Verbesserung der Leistung durch service- und kundenorientiertes Verhalten sowie eine bessere Führungsqualität und ein effizienteres Management erreicht werden.

Dabei sollte der Zusammenhang zwischen den Veränderungen und dem Unternehmenserfolg deutlich gemacht werden. Veränderungen, wie z. B. neue Verhaltensweisen bezogen auf Service- und Kundenorientierung sollten zu sozialen Normen werden und im Unternehmensleitbild dokumentiert werden.

Bei Stufe 8 besteht das Risiko, dass die Veränderung nicht in der Unternehmenskultur verankert und somit nicht selbstverständlich ist.

Generell gilt: Je grundlegender und komplexer angestrebte Veränderungen sind, desto länger und aufwendiger verlaufen die Veränderungsprozesse. Kotter weist darauf hin, dass für eine erfolgreiche Veränderung keine der 8 Stufen übersprungen werden darf, da dann keine befriedigenden Resultate erzielt werden (vgl. Kotter 1997, S. 41 ff.).

6.4.3   Implementierungsstrategie von Lean Construction

Ein traditionelles Bauunternehmen mit einem nachtragsgetriebenen Gewinnstreben, einer geringen Kundenorientierung und mit verschwenderischen Verhaltensweisen erkennt die dringende Notwendigkeit einer Veränderung (Kotter: Stufe 1).

Die Unternehmensführung entscheidet Lean Management einzuführen, angesichts des Mehrwerts von Lean Construction bezogen auf „Kundenzufriedenheit, Stabilisierung Bauprozesse, Reduzierung Verschwendung, Termin-/Planungssicherheit, Transparenz Ist-Zustand, Reduzierung Störungen, stetiger Arbeitsfluss, Qualitätssicherung, Prozesstransparenz, integrale Planungs- & Ausführungsprozesse, Schnittstellen-Optimierung" (Kröger/Fiedler 2018, S. 430).

Die unternehmensweite Einführung von Lean Construction mit seiner Lean Philosophie leitet einen umfassenden Transformationsprozess ein. Angestrebt werden

- eine Erneuerung der Unternehmenskultur mit Werten wie Respekt vor dem Menschen, Kundenfokussierung, Verschwendungseliminierung und Lean Thinking
- eine neuen Führungskultur und Art der Zusammenarbeit bezogen auf die Beschäftigten aller Hierarchiestufen
- eine Überprüfung und Anpassung aller Prozesse in den Bereichen Verwaltung und Bauen
- die Einführung eines kontinuierlichen Verbesserungsprozesses.

Die Einführung von Lean Construction wird durch ein Transformation-Team begleitet. Mitglieder des Teams sind der Geschäftsführer, ausgewählte Führungskräfte und fachliche Experten sowie Vertreter des Betriebsrats (Kotter: Stufe 2). Das Transformation-

Team erarbeitet die Vision, Mission und Strategie für die Implementierung von Lean Construction (Kotter: Stufe 3).

Vision: Unser „Lean Mindset" ist der Kompass unseres Handelns und leitet uns zu 100prozentigem Lean-Standard bei unseren Prozessen und Bauprojekten.

Mission: Wir setzten die Lean-Methoden konsequent um: Lean-Standards werden entwickelt, Lean-Anforderungen erfüllt.

Strategie: Einführung erfolgt stufenweise in Verwaltung und Baubereiche, Seminar- und Trainingskonzepte sind begleitend, Ausbildung von Lean-Entwicklungsstufen.

Roadmap: Die Einführung von Lean Construction umfasst die Phasen:
Initiierung – Schulung – Steuerung – Kontinuierliche Verbesserung

Der Geschäftsführer und sein Management-Team leiten die Einführung von Lean Construction offiziell ein und fördern die Implementierung mit großem Engagement. Die Vision und Strategie werden unternehmensweit und über alle Kanäle kommuniziert (Kotter: Stufe 4), die Einführung ist initialisiert.

In der Schulungsphase werden die Lean-Philosophie, Lean Thinking und Lean-Methoden vermittelt. Trainings und Schulungen für die Beschäftigten aller Organisationseinheiten werden durchgeführt. Stufenweise werden in den Abteilungen der Verwaltung und den Bauprojekten Lean-Methoden eingeführt. Die Einführungen haben einen Pilotcharakter, denn es wird ausprobiert, gelernt und angepasst. Offene Kommunikation fördert die Akzeptanz der Einführung.

Die Ansätze der Schulungsphase werden stufenweise in den Regelbetrieb übernommen. Weitere Schulungen und Coaching begleiten den Prozess. Smarte Kennzahlen werden aufgebaut, Führungskräfte und Mitarbeiter integrieren Lean-Prinzipien in ihren Arbeitsalltag (Kotter: Stufe 5 und 6).

In der Phase der Kontinuierlichen Verbesserung wird Lean Management systematisch in der Organisation verankert (Kotter: Stufe 7 und 8) durch Verhaltensweisen gemäß eines Lean Thinking und einer kontinuierlich Suche nach prozessualen Verbesserungen.

Der Einführung eines umfassenden Lean Managements ist ein mehrjähriger Prozess, da Einstellungen und Verhaltensweisen in vielen Bereichen neu eingeübt werden muss.

Konflikte und Konfliktmanagement   7

Zusammenfassung

Die Situation im Bauwesen ist häufig von Konfrontation und Konflikten geprägt, die zu erheblichen Nachteilen führen können. Unterschiedliche Meinungen wie z. B. zwischen Architekten und der ausführenden Baustelle, entgegengesetzte Interessen wie z. B. zwischen Behördenvertretern und ausführenden Ingenieuren sowie Missverständnisse und Konkurrenz im Team sind gängige Ursachen für Konflikte.

Projekte ohne Konflikte sind Ausnahmen. Konflikte sind meist schädlich, denn sie beeinträchtigen die Arbeitsatmosphäre, verringern die Arbeitsfreude und Motivation und blockieren Kreativität. Da Auseinandersetzungen Zeit kosten, können Konflikte zu einem relevanten Faktor werden, der die Teamarbeit behindert und die Ressourcen Arbeitszeit und Arbeitskraft vergeudet.

Konflikte haben jedoch auch positive Aspekte wie die Thematisierung von Missständen sowie die Findung von Ideen und die Initiierung von Problemlösungen. Generell gilt: Nicht jeder Konflikt ist schädlich, aber schwelende Konflikte sind teuer.

Aufgezeigt wird, wie Sie Konflikte frühzeitig erkennen können, mit welchen Methoden des Konfliktmanagements Konflikte konstruktiv bearbeitet werden und auf welche Weise Konflikten vorgebeugt werden kann.

7.1 Soziale Konflikte

Konflikte sind ein normaler Bestandteil jeglicher Zusammenarbeit. Auseinandersetzungen, Meinungsverschiedenheiten, Ärger, Verletzungen, Angriffe oder vermeintliche Angriffe gehören zum Alltag der Projekt- und Teamarbeit.

Mitarbeiter, mit ihren unterschiedlichen Mentalitäten, Kompetenzen, Vorstellungen und Arbeitsweisen sollten als Team mit einer gemeinsamen Zielrichtung

© Springer Fachmedien Wiesbaden GmbH, ein Teil von Springer Nature 2021
B. Polzin und H. Weigl, *Führung, Kommunikation und Teamentwicklung im Bauwesen*,
https://doi.org/10.1007/978-3-658-31150-6_7

effektiv zusammenarbeiten. Dabei wird die Leistungsfähigkeit des Teams weitgehend davon bestimmt, wie gut die Zusammenarbeit zwischen den einzelnen Mitarbeitern funktioniert.

Zu Ihren Aufgaben als Führungskraft gehört es durch vorausschauendes Handeln Konflikte zu vermeiden bzw. bestehende Konflikte zu lösen, sodass Krisen verhindert und Ziele nicht gefährdet werden.

Als Führungskraft können Sie in Konfliktsituationen geraten,

- indem Sie Konflikte produzieren, wie durch Entscheidungen, die nicht von allen getragen werden, z. B. wenn Sie die Arbeit in Tag- und Nachtschichten anordnen müssen, um Endtermine zu halten,
- wenn Sie als Schlichter zwischen Mitarbeitern vermitteln müssen,
- indem Sie selbst als beteiligte Konfliktpartei einen Konflikt austragen, z. B. bei Uneinigkeit über Vertretungsregeln mit Ihren Kollegen oder bei Auseinandersetzungen mit dem Bauherrn.

Sei es, dass Sie selbst als Betroffener eigene Konflikte austragen oder als Vorgesetzter, die Konflikte Ihrer Mitarbeiter managen müssen, bei der Konfliktbearbeitung sollten Sie stets Ihre eigenen Gefühle, wie starke emotionale Regungen, beherrschen können, um handlungsfähig zu bleiben.

Ein **sozialer Konflikt** [1] ist eine Situation, in der zwei oder mehrere Parteien mit ihren widersprüchlichen Zielsetzungen, Interessen oder Wertvorstellungen aufeinandertreffen und sich ihrer Gegnerschaft bewusst sind.

7.1.1 Konfliktkomponenten

Die charakteristischen Komponenten eines jeden Konflikts sind:

- die Konfliktparteien:
  - zwischen Einzelpersonen
  - innerhalb einer Gruppe
  - zwischen Gruppen.
- ein erkennbares Konfliktverhalten der Konfliktparteien wie z. B. Konkurrenzverhalten, Abwertung, Aggressivität u. Ä.
- die Konfliktursachen, bedingt durch eine Unvereinbarkeit von Zielen, Interessen, Bedürfnissen, Motiven, Werten u. Ä.

---

[1] lat. confligere = kämpfen, zusammenstoßen; der Konfliktbegriff umfasst den innerpsychischen Konflikt mit sich selbst und den sozialen Konflikt zwischen Personen. Bei Konfliktmanagement als Führungsaufgabe steht der soziale Konflikt im Vordergrund.

Abb. 7.1 Das Konfliktkomponenten-Viereck nach Polzin/Weigl

- Einstellung und Annahmen in dem Konflikt., die eine jeweils rechtfertigende Haltung der Konfliktparteien beeinflussen. Die Haltung der Konfliktparteien wird maßgeblich bestimmt durch ihre
  - Beurteilung bezüglich ihrer eigenen Stellung im Konflikt
  - Bewertung der anderen Partei
  - Annahmen zu den Konfliktursachen.

Die 4 Komponenten eines Konfliktes beeinflussen sich gegenseitig. Deshalb ist es für eine erfolgreiche und dauerhafte Konfliktlösung erforderlich, dass alle 4 Konfliktkomponenten bei der Konfliktbearbeitung berücksichtigt werden (Abb. 7.1).

Beispiel

Ein Bauarbeiter soll eine Aufgabe selbstorganisiert durchführen. Da er mit der Selbstorganisation überfordert ist, fühlt er sich als Opfer (Beurteilung der eigenen Stellung im Konflikt) und wirft dem Bauleiter vor, sich ihm gegenüber unfair zu verhalten (Bewertung der anderen Partei). ◄

7.1.2 Konfliktursachen

Für die Erarbeitung einer Konfliktlösung ist es notwendig, die Ursache des Konflikts zu kennen. Ausgehend von den Ursachen gehören zu den klassischen Konflikten:

- Zielkonflikte
- Verteilungskonflikte
- Entscheidungskonflikte
- Machtkonflikte
- Veränderungsbedingte Konflikte
- Kommunikationskonflikte
- Beziehungskonflikte
- Rollenkonflikte.

Zielkonflikte

Zielkonflikte entstehen, wenn die Verfolgung eines Zieles, die Erreichung einer oder mehrerer anderer Ziele ausschließt (vgl. Gablers Wirtschaftslexikon 1988, S. 2869).

Beispiele

Es kann zu einem Zielkonflikt zwischen Ihnen und Ihren Mitarbeitern kommen, wenn es bei Betonierarbeiten an einer Brücke zu Verzögerungen kam und gegen 16:00 Uhr erkennbar ist, dass die Betonierarbeiten noch bis ca. 21:00 Uhr andauern werden.

Ihre Mitarbeiter wollen u. U. pünktlich Feierabend machen, Sie hingegen sind dafür verantwortlich, dass die Arbeiten noch am selben Tag abgeschlossen werden.

Eine andere Art von Zielkonflikt entsteht, wenn mit einem Vorhaben widersprüchliche Ziele angestrebt werden. Ein solcher Zielwiderspruch besteht, wenn z. B. der Bauherr nur bereit ist, die billigsten Materialien zu bezahlen und dabei höchste Qualitätsansprüche stellt oder wenn von den Bauarbeitern überdurchschnittliche Leistung gefordert und dabei nur nach Tarif, ohne Bonus u. Ä. gezahlt wird. ◄

Verteilungskonflikte

Verteilungskonflikte entstehen, wenn 2 oder mehrere Personen um Ressourcen oder Anerkennung miteinander konkurrieren.

Als Projektleiter können Sie zu einem Konfliktbeteiligten in Verteilungskonflikten werden, z. B. wenn es darum geht, in welchem Projekt ein besonders guter Mitarbeitern eingesetzt wird oder welche technische Ausstattung Ihrem Projekt bewilligt wird.

Bei Verteilungskonflikten zwischen Ihren Mitarbeitern haben Sie

- eine Entscheidungsfunktion, z. B. wenn es darum geht, welcher Mitarbeiter welche Position einnimmt
- Schlichtungsfunktion, z. B. wenn 2 Teams darüber streiten, welches von ihnen die Freitagnachmittagsschicht übernimmt.

Entscheidungskonflikte

Entscheidungskonflikte treten auf, wenn es darum geht, sich z. B. für die beste Verfahrensweise oder vorteilhafteste Problemlösung zu entscheiden.

Beispiel

Auf einer Baustelle wurde Beton angeliefert. Der Laborant, der die Qualität der Lieferung überprüfte, bestätigte die richtigen Verarbeitungseigenschaften des Betons. Der Polier war jedoch der Meinung, dass der Beton zu trocken sei und schlug vor, Wasser zuzumischen. Es entwickelte sich ein Entscheidungskonflikt. Der Projektleiter musste entscheiden, ob die Betonrezeptur verändert wird und folgte dem Vorschlag des Poliers. Der Polier war aufgrund der Bestätigung seines Vorschlags sehr zufrieden, was sich positiv auf die Arbeitsmotivation und sein Engagement auswirkte. Nachdem er dem Beton Wasser zugemischt hatte, wurde deutlich, dass dadurch der Beton zu flüssig geworden ist. Da der Polier diesen Fehler zu verantworten hatte, war er motiviert, dieses Problem selbst zu lösen und eine qualitativ gute Leistung zu erbringen. Die Entscheidung für den Vorschlag des Poliers hatte verhindert, dass der Polier eventuell auftretende Betonierschwierigkeiten auf die Entscheidung der Führungskraft zurückführen konnte. ◄

Machtkonflikte

„Macht bedeutet jede Chance, innerhalb einer sozialen Beziehung den eigenen Willen auch gegen Widerstreben durchzusetzen, gleichviel worauf diese Chance beruht." (Max Weber[2]).

Machtkonflikte treten auf, wenn Personen oder Gruppen jeweils ihren Willen durchsetzen wollen oder Vorgesetzte ihre Macht willkürlich ausleben.

---

[2]Max Weber (1864–1920), Jurist, Nationalökonom und Mitbegründer der „Deutschen Gesellschaft für Soziologie".

- Auf einer Baustelle kam es zwischen 2 Führungskräften zu einem Machtkampf um die Projektleitung. Das Konfliktverhalten der beiden führte dazu, dass die Baustelle quasi führungslos wurde. Das Problem wurde durch den Vorgesetzten der beiden Führungskräfte gelöst indem beide von der Baustelle versetzt wurden.
- Bei einem Tunnelbauprojekt war der Projektmanager verantwortlich für den Vortrieb. Wegen großer Probleme beim Vortrieb wurde er täglich mit den Stillständen konfrontiert. Aufgrund seiner Machtposition war es ihm möglich, immer die Logistik für den Stillstand verantwortlich zu machen. Er hatte nicht versucht die Ursache zu finden und entsprechende Lösungen zu entwickeln, sondern seine Macht genutzt, um unschuldig dazustehen und die Schuld einer ihm untergeordneten Einheit zuzuschieben. ◄

Veränderungsbedingte Konflikte
Technologischer Fortschritt, organisatorische und prozessuale Neuausrichtung gehören zum betrieblichen Entwicklungs- und Neuerungsprozess. Folgende Konfliktpotenziale sind für Change- bzw. Entwicklungskonflikte charakteristisch:

- Neues versus Gewohntes:
  Veränderungsbereite Personen, die sich für Erneuerungen einsetzen, geraten in Konflikt mit konservativen Personen, die an alten Verfahrensweisen festhalten und auf Neuerungen mit Unsicherheit und Ablehnung reagieren.

Eine Baufirma entscheidet, ihre EDV von Microsoft auf Linux umzustellen. Mitarbeiter, die mit Microsoft unzufrieden waren, werden die Entscheidung begrüßen. Hingegen werden jene Mitarbeiter, die sich an das Betriebssystem gewöhnt hatten, eine Änderung ablehnen. ◄

- Neues versus Neues:
  Veränderungsbereite Personen können miteinander in Ziel- und Verteilungskonflikte geraten, z. B.

- in Zielkonflikte, wenn es z. B. darum geht, welche Art von Erneuerung eingeführt oder umgesetzt werden soll.
- in Verteilungskonflikte, wenn es z. B. darum geht, wer zuerst Nutznießer der Erneuerung wird.

- Es kommt zu einem Zielkonflikt, wenn z. B. ein neues Ankergerät angeschafft werden soll und die Teammitglieder unterschiedliche Modelle bevorzugen.

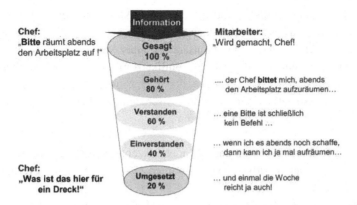

Abb. 7.2 Informationsspirale nach Konrad Lorenz: Beispiel eines Kommunikationskonflikts

- Es kommt zu einem Verteilungskonflikt, wenn von 2 Bauleitern jeder das neue Ankergerät zuerst nutzen will, da das neue Gerät die Leistung erhöht und dadurch den eigenen Erfolg fördert. ◄

Kommunikationskonflikte

Konflikte, die auf Kommunikationsstörungen wie Missverständnisse basieren, können i. d. R. durch Irrtumsaufklärung behoben werden. Kommunikationsprobleme entstehen, wenn Sachinformationen nur unvollständig wahrgenommen oder wenn Sachinformationen vom Sender und Empfänger unterschiedlich interpretiert werden (Abb. 7.2).

Beziehungskonflikte

Beziehungskonflikte zwischen Personen entstehen, wenn z. B.

- die Chemie nicht stimmt und Antipathie zu einer belastenden Arbeitssituation führt.
- Ungeschicklichkeiten, Pannen u. Ä. zu zwischenmenschlichen Problemen führen.
- Erwartungen nicht erfüllt werden. Eine engagierte Führungskraft erwartet auch von seinen Mitarbeitern, Eigeninitiative und eine hohe Arbeitsmotivation. Zu Mitarbeitern, die diese Erwartung nicht erfüllen, z. B. weil sie nur Dienst nach Vorschrift leisten, wird sich auf Dauer ein Beziehungskonflikt herausbilden.

Rollenkonflikte

Rollenkonflikte können intrapersonell oder interpersonell sein.

Intrapersonelle Rollenkonflikte sind innere Konflikte, von denen besonders auch Führungskräfte im Bauwesen betroffen sind. Sie entstehen z. B. wenn überdurchschnittlich hohe Arbeitszeiten oder Auslandseinsätze zu einer Vernachlässigung des Familienlebens führen. Es kommt zu dem Rollenkonflikt Karriere bzw. Geldverdienen versus Familienleben.

Interpersonelle (soziale) Konflikte sind zwischenmenschliche Konflikte zwischen 2 oder mehreren Personen, sie treten auf, wenn z. B.

- eine Person in ihrer Rolle von anderen nicht akzeptiert wird, z. B. wenn ein Berufsanfänger oder neuer Mitarbeiter von den alten Hasen nicht als vollwertiger Kollege behandelt wird.
- eine Person ihre Rolle nicht angemessen ausfüllt, z. B. wenn Führungskräfte sich auf die Sachaufgaben konzentrieren und die Aufgabe der Mitarbeiterführung vernachlässigen.

Generell sollten Sie bei der Erarbeitung einer Konfliktlösung immer die Ursachen des Konflikts einbeziehen. Ansonsten besteht das Risiko, dass die Kontrahenten offiziell einer rationalen Lösung zustimmen, diese jedoch emotional ablehnen. In einem solchen Fall können Sie davon ausgehen, dass die Konfliktlösung nicht dauerhaft ist und der Konflikt erneut aufbrechen wird.

7.1.3 Konfliktverhalten

Erfahrungsgemäß sind Konflikte unvermeidlich – aber nicht jedes Problem muss zu einem Konflikt führen. Wenn Sie als Führungskraft Konfliktpotenziale oder Konflikte frühzeitig erkennen, können Sie vorbeugende Gegenmaßnahmen ergreifen und das Konfliktrisiko minimieren und ggf. eine Konflikteskalation verhindern.

Dabei ist zu berücksichtigen, dass Konflikte immer eine Sachebene und eine persönliche, emotionale Ebene beinhalten (Abb. 7.3).

Zudem ist zu bedenken, dass jeder Mensch ein individuelles Konfliktverhalten hat, das durch seine unbewussten und bewussten Einstellungen beeinflusst wird.

Einstellungen werden geprägt durch Lebens- und Arbeitserfahrungen, durch eigene Werte, Prinzipien und Überzeugungen.

Je nach Einstellung der Konfliktparteien sind folgende Verhaltensweisen im Konfliktfall typisch:

Gewinn – Verlust: Ich gewinne – und du verlierst
Das Verhalten Gewinn-Verlust entspricht einem autoritären Verhaltensstil.

Gewinn-Verlust-Menschen setzen ihre Position, Macht, Verbindungen, Besitztümer oder Persönlichkeit ein, um zu bekommen, wassie wollen – ohne Rücksicht auf ihre Gegenspieler (Abb. 7.4).

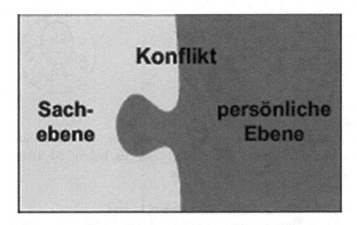

Abb. 7.3 Sachliche und persönliche Konfliktebenen

Abb. 7.4 Konfliktverhalten
Gewinn – Verlust

Konsequenz
Eine Konfliktlösung, die auf Verlust und Niederlage des Gegners basiert, führt i. d. R. bei der unterlegenen Konfliktpartei zu Frustrationen. Es besteht ein hohes Risiko, dass der Konflikt erneut offen ausbricht oder sich ein kalter Konflikt entwickelt.

Verlust – Gewinn: Ich tue alles, um Frieden zu haben
Für Menschen mit der Verhaltensweise Verlust-Gewinn ist es wichtiger akzeptiert und beliebt zu sein, als ihre eigenen Ziele, Erwartungen und Visionen zu verfolgen. Durch ihr Streben nach Akzeptanz und Harmonie sind Verlust-Gewinn-Menschen leicht zu manipulieren und zu steuern (Abb. 7.5).

Abb. 7.5 Konfliktverhalten
Verlust – Gewinn

Abb. 7.6 Konfliktverhalten
Gewinn: Hauptsache ich
gewinne – alles andere ist egal

Konsequenz

Der ständige Verlust führt auch bei Verlust-Gewinn-Menschen auf Dauer zu Frustrationen und oft zu heimlichem Widerstand. Es besteht die Gefahr, dass der Konfliktverlierer einen kalten Konflikt beginnt.

Gewinn: Hauptsache ich gewinne – alles andere ist egal

Menschen mit der Verhaltensweise Gewinn streben einfach nur nach Gewinn. Es ist ihnen egal ob andere Menschen dabei verlieren – wichtig ist für sie nur, dass sie bekommen was sie wollen.

Ein Mensch mit Gewinn-Mentalität denkt nur daran, seine eigenen Ergebnisse zu sichern – und überlässt es den anderen, sich selbst um ihre Resultate zu kümmern (Abb. 7.6).

Konsequenz

Mitarbeiter, die mit der Verhaltensweise Gewinn ihre Konflikte lösen, werden i. d. R. im Laufe der Zeit vom Team ausgegrenzt und die Zusammenarbeit mit dem Gewinner wird offen oder heimlich verweigert.

Verlust – Verlust: Wir kämpfen bis zum bitteren Ende

Der Konflikt zwischen 2 Menschen mit der Einstellung: „Ich kämpfe solange, bis ich gewonnen habe", führt zu Verlust auf beiden Seiten.

Verlust-Verlust-Menschen übernehmen nicht die Verantwortung für die Konsequenzen ihres Handelns – sondern machen für ihren Verlust ihren Kontrahenten verantwortlich – und wollen Rache (Abb. 7.7).

Konsequenz

Der Wunsch nach Rache führt wiederum zu neuen Eskalationen bis hin zu einem Streit, in dem es nicht mehr um die Sache geht, sondern um die Vernichtung des Gegners.

Abb. 7.7 Konfliktverhalten
Verlust – Verlust

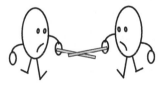

Abb. 7.8 Gewinnverhalten
Gewinn – Gewinn

Gewinn – Gewinn: Ich gewinne – und du gewinnst

Win-win-Menschen streben Lösungen an, die für alle Beteiligten zu Gewinn führen. Konfliktlösungen werden nach dem Konsensprinzip von den Beteiligten erarbeitet und gemeinsam getragen. Sie zeigen sich konfliktfähig, können Grenzen setzen und verhalten sich fair sowie ehrlich sich selbst und anderen gegenüber (Abb. 7.8).

Konsequenz

Das Verhalten der Gewinn-Gewinn-Menschen ist die Basis für eine erfolgreiche Zusammenarbeit.

> Eine Win-win-Einstellung ermöglicht eine konstruktive Konfliktbewältigung und unterstützt die Erarbeitung dauerhafter Konfliktlösungen. Jedoch bildet diese Einstellung in Konfliktsituationen eher die Ausnahme.

Im Verlauf eines Konflikts und mit steigender Eskalation verliert i. d. R. die Sachebene an Bedeutung und die emotionale Ebene gewinnt an Gewicht. Entsprechend ist das Auftreten von Konflikten auch an den mehr oder weniger deutlichen emotionalen Signalen erkennbar. Die im Konflikt aufkommenden Gefühle wie Angst, Ärger, Wut, Hass, Neid, Eifersucht, Machtlosigkeit, Unterlegenheit, Resignation, Frustration u. Ä. können zu offenen, konfrontativen sowie verdeckten Aktionen führen.

> Zu den **offenen Handlungen** zählen z. B. Aggression, Ironie, Kränkung, Rechthaberei, Besserwisserei, Gewalt, Herabsetzung, Unterdrückung und Missachtung. **Verdeckte Handlungen** sind z. B. Trödeln, Vergessen, Verweigern, Nicht-Können, Erpressung, Flucht in Krankheit, Denunziation, Verleumdung oder auflaufen lassen.

Die Eskalation eines Konflikts führt bei den Konfliktbeteiligten i. d. R. zu einem mehr oder weniger großen Realitätsverlust. Kennzeichnend dafür sind:

- Das Sachproblem tritt in den Hintergrund, wodurch es nicht gelöst werden kann.
- Es werden Nebenkriegsschauplätze eingerichtet.

- Verletzte Gefühle werden in den Vordergrund gestellt und bestimmen das Handeln.
- Unsachliche Argumente werden benutzt.
- Die Beteiligten hören sich nicht zu und ziehen deshalb unzutreffende Schluss-folgerungen.
- Die Beteiligten üben sofort Kritik an den Ausführungen der anderen.
- Die Beteiligten wollen einander nicht akzeptieren.
- Es sind immer die anderen schuldig.
- Die Beteiligten versuchen mit den Waffen Machtkampf, Rache oder Intrige zu siegen.
- Es wird im anderen nur noch Negatives wahrgenommen.
- Die Unterlegenen lassen u. U. ihre Wut an Schwächeren aus.
- Die früher als positiv wahrgenommenen Eigenschaften des anderen werden nun negativ interpretiert.

Zu dem typischen Konfliktverhalten gehört auch, dass sich die Kontrahenten auf die Fehler der Gegenpartei konzentrieren und ihr eigenes Fehlverhalten nicht erkennen. Zudem rechtfertigen sie ihre Kampfstrategie als Abwehr gegen vermeintliche Angriffe.

An den Verhaltensweisen der Konfliktparteien können Sie erkennen, in welcher Erscheinungsform der Konflikt stattfindet. Jede Konfliktsituation erfordert spezifische, problemangepasste Vorgehensweisen, um den Konflikt erfolgreich zu bearbeiten.

7.1.4 Konfliktformen

Typische Konfliktformen sind schwelende und offene Konflikte.

Schwelende (latente) Konflikte
Wenn ein Konflikt vorhanden ist , aber nicht offen ausgetragen wird, dann schwelt ein Konflikt. Schwelende Konflikte werden auch als latente Konflikte bezeichnet. Signale für schwelende/latente Konflikte sind z. B.

- ein ungeduldiger Umgang miteinander
- die Tendenz, sich gegenseitig ins Wort zu fallen
- das Beharren auf dem jeweils eigenen Standpunkt
- eine mangelnde Kompromissbereitschaft
- eine spürbare Aggressivität untereinander
- ironische oder abfällige Bemerkungen übereinander
- Klagen darüber, dass der andere sie nicht versteht
- die Suche nach Verbündeten.

Ein schwelender/latenter Konflikt ist eher unsichtbar und wird mit subtilen Mitteln geführt wie Sabotage, Blockade und Verzögerung. Das Verhalten der Konfliktbeteiligten ist destruktiv und darauf ausgerichtet, der anderen Partei eher zu schaden als zu überzeugen. Häufig resultieren kalte Konflikte aus ungelösten Konflikten, bei denen es zu keiner befriedigenden Lösung gekommen ist.

Offene (manifestierte) Konflikte

Die Konfliktpartner und die Konfliktursache sind klar erkennbar. Kennzeichnend für einen manifestierten Konflikt sind

- gestörte Kommunikation
  Die Kommunikation ist nicht mehr offen und aufrichtig. Die Konfliktpartner beginnen zunehmend Informationen zurückzuhalten oder leiten bewusst Fehlinformationen weiter. Anstelle von offenen Diskussionen treten zunehmend Drohungen und Druck.
- negative Wahrnehmung
  Die Konfliktpartner nehmen das Trennende deutlicher wahr als das Gemeinsame. Gesten sowie Äußerungen des Anderen werden als feindlich interpretiert und bösartige Absichten unterstellt.
- misstrauische Einstellung
  Die Streitenden entwickeln eine zunehmend misstrauische Einstellung und es entwickelt sich eine verdeckte oder offene Feindschaft. Mit zunehmender Dauer des Konflikts steigt die Bereitschaft, den anderen auszunutzen oder bloßzustellen.
- Ablehnung der Zusammenarbeit
  Die Arbeit wird nicht mehr als gemeinsame Aufgabe gesehen. Anstatt einer zweckorientierten Arbeitsteilung versucht jeder alles allein zu machen.

Konflikte, die offen ausgetragen werden, werden auch als **heiße Konflikte** bezeichnet. Kennzeichnend für heiße Konflikte ist, dass die beteiligten Parteien ihren jeweiligen Standpunkt engagiert und direkt vertreten. Ohne subtilen Kampf soll die andere Partei vom jeweils eigenen Standpunkt überzeugt werden bzw. der präferierten Lösung folgen.

Die konfliktbedingten Verhaltensweisen führen zu einer qualitativen und quantitativen Leistungsminderung.

Je nach Form des Konflikts sind unterschiedliche Vorgehensweisen notwendig. Berücksichtigen Sie, dass Sie Konfliktsignale nur dann relativ sicher erkennen können, wenn Sie die betreffenden Mitarbeiter gut genug kennen, um ihr Verhalten richtig einschätzen zu können.

Nicht jedes Problem ist ein Konflikt oder muss zu einem Konflikt führen. Wenn Ihre Mitarbeiter eine Aufgabe bearbeiten und dabei strittige Fragen konstruktiv lösen, dann ist das Problem kein Konflikt.

Falls Sie erkennen, dass bei einem Problem die Beteiligten anfangen sich im Kreis zu drehen, die Standpunkte sich verhärten und ein Konflikt entsteht, den die Beteiligten aus eigener Kraft nicht mehr bewältigt können, dann ist das ein deutliches Signal für Sie einzugreifen.

7.2   Konfliktmanagement

Generell gilt, dass es für Konflikte kein Patentrezept geben kann, da die jeweiligen Konfliktkonstellationen individuelle Problemlösungen erfordern. Bewährt hat sich bei der Erarbeitung spezifischer Konfliktlösungen das systematische Vorgehen mit der Methode Konfliktmanagement.

Konfliktmanagement ist die geplante und zielorientierte Vorgehensweise, um

- Konflikte zu vermeiden oder frühzeitig zu erkennen,
- emotionalisierte Konflikte wieder auf die Sachebene zurückführen,
- eine Ausweitung sowie Eskalation von Konflikten zu verhindern,
- Konflikte zu lösen,
- eine zukünftige reibungslose Zusammenarbeit im Team zu fördern.

Konfliktmanagement beeinflusst in positiver Weise die Teamleistung. Kennzeichnend für eine konfliktfreie Zusammenarbeit ist eine funktionierende Kommunikation mit Absprachen auf dem kleinen Dienstweg, die Bereitschaft für den anderen einzuspringen, eine Arbeitsfreude sowie die Motivation, hohe Leistungen zu erbringen (Abb. 7.9).

7.2.1   Konfliktstrategien

Vom Austausch der Argumente bis hin zum Kampf gibt es unterschiedliche Möglichkeiten, um einen Konflikt zu beenden. Als Führungskraft sollten Sie die verschiedenen Vorgehensweisen der Konfliktbehandlung kennen und anwenden können.

Im Umgang mit Konflikten werden folgende Konfliktstrategien unterschieden:

- Konfliktlösung
- Konfliktakzeptanz
- Konfliktunterdrückung.

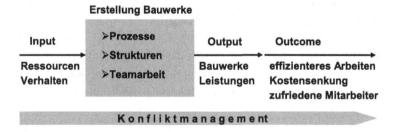

Abb. 7.9 Teamarbeit und Konfliktmanagement

Generell ist eine Strategie der Weg zum Ziel. Im Rahmen der Strategie ist die Taktik eine kurzfristige und situationsbezogene Verhaltensweise, um Ziele zu erreichen.

7.2.1.1 Strategie Konfliktlösung

Kennzeichnend für die Strategie Konfliktlösung sind

- die Anerkennung von Konflikten: Der Konflikt wird zur Kenntnis genommen und bearbeitet, um zu einer Konfliktlösung zu gelangen.
- die Harmonisierung der Zusammenarbeit: Die Konfliktlösung wird von den Konfliktparteien akzeptiert und sollte keine Folgekonflikte nach sich ziehen, sodass eine konstruktive Arbeitsatmosphäre sich wieder entwickeln kann.

Taktiken der Strategie Konfliktlösung
Taktik Kooperation: Das Harvard-Konzept und Win-win-Strategie
Zu den bewährten Konzepten des Konfliktmanagements gehört das Harvard-Konzept. Es wurde entwickelt im Rahmen des Forschungsprojektes „Harvard Negotiation Project"[3] an der Harvard-Universität. Das Harvard-Konzept ist eine ergebnis- und sachorientierte Methode des Verhandelns unter Einbezug der Win-win-Strategie.

Die Win-win-Strategie, auch bekannt als Gewinn-Gewinn-Strategie oder Doppelsieg-Strategie, zielt darauf ab, eine dauerhafte Lösung zu finden, die von allen Beteiligten getragen und akzeptiert wird. Im Rahmen der Konfliktbearbeitung wird ein Ergebnis erarbeitet, das objektiv für alle Konfliktparteien ein Gewinn ist und auch emotional als Gewinn erlebt wird. Eine Win-win-Lösung basiert auf dem Konsens bzw. einer Kooperation der Konfliktbeteiligten. Die psychologische Wirkung einer Win-win-Lösung ist i. d. R. entlastend und befriedigend für die Konfliktparteien, da der Konflikt mit einer dauerhaften Lösung beendet wird, die alle zufrieden stellt.

Ein weiterer wesentlicher Aspekt des Harvard-Konzepts ist, dass das angestrebte Ergebnis wichtiger ist als die persönlichen Befindlichkeiten der Kontrahenten. Erreicht werden soll ein Verhandlungsergebnis mit einem größtmöglichen Nutzen für beide Verhandlungsseiten, sodass die sachliche Einigung nicht die persönliche Beziehung schädigt.

Die Forschungsergebnisse des Harvard Negotiation Project ergaben, dass Konflikte vor allem dann dauerhaft gelöst wurden, wenn die beteiligten Konfliktparteien ein hohes Maß an Eigenverantwortlichkeit für den Konflikt übernahmen sowie eine echte Bereitschaft zur gegenseitigen Wertschätzung entwickelten.

Die Handlungsempfehlungen des Harvard-Konzepts lauten (vgl. Fisher et al. 1996, S. 39 ff.)

---

[3]Im Rahmen des Forschungsprojektes „Harvard Negotiation Project", gegründet 1979, wurden Tausende von Konfliktfällen untersucht, mit dem Ziel, verbesserte Methoden der Konfliktlösung zu entwickeln.

- Trennung von Menschen und Sachfragen: Setzen Sie sich mit dem Problem auseinander und nicht mit den Menschen.
- Konzentration auf Interessen der Beteiligten: Verhandlungsmittelpunkt sind die Interessen (Ziele) und nicht die Positionen (Einstellungen, Forderungen, Meinungen, Vorschläge u. Ä.).
- Entwicklung von Entscheidungsalternativen: Die Kontrahenten erarbeiten gemeinsam sachgerechte Kriterien für die Problemlösung.
- Einbezug objektiver Beurteilungskriterien: Die Kontrahenten akzeptieren objektive Beurteilungskriterien.

Wesentlicher Aspekt des Harvard-Konzepts ist die sachorientierte Verhandlung, bei der faule Verhandlungstricks sofort angesprochen werden, um sie abzustellen sowie die Vermeidung von Verhandlungsdruck, um zu einer Einigung zu gelangen.

Vorteile

- Es besteht ein gegenseitiger Informations- und Wissensaustausch.
- Die Zusammenarbeit wird gefördert.
- Die Konfliktlösung ist i. d. R. dauerhaft.

Nachteile

- Auf gewisse Freiheiten muss verzichtet werden.
- Die Koordination ist mitunter zeitaufwendig.

Taktik Trennung
Mitunter können Konflikte nur durch Trennung der Kontrahenten gelöst werden, z. B. durch Versetzung in ein anderes Team, Projekt u. Ä. oder durch Kündigung.

Vorteil

- Der Konflikt ist dauerhaft beendet.

Nachteil

- Unter Umständen verlieren Sie fachlich kompetente Mitarbeiter.
  Eine Trennung oder eine geregelte Koexistenz können mitunter die einzigen Möglichkeiten sein, um langfristige Auseinandersetzungen zu beenden.

Taktik rechtliche Klärung
Die rechtliche Klärung kann vor einem Zivilgericht oder einem Schiedsgericht erfolgen. Häufig ist es bei Baustreitigkeiten zweckmäßig, den Konflikt vor einem Schiedsgericht

auszutragen, da dieses neben den rechtlichen vor allem auch technische Aspekte fachgerecht bewerten kann.

Vorteil

- Die Konfliktlösung ist bzw. sollte rechtlich abgesichert sein.

Nachteil

- Es kann zu einer Gewinner-Verlierer-Situation kommen.

Taktik offener Kampf
Typisch für den offenen Kampf ist ein deutliches Konfrontationsverhalten mit dem Ziel, die Auseinandersetzung zu gewinnen. Die Vorgehensweise i m offenen Kampf kann fair oder unfair sein. Der Konflikt endet mit Sieg bzw. Aufgabe oder Flucht des Gegners.

Vorteil

- Mittels eines Sieges kann die eigene Machtposition ausgebaut werden.
- Die Demonstration der eigenen Macht kann eine abschreckende Wirkung auf andere Konkurrenten haben.

Nachteil

- Der Sieg ist oft keine dauerhafte Konfliktlösung, da er i. d. R. Folgekonflikte initiiert.

Taktik verdeckter Kampf
Zu den Mitteln des verdeckten Kampfs gehören z. B. der Boykott, die Sabotage oder die Intrige. Diese Taktik wird eingesetzt, wenn der Gegner überlegen ist oder man im offenen Kampf keine Chance hätte. Der verdeckte Kampf ist eine unfaire Vorgehensweise.

Vorteil

- Mittels des verdeckten Kampfs kann man auch gegen stärkere Gegner gewinnen.

Nachteile

- Wenn der verdeckte Kampf ans Licht kommt, besteht das Risiko, dass der verdeckt Kämpfende als feige und hinterhältig eingeschätzt wird. Er wird u. U. seinen guten Ruf verlieren sowie das Vertrauen seiner Umwelt, z. B. bei Kollegen, Mitarbeitern und Vorgesetzten.
- Siege, die auf Boykott, Sabotage oder Intrige basieren, können wieder aberkannt werden.

Die beste Konfliktlösung ist eine dauerhafte. Das erreichen Sie am ehesten mit einer Lösung, die auf dem Konsensprinzip beruht und mit der alle Konfliktparteien zufrieden sind.

7.2.1.2 Strategie Konfliktakzeptanz

Konflikte sind nicht immer lösbar, dieser Umstand wird mit der Konfliktstrategie Akzeptanz berücksichtigt. Charakteristisch für Konfliktakzeptanz ist

- die allgemeine Akzeptanz im Team, dass Konflikte zum Arbeitsleben bzw. zur Teamarbeit gehören.
- die Anerkennung von Konflikten: Auftretende Konflikt werden wahrgenommen und die Konfliktparteien akzeptieren, dass keine Konfliktlösung gefunden wurde.
- die gegenseitige Akzeptanz der Kontrahenten: Die Konfliktparteien erkennen sich gegenseitig an und versuchen sich miteinander zu arrangieren. Beispielsweise kann zu Beginn eines Jahres die Führungskraft mit den Schichtleitern aushandeln, wann welche Schicht Dienst hat. Somit kann durch eine frühzeitige Klärung eine gerechte Verteilung der Schichtdienste auf besondere Feiertage erreicht werden, wie z. B. Weihnachten, Ostern, Pfingsten oder auch zum Endspiel der Fußballweltmeisterschaft.

Bei der Konfliktstrategie Akzeptanz besteht ein hohes Risiko, dass in Stresssituationen Konflikte wieder offen aufbrechen und eskalieren können.

Taktiken der Strategie Konfliktakzeptanz
Taktik Koexistenz

Mit der Vorgehensweise Koexistenz werden die unterschiedlichen Konfliktlösungen der Kontrahenten zugelassen. Diese Taktik kann angewendet werden, wenn beide Konfliktparteien zu einem fairen Umgang miteinander bereit sind. Als Führungskraft sollten Sie mit den Konfliktparteien Regelungen vereinbaren, die eine möglichst reibungslose Zusammenarbeit gewährleisten. Bei den Kontrahenten muss die Bereitschaft bestehen, die Regeln einzuhalten.

Beispielsweise können bei der Auseinandersetzung um die beste Betonrezeptur die unterschiedlichen Rezepturen ausprobiert werden, um die brauchbarste zu ermitteln.

Vorteile

- Es gibt keine Sieger und Verlierer, denn jede Partei kann ihren Lösungsvorschlag umsetzen.
- Durch die Anwendung der unterschiedlichen Lösungen kann die beste Lösung ermittelt werden.

Nachteile

- Das Testen unterschiedlicher Lösungen führt zu zeitlichen Verzögerungen der endgültigen Entscheidung.
- Der Konflikt kann wieder aufbrechen, z. B. in Stress- oder Konkurrenzsituationen.

Taktik Kompromiss

Die Taktik Kompromiss kann eingesetzt werden, wenn keine der beiden Seiten die Chance hat, ihre eigenen Ziele vollständig durchzusetzen oder wenn die Einsicht besteht, dass das vollständige Durchsetzen der Interessen einer Seite zu keiner dauerhaften Lösung führt.

Im Gegensatz zur Win-win-Strategie verliert im Kompromissfall jeder Konfliktbeteiligte einen Teil seiner als berechtigt empfundenen Ansprüche. Schrittweise gehen die Konfliktpartner aufeinander zu und verlangen für jedes Zugeständnisse sofort eine Gegenleistung bis zur Einigung auf einen gemeinsamen Nenner. Die Aufgabe eigener Ansprüche wird als Verlust empfunden. Das führt dazu, dass Kompromisslösungen in der weiteren Entwicklung oft wenig verlässlich sind und zu Folgekonflikten, verdeckten Gegenangriffen sowie zu Einbrüchen in der Arbeitsmotivation der Beteiligten führen können.

Vorteile

- Es gibt keine Sieger und Verlierer, denn jede Partei konnte Teilinteressen durchsetzen.
- Der ausgehandelte Kompromiss ist u. U. sehr pragmatisch und kann eine dauerhafte Lösung sein.

Nachteil

- Es besteht das Risiko, dass lediglich eine Einigung auf den kleinsten gemeinsamen Nenner erzielt werden kann. In solchen Fällen besteht ein hohes Risiko, dass die Lösung nicht dauerhaft ist und Folgekonflikte entstehen.

7.2.1.3 Strategie Konfliktunterdrückung

Charakteristisch für eine konfliktunterdrückende Vorgehensweise sind:

- Leugnen von Konflikten: Die Existenz von Konflikten wird ignoriert, z. B. wenn Führungskräfte konfliktscheu sind oder Konflikte tatsächlich nicht wahrnehmen, weil sie keine Antenne für die Probleme ihrer Umwelt haben.
- Hervorhebung und Behauptung eines harmonischen Miteinanders: Beispielsweise initiieren Führungskräfte Teamtreffen zur gemeinsamen Freizeitgestaltung und interpretieren diese als Beweis für eine harmonische Arbeitsatmosphäre.
- Konflikte werden als Störfaktor behandelt und möglichst ausgeschaltet: Personen, die auf Konflikte aufmerksam machen, werden z. B. diffamiert oder als unglaubwürdig dargestellt.

Taktiken der Strategie Konfliktunterdrückung
Taktik Problemvertagung

Diese Taktik können Sie anwenden, wenn absehbar ist, dass sich ein Problem im Laufe der Zeit von alleine lösen wird oder wenn Sie selbst noch Zeit brauchen, um sich auf eine Auseinandersetzung vorzubereiten.

Vorteile

- Eine belastende oder unangenehme Konfliktaustragung entfällt.
- Zeit für die Entwicklung eigener Strategien kann gewonnen werden.

Nachteile

- Der Konflikt kann eskalieren und Schaden anrichten, weil zu spät eingegriffen wurde.
- Die Vertagung kann als konfliktscheues Verhalten interpretiert werden.

Taktik Harmonisierung

Mit der Taktik Harmonisierung sollen i. d. R. Wogen geglättet werden. Ziel dieser Vorgehensweise ist es, die Beziehungen zwischen den Konfliktparteien zu verbessern. Dazu werden Gemeinsamkeiten besonders betont und trennende Unterschiede heruntergespielt.

Vorteil

- Die Harmonisierung fördert eine positive Gesprächsatmosphäre und somit die Verhandlungsbereitschaft der Kontrahenten.

Nachteil

- Harmonisierung kann u. U. von den Konfliktparteien missverständlich als Nachgeben verstanden werden.

Konflikte lassen sich auf Dauer nicht unterdrücken, wenn die Probleme weiterhin bestehen. Es bleibt das Risiko, dass der Konflikt sich explosionsartig entlädt.

Beispiel

Bei einer Baufirma wurde systematisch die Ersatzteilhaltung abgebaut. Das führte auf einer Baustelle zu erheblichen Geräteausfällen, denn die Beschaffung der Ersatzteile per Bestellung beim Hersteller dauerte erheblich länger als die bislang übliche Bestückung durch das Firmenmagazin. Als im Rahmen einer Betriebsversammlung den Mitarbeitern mitgeteilt wurde, dass aus Kostengründen zukünftig alle Ersatzteile für Spezialwerkzeuge nur noch beim Hersteller bestellt werden sollten und im Magazin nur noch einfache Werkzeuge wie Schaufeln u. Ä. vorgehalten werden, explodierte ein erfahrener und engagierter Polier: Er teilte seinem Management lautstark mit, dass er eine rasche Ersatzversorgung für seine Spezialwerkzeuge braucht, um Geräteausfallzeiten zu minimieren und Stillstände auf Baustellen zu verhindern. Wenn auf eine Vorhaltung hochwertiger Ersatzteile verzichtet werde, dann könnte das Management auch die Kosten für das primitive Magazin einsparen – denn wenn er zukünftig eine Schaufel braucht, werde er ein altes Ölfass platt schlagen und mit einer Holzlatte zu einer Schaufel zusammenbauen. ◄

7.2.2 Operatives Konfliktmanagement

> Operatives Konfliktmanagement hat die Funktion, Konflikte zu vermeiden, sowie existierende Konflikte zu bearbeiten und zu lösen.

Die Konfliktvermeidung erfordert, dass Konfliktpotenziale erkannt und vorbeugend Gegenmaßnahmen durchgeführt werden.

Vorbeugende Maßnahmen zur Konfliktvermeidung haben sich bewährt bei

- bekannten Verteilungskonflikten: Vereinbaren Sie z. B. frühzeitig mit den Polieren, welche Ressourcen (Geräte, technische Unterstützung etc.), welchem Team, wann zur Verfügung stehen, um einen häufig auftretenden Konflikt zu vermeiden.
- zu erwartenden Machtkonflikten: Legen Sie zu Beginn einer Zusammenarbeit die Regeln fest und klären frühzeitig Kompetenzen und Positionen.
- offensichtlichen Beziehungsproblemen: Trennen Sie frühzeitig die sich streitenden Personen, z. B. zeitlich durch gegenläufige Schichten, räumlich durch unterschiedliche Baustellen oder durch die Zuordnung jeweils eigener Aufgabenbereiche.

Konfliktmanagement zur akuten Konfliktbearbeitung umfasst die Phasen

- Analyse der Konfliktsituation,
- Konfliktbearbeitung,
- Harmonisierung und Stabilisierung der Teamarbeit.

7.2.2.1 Konfliktanalyse

Wenn Sie feststellen, dass sich ein Mitarbeiter verändert hat, z. B. seine Ausdrucks- und Umgangsart passiver, zynischer oder aggressiver geworden ist oder der Umgang im Team weniger kollegial ist oder die Teamleistung abfällt, dann sind dies Hinweise auf einen Konflikt.

Wenn Sie in einen Konflikt eingreifen, dann sollten Sie mit der Analyse des Konflikts beginnen und dabei die beobachteten Konfliktsignale, Verhaltensmerkmale und Beobachtungen einbeziehen (vgl. Schwarz 2010, S. 43).

Bewährt haben sich zur Konfliktanalyse strukturierte Einzelinterviews mit den Konfliktparteien, in denen Ursachen, Hintergründe und die Entwicklung des Konflikts untersucht werden.

Bei der Vorbereitung von Analysegesprächen ist die Erstellung eines Interviewleitfadens hilfreich. Damit stellen Sie sicher, dass kein wichtiger Aspekt während des Interviews vergessen wird, zudem strukturieren Sie das Gespräch vor und können darüber den Gesprächsverlauf steuern. Überlegen Sie auch, welche emotionalen Reaktionen Ihres Gesprächspartners zu erwarten sind und wie Sie darauf reagieren wollen.

Bei der Erstellung des Interviewleitfadens sollten Sie die sachlichen und persönlichen Konfliktebenen sowie Ihre eigene Position als Führungskraft und Konfliktmanager berücksichtigen:

- Sachebene eines Konflikts
  - Was sind die sachlichen Konfliktursachen?
  - Welche Daten und Fakten zum Sachproblem sind relevant?
  - Was sind die Ziele bzw. Lösungsvorschläge der jeweiligen Kontrahenten?
  - Welche Auswirkungen haben die jeweiligen Lösungsvorschläge?
  - Wie praktikabel und dauerhaft sind die jeweiligen Lösungsvorschläge?
- persönliche Ebene eines Konflikts
  - Was sind die persönlichen Konfliktursachen?
  - Wie ist das aktuelle Verhalten der jeweiligen Konfliktpartner?
  - Wurden Gefühle verletzt, beispielsweise durch fehlende Anerkennung, Ausgrenzung oder Ungleichbehandlung?
  - Welche Verhaltensweise der Konfliktpartner ist erforderlich, damit die Lösung dauerhaft ist?

Oft sind sach- und persönlich bedingte Ursachen in Verbindung mit dem jeweiligen Konfliktverhalten zu einem komplexen Konflikt kumuliert.

- Mögliche Fragen als Führungskraft und Konfliktmanager
  - Wie sind die Kontrahenten einzuschätzen?
  - Auf welcher Konfliktebene finden die Konflikte statt? Sachlich und/oder persönlich?
  - Welche Auswirkungen hat der Konflikt auf die anderen Teammitarbeiter?
  - Was passiert, wenn der Konflikt nicht gelöst wird?
  - Welcher Lösungsvorschlag ist praktikabel und dauerhaft?
  - Welche Auswirkungen hat die Lösung?
  - Welche Disziplinierungsmaßnahmen können ggf. eingesetzt werden?
  - Wie wird überprüft, ob Vereinbarungen eingehalten werden?

Berücksichtigen Sie die Hinweise zur Gesprächsvorbereitung im Kapitel Kommunikation.

Bei der Durchführung des Analysegesprächs sollten Sie darauf achten, dass Sie sich nicht in den Konflikt hineinziehen lassen und konzentrieren Sie sich auf Ihre Gesprächsziele.

Ergebnisse der Konfliktanalyse sollten fundierte Kenntnisse über Ursachen, Hintergründe, Verhaltensweisen, Motivation und Zielsetzungen der Konfliktparteien sein, um diese bei der Problemlösung berücksichtigen zu können.

7.2.2.2 Konflikte bearbeiten

Als Führungskraft sind Sie dafür verantwortlich, dass Ihr Team erfolgreich ist. Eine wesentliche Voraussetzung für erfolgreiche Teamarbeit ist eine möglichst reibungslose Zusammenarbeit. Wenn die Problemanalyse ergab, dass die Konfliktparteien den Konflikt selbst nicht lösen können oder wollen, dann ist Ihr Einsatz als Konfliktmanager erforderlich, um den Konflikt zu beenden.

Als Führungskraft sollten Sie ein Gespür für Konflikte entwickeln, um Konflikte bereits in ihrem Anfangsstadium wahrzunehmen, um frühzeitig eingreifen zu können.

Zögern Sie die Konfliktbearbeitung nicht hinaus, denn je länger ein Konflikt andauert, desto härter werden die jeweiligen Positionen, was eine Konfliktbereinigung zunehmend schwieriger macht.

Konflikte entwickeln meist eine zerstörerische Eigendynamik.

Abb 7.10 zeigt einen Konfliktverlauf in 5 Phasen in Anlehnung an der neunstufiger Konflikteskalation von F. Glasl (Glasl 2010, S. 233 ff.; Abb. 7.10):

Die jeweilige Lösungsstrategie ist abhängig von der Eskalationsphase, in der Sie eingreifen, um einen Konflikt zu managen:

Phasen der Konflikteskalation
- **Phase 1: Konfliktpotenziale werden zu Konfliktursachen**
  Konflikte entwickeln sich in der Anfangsphase oft unbemerkt, z. B. wenn Mitarbeiter
  – unzufrieden sind, weil die Arbeitsweise als chaotisch empfunden wird

5 Phasen der Konflikteskalation

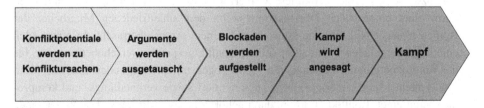

Abb. 7.10 Eskalationsverlauf eines Konflikts

- sich überlastet fühlen
- sich in ihrem Arbeitsstil anpassen müssen
- sich zurückgesetzt oder unfair behandelt fühlen
- unter ihrer Führungskraft leiden
- Aufgaben erledigen müssen, die sie als sinnlos ansehen.

Mitarbeiter sind häufig nur kurzfristig schlecht gelaunt und ihr Ärger legt sich von allein. Handlungsbedarf entsteht jedoch, wenn der Missmut über einige Tage kontinuierlich erkennbar ist und die Arbeitseffizienz oder die Teamstimmung darunter zu leiden beginnt.

Vorschlag zur Konfliktlösung:

Wenn Sie die Unzufriedenheit Ihres Mitarbeiters wahrnehmen, z. B. aufgrund seines gereizten oder abweisenden Verhaltens, dann sollten Sie ihn darauf ansprechen. Versuchen Sie, im Rahmen eines 4-Augen-Gesprächs, die Hintergründe für seine Verhaltensänderung zu erfahren. Seien Sie sich darüber im Klaren, dass der Mitarbeiter, der Ihnen seine Probleme schildert, eine Problemlösung von Ihnen erwartet. Die einfachste Lösung ist, die Konfliktursachen zu beseitigen, indem z. B. Mitarbeiter, die sich nicht verstehen, räumlich getrennt werden.

Oft jedoch lassen die Umstände nicht zu, die Konfliktpotenziale zu eliminieren, z. B. wenn die vom Mitarbeiter ungeliebte Aufgabe erledigt werden muss oder eine räumliche Trennung vom nervenden Kollegen nicht möglich ist. In solchen Fällen sollten Sie dem Mitarbeiter vermitteln, dass Sie ihn und seine Probleme verstehen und ernst nehmen. Zudem sollten Sie begründen, warum es Ihnen nicht möglich ist oder Sie nicht willens sind, seine Probleme zu lösen. Ihr Mitarbeiter sollte Ihre Sichtweise kennenlernen, sodass er Ihre Haltung akzeptieren kann. Da die Konfliktursache nicht beseitigt werden konnte, wird der Mitarbeiter entweder resigniert seine Lage akzeptieren oder Widerstand leisten. In beiden Fällen sollten Sie seiner Arbeitsweise und -leistung erhöhte Aufmerksamkeit schenken, um bei unerwünschten Entwicklungen frühzeitig gegensteuern zu können.

Nicht immer müssen die Ursachen für eine schlechte Stimmung im beruflichen Umfeld liegen und einen schlechten Tag sollte jedem Mitarbeiter zugestanden werden. Jedoch ist darauf zu achten, dass persönliche und arbeitsbedingte Probleme nicht über einen längeren Zeitraum die Arbeits- und Teamatmosphäre belasten.

- **Phase 2: Argumente werden ausgetauscht**

  Häufig wird ein Konflikt erst erkennbar, wenn der Mitarbeiter seine Unzufriedenheit bzw. seinen Ärger artikuliert. Oft erfolgt die erste Äußerung des Unmuts in Form einer emotionalen Überreaktion, wenn dem unzufriedenen Mitarbeiter der Kragen platzt – und er seine Umwelt mit seinem Ärger überrascht. In einer solch emotional aufgeladenen Situation sollten Konfliktgespräche verschoben werden, bis die Konfliktbeteiligten beruhigt und sachbezogen miteinander reden können. Wenn 2 oder mehr Mitarbeiter versuchen, sachorientiert sowie verhandlungs- und kompromissbereit einen Konflikt zu lösen, dann gehört zu diesem Prozess, dass Widerstände und Spannungen überwunden werden können.

Vorschlag zur Konfliktlösung:

Sollten die Mitarbeiter nicht in der Lage sein, sich auf eine Konfliktlösung zu einigen, dann sollten Sie als Führungskraft die Moderation eines Konfliktlösungsgesprächs übernehmen. Kennzeichnend für die zweite Eskalationsphase ist, dass die Mitarbeiter bereit sind, sich miteinander auseinanderzusetzen und nach einer gemeinsamen Lösung suchen.

Nach Durchführung der Konfliktanalyse wird zur Konfliktbearbeitung ein gemeinsames Gespräch mit den Konfliktbeteiligten geführt, um eine Konfliktlösung zu entwickeln.

Im Rahmen des Konfliktgesprächs sollten Sie als Moderator mit den Konfliktbeteiligten erarbeiten,

– welche Gemeinsamkeiten

– welche Unterschiede mit den jeweiligen Vor- und Nachteilen,

die verschiedenen Konfliktlösungen aufweisen. Anhand von Kriterien wie Nutzen, Kosten, Sinnhaftigkeit, Personaleinsatz, Materialaufwand, Dauer, Technik u. Ä. sollten die Mitarbeiter verhandlungsbereit und nach sachlichen Kriterien gemeinsam eine Lösung nach dem Win-win-Prinzip erarbeiten. Das erfordert, dass neben der rationalen Konfliktlösung auch die persönliche Konfliktebene berücksichtigt wird. Häufig ist es für technisch-orientierte Menschen wie Ingenieure oder Bauarbeiter ungewöhnlich, über ihre Gefühle zu reden bzw. diese bei Konfliktlösungsgesprächen einzubeziehen. Diesen Umstand sollten Sie als Konfliktmoderator bei der Bearbeitung der persönlichen Ebene berücksichtigen und Redewendungen anwenden, die Akzeptanz bei den Konfliktparteien findet, wie z. B.: „Wie zufrieden bist du mit der Lösung?", „Wo drückt noch der Schuh?", „Wie stellt ihr euch die zukünftige Zusammenarbeit vor?".

Falls die Mitarbeiter sich irrational verhalten und auf ihrem jeweiligen Standpunkt beharren, dann entscheiden Sie als Führungskraft, welche Konfliktlösung durchgesetzt wird. Ihre Entscheidung kann von den Konfliktbeteiligten als positiv und durchsetzungsstark aufgenommen werden. Wenn jedoch Ihr Vorgehen als bevormundend und negativ aufgefasst wird oder Konfliktbeteiligte sich als Verlierer fühlen, werden die vermeintlichen Verlierer u. U. versuchen, Ihre Lösung zu boykottieren.

Unabhängig davon, ob Ihre Mitarbeiter sich einigen konnten oder Sie die Konfliktlösung per Anweisung herbeiführten, ist die Teamsituation und Teamleistung besonders zu beobachten, um kontraproduktive Tendenzen rechtzeitig zu unterbinden.

- **Phase 3: Blockaden werden aufgestellt**

  Mitarbeiter, die selbst keine konstruktive Lösung vereinbaren konnten, reagieren zunehmend gereizter aufeinander. Die Situation wird immer angespannter, Provokationen, das Streuen von Gerüchten oder Blockaden, wie das Zurückhalten von Informationen, nehmen deutlich zu. Das kontraproduktive Verhalten der Mitarbeiter schadet dem Teamerfolg und erfordert, dass Sie als Führungskraft eingreifen.

Vorschlag zur Konfliktlösung::

Falls Sie als Führungskraft erst in dieser Phase beginnen, den Konflikt zu managen, dann sollten Sie wie folgt vorgehen. Nach der Durchführung erster Einzelgespräche mit jeder Konfliktpartei zur Konfliktanalyse wird im Rahmen der Konfliktbearbeitung ein zweites Einzelgespräch mit den Konfliktbeteiligten geführt. Ziel des zweiten Einzelgesprächs ist die Vereinbarung von kooperativen Verhaltensweisen für das gemeinsame Konfliktlösungsgespräch, wie z. B. die Bereitschaft,

– offen die eigenen Interessen und Absichten zu nennen
– sich auf die Interessen (Ziele) zu konzentrieren und nicht auf die Standpunkte
– auf die Interessen des Konfliktpartners einzugehen, ohne gleich eine Gegenleistung zu verlangen
– verschiedene Lösungsvarianten zu entwickeln und sich auf eine Win-win-Lösung einzulassen.

Zudem sollten die Konfliktbeteiligten bereit sein, Kommunikationsregeln einzuhalten, wie zuhören, ohne dem anderen ins Wort zu fallen, in Ich-Botschaften zu reden sowie den Willen haben, sich mit der Gegenseite zu versöhnen.

Nur wenn alle Konfliktbeteiligten glaubwürdig erklären, dass sie kooperativ verhandeln wollen, kann ein Konfliktlösungsgespräch stattfinden – ansonsten ist ein solches Gespräch zwecklos oder kann sogar den Konflikt weiter verschärfen.

- **Phase 4: Kampf wird angesagt**

Mitarbeiter, die in Phase 3 keine Lösung erzielen konnten, gehen davon aus, dass eine einvernehmliche Lösung nicht mehr möglich ist. Es fehlt mittlerweile die Bereitschaft, Zugeständnisse zu machen, um das Problem bzw. die Konfliktursache zu lösen. Der Konflikt weitet sich aus, indem bei Dritten das eigene Verhalten gerechtfertigt und Unterstützung gesucht wird. Es besteht das Risiko, dass weitere Personen in den Konflikt hineingezogen werden und das Team sich u. U. spaltet.

Vorschlag zur Konfliktlösung:

Wie in Phase 3 sollte versucht werden, über ein Konfliktlösungsgespräch eine Problemlösung zu finden. Oft sind in dieser Phase die Fronten bereits dermaßen verhärtet, dass eine Einigung nicht mehr erzielt werden kann. In diesen Fällen ist eine besondere Unterstützung erforderlich, z. B. in Form von Mediation oder Prozessbegleitung. Diese Methoden können z. B. durch dafür ausgebildete Mitarbeiter der Personalabteilung oder durch einen externen Mediator bzw. Prozessbegleiter angewandt werden.

- **Phase 5: Kampf**

Mitarbeiter, die sich auch in Phase 4 nicht einigen konnten, haben mittlerweile das Vertrauen zueinander verloren und es kommt zu Kampfhandlungen. Es geht nicht mehr um die Lösung des Konfliktproblems, sondern darum, wer gewinnt.

Im Verlauf der Auseinandersetzung werden die Kampfmittel zunehmend brutaler. Verhaltensweisen wie unfaire Äußerungen, Angriff und Rache, die Eröffnung von Nebenkriegsschauplätzen eskalieren zum Austausch von Drohgebärden, dem Führen eines

Nervenkrieges und dem Versuch, den anderen zu vernichten auch um den Preis der Selbstvernichtung.

Vorschlag zur Konfliktlösung:
Dieser Konflikt ist dauerhaft nur noch lösbar durch Machteingriff mit der Durchsetzung einer Cheflösung wie der Anordnung, die Kontrahenten zu trennen, z. B. durch Versetzung oder Kündigung.

Wenn Sie erkennen, in welcher Eskalationsphase ein Konflikt ist, dann können Sie die Gesetzmäßigkeiten des Konfliktverlaufs bei Ihrer Konfliktbearbeitung berücksichtigen und rechtzeitig reagieren, um eine weitere Eskalation zu vermeiden.

7.2.2.3 Interventionen

Zu den Maßnahmen, den sogenannten Interventionen des Konfliktmanagements gehören z. B.

- Konfliktgespräch
- Mediation
- Prozessbegleitung
- Machteingriff.

Konfliktgespräch
Ein Ansatz zur Lösung von Konflikten ist das Konfliktgespräch. Im Rahmen des moderierten und strukturierten Gesprächs soll eine Lösung gefunden werden, die für die Kontrahenten eine Win-win-Situation ermöglicht.

Wichtig ist, dass das Gespräch vorher angekündigt wird und der Grund des Gesprächs bekannt ist, sodass sich die Kontrahenten auf das Gespräch vorbereiten können.

Als **Konfliktmoderator** haben Sie die Aufgaben

- einen sicheren Rahmen zu schaffen, in dem gegenseitige Verletzungen nicht zugelassen werden.
- darauf zu achten, dass interessenorientiert diskutiert wird.
- einen kreativen Prozess zu fördern, in dem verschiedene Lösungsvarianten entwickelt und eine Win-win-Lösung ermittelt werden kann.

Im Rahmen der Vorbereitung des Konfliktgesprächs analysieren Sie die strittigen Lösungsvorschläge der Konfliktpartner auf ihre Vor- und Nachteile, Gemeinsamkeiten, Unterschiede und Konsequenzen.

Zudem sollten Sie einen Notfallplan entwickeln, falls bei der Lösungssuche ein „toter Punkt" erreicht wird oder der Konflikt wieder aufbricht und aggressiv ausgetragen wird. Eine Notfallmaßnahme kann z. B. ein eigener Lösungsvorschlag sein oder das Gespräch zu unterbrechen und an einem anderen Termin fortzusetzen.

Nachfolgender Ablauf hat sich bei Konfliktgesprächen bewährt:

- **Begrüßung**
  In der Begrüßungs- und Anfangsphase des Konfliktgesprächs nennen Sie als Konflikt-moderator das Thema, das Gesprächsziel und den vorgesehenen Zeitrahmen. Zudem vereinbaren Sie mit den Teilnehmern, dass sie ihre Aussagen in Form von Ich-Bot-schaften formulieren und aktiv zuhören.
  Die Kontrahenten sollten erklären, dass sie an einer gemeinsamen Lösung interessiert sind. Nur wenn diese Bereitschaft vorhanden ist, kann das Konfliktgespräch statt-finden.

- **Problemformulierung**
  Als Konfliktmoderator stellen Sie die unterschiedlichen strittigen Lösungsvor-schläge der Konfliktpartner mit den jeweiligen Vor- und Nachteilen kurz vor. Somit verhindern Sie, dass wertvolle Besprechungszeit durch ein gebetsmühlenartiges Wiederholen bereits bekannter Argumente verloren geht und bereits eingeübte Kampfhaltungen wieder eingenommen werden.
  Bei der Durchführung des Konfliktgesprächs sollten die emotionalen Verletzungen, die sich die Konfliktpartner u. U. einander zugefügt haben, nicht ausgeblendet werden. Um zu einer dauerhaften Konfliktlösung zu gelangen, ist es erforderlich, dass die Konfliktpartner sich wieder vertragen und die Entschuldigung der Gegenseite akzeptieren.

- **Motive und Bedürfnisse**
  – Die Kontrahenten informieren sich gegenseitig über ihrer Motive und Bedürfnisse.
  – Die Interessen der Gegenseite werden prinzipiell akzeptiert.
  – Der Ärger über den anderen wird in konkreten Wünschen und Aufforderungen umformuliert.
  – Als Konfliktmoderator unterstützen Sie die Kontrahenten bei den Umformulierungen, z. B. aus: „Ich ärgere mich darüber, dass du den Arbeitsplatz unaufgeräumt verlässt." wird: „Bevor du gehst, räume bitte den Arbeitsplatz auf."

- **Suche nach Lösungsvarianten**
  – Vorschläge zur Konfliktlösung werden gesammelt und in dieser Phase der Ideen-suche noch nicht bewertet, abgewehrt oder kritisiert.
  – Als Konfliktmoderator helfen Sie durch Fragetechniken oder Anregungen weiter, wenn die Kontrahenten einen toten Punkt erreichen.

- **Prüfung der Lösungsvarianten**
  – Die Kontrahenten prüfen und bewerten die gesammelten Lösungsvarianten.
  – Es wird die Lösungsvariante zur Konfliktlösung ausgewählt, die für jede Gegen-seite nutzbringend ist und die Interessen der Gegenseite nicht verletzt. Als Konfliktmoderator fassen Sie das Ergebnis zusammen und fixieren es schriftlich.

Das Konfliktgespräch gilt als gescheitert, wenn die Konfliktparteien sich nicht auf eine gemeinsame Lösung einigen konnten.

In diesem Fall sollten Sie ggf. den Kontrahenten Ihre Lösung vorstellen und begründen. Versuchen Sie zu erreichen, dass Ihre Mitarbeiter Ihre Konfliktlösung akzeptieren. Dieses wird Ihnen eher gelingen, wenn Sie eine Win-win-Lösung einbringen, da diese Lösung einen Nutzen bringt für beide Parteien.

Auf die Umsetzung der vereinbarten Lösung, das Verhalten und die Leistung der Konfliktpartner sollten Sie in der Zeit nach dem Konfliktlösungsgespräch besonders achten, sodass Sie ein erneutes Aufbrechen des alten Konflikts bzw. die Ausbildung eines Folgekonflikts frühzeitig abwehren können.

Mediation

Mediation ist ein außergerichtliches Konfliktlösungsverfahren. Kennzeichnend für die Mediation sind die Prinzipien der Freiwilligkeit, Eigenverantwortlichkeit und der Gemeinsamkeit. Weitere Merkmale des Verfahrens sind die vertrauensvolle und offene Kommunikation sowie der Wille zur Kooperation.

Mediationen werden häufig von einem ausgebildeten Mediator als externen, unabhängigen und neutralen Dritten durchgeführt.

Im Rahmen der Mediation wird eine problemspezifische Konfliktregelung von den Konfliktparteien selbst erarbeitet. Der Mediator ist verantwortlich für die Kommunikation und den Ausgleich zwischen den Parteien, nicht jedoch für das inhaltliche Ergebnis der Verhandlungen (vgl. Hammacher et al. 2008, S. 18 ff.).

Eine Mediation kann wie folgt ablaufen:

- Erläuterung des Verfahrens und der grundlegenden Regeln
  Die Voraussetzungen und der Ablauf der Mediation sowie die Rolle des Mediators werden erläutert, die Konfliktparteien erklären sich zur Mediation bereit.
- Problemsammlung
  Probleme werden gesammelt, Übereinstimmungen und Meinungsverschiedenheiten werden herausarbeiten und die Reihenfolge für die Bearbeitung der Probleme festlegt.
- Konfliktbearbeitung
  Die für die Problembearbeitung wesentlichen Informationen werden zusammentragen. Die unterschiedlichen Sichtweisen der Kontrahenten werden dargelegt und von der jeweiligen Gegenseite akzeptiert. Die Konfliktparteien erarbeiten interessen- und zielorientiert Grundlagen für eine Entscheidungsfindung.
- Konfliktlösung
  Lösungsvarianten werden entwickelt, erörtert und auf Umsetzungsmöglichkeiten geprüft. Die ausgewählte Konfliktlösung wird in einer abschließenden Vereinbarung schriftlich fixiert.

Ziele einer Mediation sind konstruktive, individuelle, kooperative sowie dauerhafte und befriedende Konfliktlösungen, nach Möglichkeit mit persönlichem und sachlichem Gewinn für alle Beteiligten.

Die Mediation ist ungeeignet bei zu großen Machtungleichgewichten der Kontrahenten und es gibt bei ihr keine Erfolgsgarantie.

Prozessbegleitung
Prozessbegleitung ist eine Vorgehensweise, die Führungskräfte und Teams unterstützt, Probleme miteinander zu lösen, Meinungen und Standpunkte zu überdenken sowie neue Lösungsansätze zu entwickeln. Die Prozessbegleitung integriert Ansätze der Personal-, Team- und Organisationsentwicklung unter Einsatz von Methoden wie Moderation, Coaching oder Konfliktmanagement. Im Rahmen der Prozessbegleitung können z. B. Problem-Analyse-Workshops oder moderierte Gespräche zur Prozessverbesserung durchgeführt werden, um die Teamsituation zu verbessern.

Machteingriff
Ein Machteingriff ist eine von einem Vorgesetzten ausgeführte Maßnahme, um eine weitere Konflikteskalation zu verhindern.
Der Machteingriff kann

- eine Einzelmaßnahmen sein, wie z. B. die Anordnung einer einzelnen Aufgabe
- eine verhaltensregulierende Maßnahme sein, wie z. B. die Forderung diskriminierendes oder rassistisches Verhalten zu unterlassen.

Der Machteingriff hat einen negativen Einfluss auf die Vorgesetzten-Mitarbeiter-Beziehung und sollte nur eingesetzt werden, wenn andere Strategien des Konfliktmanagements gescheitert sind.

7.2.2.4 Stabilisierung der Teamarbeit
Nach der Konfliktbearbeitung sollten Sie das Verhalten und die Leistung der Konfliktpartner besonders beachten. Unter Umständen kann bei der Umsetzung der Konfliktlösung ein Folgekonflikt ausbrechen. Zudem sollten Sie überprüfen, wie die Konfliktlösung die Teamstimmung und den Teamgeist beeinflusst.
Maßnahmen zur Harmonisierung und Stabilisierung der Teamarbeit sind

- ein täglicher Jour-Fixe (ca. 10–15 min) mit den ehemaligen Kontrahenten: Dadurch wird der Informationsaustausch zwischen den Beteiligten gesichert, Schnittstellenprobleme und Folgekonflikte können frühzeitig erkannt und verhindert werden.

- Teamaktivitäten: Ein gemeinsames positives Erleben soll dazu beitragen, das soziale Klima im Team zu verbessern. Bewährt haben sich Teamaktivitäten, die ungefährlich sind und während oder direkt nach der Arbeitszeit stattfinden, wie z. B. Grillfeste. Berücksichtigen Sie dabei, dass nicht jedes Teammitglied seine knappe Freizeit mit seinen Kollegen verbringen will.
- Prozessbegleitung als Teamcoaching: Mit dieser längerfristigen Maßnahme soll die Teamsituation harmonisiert und stabilisiert werden.

Die Harmonisierung und Stabilisierung der Teamarbeit erfolgt i. d. R. durch gemeinsam erlebte Erfolge. Unterstützen Sie die ehemaligen Kontrahenten, damit sie gemeinsam erfolgreich sind, und würdigen deutlich den Teamerfolg.

7.2.3 Mobbing

Ein relevantes Konfliktthema ist Mobbing. Diese unfaire Verhaltensweise ist auch im Bauwesen ein Problem. Wenn Sie als Projektleiter erkennen, dass in Ihrem Team gemobbt wird, ist es Ihre Aufgabe einzugreifen, um diesen Prozess zu beenden.

Kennzeichnend für Mobbing am Arbeitsplatz ist, dass über einen längeren Zeitraum eine oder mehrere Beschäftigte (Vorgesetzte, Kollegen oder Mitarbeiter) bewusst gegen einen anderen Kollegen oder Mitarbeiter agieren und dabei eine Täter-Opfer-Beziehung besteht.

Als Führungskraft sollten Sie in der Lage sein, Anzeichen für Mobbing frühzeitig zu erkennen, Mobbing-Prozesse aufzulösen und Mobbing-Risiken in Ihrem Team gering zu halten.

Mobbing entwickelt sich immer aus einem Konflikt. Dieser Konflikt kann ein schwelender Konflikt sein, auf Antipathie oder Neid basieren, sich aufgrund von Fehlverhalten entwickelt haben oder ist durch eine konfliktfördernde Arbeitssituation entstanden.

Arbeitssituationen fördern Konflikte, wenn sie überdurchschnittlich belastend und stressig sind.

Mitarbeiter lassen Ihre Aggressionen an dem schwächsten Mitglied des Teams aus, da sie dieses als Verursacher für Ihren Stress verantwortlich machen.

Beispiel

Wenn ein Maschinenführer immer wieder dafür verantwortlich ist, dass die Tagesleistung nicht erbracht wird, wird ihn das Team wahrscheinlich zum Sündenbock stempeln und ihn auch für alle anderen Schwierigkeiten verantwortlich machen. ◄

> Arbeitssituationen fördern Konflikte, wenn sie extrem langweilig sind.

Mitarbeiter überlegen sich aus Langeweile und zum Zeitvertreib, wie sie Ihre Kollegen ärgern können. Dabei konzentriert man sich auf die Kollegen, bei denen der Zeitvertreib das größte Erfolgserlebnis vermittelt, wie bei Kollegen, die sich nicht wehren oder empfindlicher auf die Späße reagieren. Solche Späße können auch sehr gefährlich werden.

Beispiel

Bei einer dynamischen Bodenverdichtung muss ein Gerätefahrer ein Gewicht von ca. 20 Tonnen ca. 25 m hochziehen und fallen lassen. Bei einer angesetzten Leistung von ca. 600 Schlägen pro Tag muss der Fahrer diese Tätigkeit im Minutentakt durchführen. Eine solch monotone Aufgabe führt im Laufe des Tages zu Langeweile und aus Gründen des Zeitvertreibs und zu seiner Belustigung provoziert der Geräteführer gefährliche Situationen für ausgewählte Teamkollegen. ◄

> Arbeitssituationen fördern Konflikte, wenn sie arbeitsplatzbedrohliche Entwicklungen aufweisen.

Umstände wie Personalabbau oder Reorganisation führen häufig zu Angst vor Veränderung und Sorge um den Arbeitsplatz. In dieser Situation können Führungskräfte oder Kollegen Mobbing als Mittel nutzen, um Konkurrenten auszuschalten.

7.2.3.1 Mobbing-Erkennung

Auf Mobbing sollten Sie frühzeitig reagieren, denn Mobbing hat die Tendenz, sich rasch auszuweiten. Je länger ein Mobbing-Prozess andauert, desto größer sind die persönlichen und materiellen Schäden und umso schwieriger wird es, ihn aufzulösen.

Häufig dulden und schweigen die Mobbing-Opfer viel zu lange, jedoch können Sie Mobbing-Anzeichen in Ihrem Team erkennen. Mobbing setzt sich zusammen aus einer Vielzahl unterschiedlicher Handlungen, die bei einer rückwirkenden Betrachtung eine Systematik oder Prozesshaftigkeit erkennen lassen (vgl. Wolmerath 2013, S. 27). Hinweise für Mobbing sind

- Angriffe auf der kommunikativen Ebene
  Der gemobbte Kollege wird
  – bei Redebeiträgen ständig unterbrochen

- angeschrien oder laut beschimpft
- ständig kritisiert
- telefonisch terrorisiert
- mündlich und schriftlich bedroht
- nicht mehr angesprochen und nicht mehr in Gespräche einbezogen
- durch abwertende Blicke und Gesten abgewehrt
- wie Luft behandelt.

Zudem verbreiten die Mobbing-Täter über ihn Gerüchte und reden hinter seinem Rücken schlecht über ihn.

- Angriffe auf das Selbstwertgefühl
  Die Mobbing-Täter
  - machen sich lustig über eine Behinderung, das Privatleben, die Nationalität u. ä. des Opfers
  - versuchen das Mobbing-Opfer lächerlich zu machen durch Imitation des Gangs, der Stimme, der Gesten
  - zwingen das Opfer, Arbeiten auszuführen, die das Selbstwertgefühl verletzen
  - beurteilen Arbeitsleistungen falsch oder in kränkender Weise
  - stellen Entscheidungen des Mobbing-Opfers infrage
  - beschimpfen das Opfer mit obszönen und anderen entwürdigenden Ausdrücken
  - versuchen eine sexuelle Annäherungen oder äußern sexuelle Angebote
  - verdächtigen das Mobbing-Opfer, z. B. psychisch krank oder Alkoholiker zu sein.
- Angriffe auf die Qualität der Arbeitssituation
  Dem Mobbing-Opfer werden
  - keine Aufgaben mehr zugewiesen
  - sinnlose Arbeitsaufgaben zugewiesen
  - Aufgaben weit unter seinem eigentlichen Können zugeteilt
  - ständig neue Aufgaben übergeben
  - kränkende Aufgaben aufgetragen
  - Aufgaben befohlen, die seine Qualifikation übersteigen, um ihn zu demütigen.
- Angriffe auf die Gesundheit
  Die Mobbing-Täter
  - zwingen das Opfer zu gesundheitsschädlichen Arbeiten
  - drohen dem Opfer körperliche Gewalt an
  - wenden leichte Gewalt an, z. B. um einen Denkzettel zu verpassen
  - üben körperliche Misshandlung und sexuelle Übergriffe aus.

Im normalen Arbeitsalltag ist jeder Mitarbeiter irgendwann einmal der Sündenbock, das schwarze Schaf oder für besonders unangenehme Aufgaben zuständig. Wenn Ihnen jedoch auffällt, dass länger als 2 bis 3 Tage einer Person diese Rolle zugeschrieben wird, dann sollten Sie die Teamsituation auf einen möglichen Mobbing-Prozess untersuchen (Abb. 7.11).

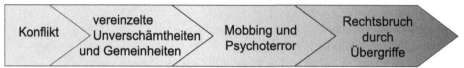

Eskalation eines Mobbing-Prozesses

Konflikt > vereinzelte Unverschämtheiten und Gemeinheiten > Mobbing und Psychoterror > Rechtsbruch durch Übergriffe

Abb. 7.11 Eskalationsverlauf eines Mobbing-Prozesses

7.2.3.2 Mobbing-Auflösung

Wenn in Ihrem Team gemobbt wird, sollten Sie rasch eingreifen, um den Mobbing-Prozess aufzulösen.

Mobbing-Opfer haben oft keine Erklärung dafür, wieso sie gemobbt werden. Mobbing-Tätern fehlt häufig ein Unrechtbewusstsein und sie weisen die Verantwortung für die Situation und ihr Handeln dem Opfer zu. Oftmals rechtfertigen sie ihr Verhalten mit den Argumenten, dass sie sich nur verteidigt und selbst geschützt hätten. Zudem wird das Opfer als übersensibel dargestellt und das eigene Verhalten als Scherz heruntergespielt. Solche Verleugnungstendenzen führen dazu, dass eine Aussprache zwischen Opfer und Täter wenig Sinn hat und sich die Situation nicht verbessert.

Je nach Dauer des Mobbing-Prozesses und des Umfangs der Verletzungen sind unterschiedliche Konfliktlösungen möglich:

- Mobbing-Prozess in der Anfangsphase mit geringer Verletzung des Opfers
  - Einzelgespräche mit jedem Mobbing-Täter und Mobbing-Opfer zur Klärung von Hintergründen und Vorbereitung auf ein Konfliktlösungsgespräch.
  - Konfliktlösungsgespräch, um Regeln der Zusammenarbeit zu vereinbaren.
  - Verhaltenskontrollen, z. B. im Rahmen von regelmäßigen, kurzen Arbeitsbesprechungen mit den Konfliktbeteiligten. In der ersten Zeit nach dem Konfliktlösungsgespräch sollten die Arbeitsbesprechungen täglich morgens, bzw. vor Beginn einer Schicht, durchgeführt werden, um die Aufgabenverteilung und das Verhalten der Konfliktbeteiligten zu überprüfen.
  - Unter Umständen müssen das Mobbing-Opfer und die Mobbing-Täter räumlich, zeitlich oder aufgabenmäßig voneinander getrennt werden, um ein Wiederaufleben des Konflikts zu verhindern.
- Fortgeschrittener Mobbing-Prozess mit ausgeprägter Verletzung des Opfers
  Je länger ein Mobbing-Prozess stattfindet, desto verhärteter sind die Positionen der Konfliktpartner und desto größer sind i. d. R. die Verletzungen des Mobbing-Opfers.
  In einem fortgeschrittenen Mobbing-Prozess ist eine zukünftige, gemeinsame Zusammenarbeit nicht mehr möglich, da das Vertrauen auf beiden Seiten vollständig zerstört wurde.
  Der Mobbing-Prozess kann nur aufgelöst werden, wenn die Konfliktbeteiligten dauerhaft getrennt werden und einer von ihnen das Team verlässt.

Der generelle Grundsatz: „Wer mobbt, der geht", kann in der Praxis nicht immer umgesetzt werden, z. B. wenn

- in Ihrem Team ein Spezialist zum Mobbing-Täter wurde und Sie auf diesen Experten nicht verzichten können.
- nicht nur ein einzelnes Teammitglied sondern das Gesamtteam an dem Mobbing-Prozess beteiligt war. In diesem Fall ist klar, dass das Team das Mobbing-Opfer auch zukünftig nicht als vollwertiges Mitglied akzeptieren wird.

Wenn das Mobbing-Opfer in ein anderes Team oder auf eine andere Baustelle versetzt wird, sollten Sie dem Mobbing-Opfer zu verstehen geben, dass seine Versetzung keine Strafe ist und den Tätern deutlich machen, dass dies keine Bestätigung ihres Verhaltens ist.

Vermitteln Sie den Mobbing-Tätern, dass Sie dieses Verhalten nicht tolerieren. Finden Sie heraus, wer der Treiber und Haupttäter des Mobbing-Prozesses war und strafen ihn hart und öffentlich ab. Die Bestrafung sollte eine abschreckende Wirkung haben, um das Risiko von Wiederholungsfällen zu reduzieren. Sanktionsmöglichkeiten sind z. B. die Ermahnung, Abmahnung, Versetzung, einvernehmliche Auflösung bis hin zur Kündigung und Entlassung (vgl. Smutny und Hopf 2003, S. 167).

Mobbing-Risiken geringhalten

Nehmen Sie es als Hinweis auf einen Führungsfehler, wenn sich in Ihrem Team Mobbing-Prozesse ungehindert ausbilden und Mobbing-Täter sich an ihrem Opfer festbeißen können.

Die Reduzierung von Mobbing-Risiken erreichen Sie i. d. R. nicht durch Einzelmaßnahmen, sondern sollten Teil der Konfliktkultur Ihres Teams sein.

7.2.4 Strategisches Konfliktmanagement

Strategisches Konfliktmanagement befasst sich mit grundsätzlichen Zielen und Aufgaben des Konfliktmanagements. Dazu gehört die Entwicklung einer konstruktiven Konfliktkultur, die sowohl die Konfliktprävention als auch die Konfliktbearbeitung innerhalb einer Organisation regelt und transparente Verfahren garantiert.

Im Rahmen einer konstruktiven Konfliktkultur können die positiven Funktionen von Konflikten bewusst genutzt werden wie z. B.

- der Hinweis auf Probleme
- die Initiierung von Problemlösungen bzw. Verbesserungen
- die Förderung von Prozessen der Selbsterkenntnis
- die Einleitung von Veränderungen.

In einer konstruktiven Konfliktkultur haben Konflikte eine Berechtigung und die Konfliktbeteiligten werden bei der Erarbeitung konstruktiver Problemlösungen unterstützt, sodass die positiven Effekte von Konflikten genutzt werden können.

Als Projektleiter und Führungskraft im Bauwesen arbeiten Sie u. U. mit jedem neuen Projekt auch mit einem neuen Team zusammen. Für jedes neue Projekt eine eigene Konfliktkultur zu entwickeln ist sehr aufwendig und würde zu viel Ihrer Arbeitszeit und Energie erfordern.

Zudem ähneln sich die Konflikte in Bauprojekten, somit ist es möglich, dass Sie einmal die Grundlagen einer bauprojekt- bzw. bauspezifischen Konfliktkultur erarbeiten und als Regel der Zusammenarbeit (siehe Kap. 2) in neue Projekte integrieren.

Generell sollte Ihr strategisches Konfliktmanagement grundlegende Regelungen zur Konfliktprävention und Konfliktbearbeitung berücksichtigen.

7.2.4.1 Konfliktprävention

Die Konfliktprävention umfasst vorbeugende Maßnahmen, um ein Entstehen von Konflikten zu vermeiden.

Erfahrungsgemäß ist es im Bauwesen nicht üblich, auf Meta-Ebene über Konflikte zu reden. Seien Sie sich bewusst, dass Sie mit der Erarbeitung und Einführung einer Konfliktprävention etwas Neues machen, was bei Ihren Mitarbeitern und Kollegen u. U. eine befremdliche oder ablehnende Reaktion auslösen kann. Lassen Sie sich nicht davon abhalten, eine Konfliktkultur zu entwickeln und durchzusetzen.

Maßnahmen zur Konfliktprävention erarbeiten

Im Rahmen einer strukturierten Arbeitsbesprechung sollten die Maßnahmen zur Konfliktprävention erarbeitet werden. Erfahrene Führungskräfte und Mitarbeiter haben i. d. R. eine Vielzahl von Konflikten miterlebt oder ausgetragen. Nutzen Sie bereits gemachte Erfahrungen und erarbeiten die Grundlagen der Konfliktkultur mit erfahrenen Mitarbeitern.

In Zusammenarbeit mit konflikterprobten Mitarbeitern, wie z. B. einem berufserfahrenen Polier und Bauleiter, erstellen Sie eine Liste mit den möglichen Konfliktparteien und ergänzen diese um die projektüblichen Konflikte.

Konfliktparteien bilden sich bei einem Konflikt

- zwischen Führung und Team, z. B. Machtkonflikt zwischen Bauleiter und Polier
- innerhalb des Teams, z. B. Entscheidungskonflikt zwischen 2 Mitarbeitern, welches Ankergerät angeschafft werden sollte
- zwischen Teams, z. B. Schnittstellenprobleme zwischen Vortrieb und nachgelagerten Arbeitsgruppen
- mit anderen Bereichen und Abteilungen, z. B. Zielkonflikt zwischen dem Projekt und der Abteilung Einkauf, wenn es darum geht, ob die leistungsfähigere oder die preiswertere Maschine gekauft werden soll
- mit externen Partnern wie z. B. Auftraggebern, Behörden, Subunternehmern, Lieferanten.

Zur Ermittlung typischer und häufiger Konflikte helfen folgende Fragen:

- Welche Konfliktursachen sind typisch und treten häufig auf?
- Welche Folgekonflikte resultieren aus den typischen Konfliktursachen?
- Welche Konflikte sind in den letzten Wochen/Monaten aufgetreten?
- Welche Konflikte sind in der Zukunft zu erwarten?

Sofern Sie Anzeichen für bestimmte Konflikte kennen, sollten sie diese Merkmale den jeweiligen Konflikten zuordnen und Gegenmaßnahmen einplanen.

Machen Sie Ihrem Team deutlich, dass die Aufdeckung und Thematisierung von Konflikten keine Petzerei ist, sondern eine wichtige Information, um Konflikte aufzulösen und die Teamarbeit zu verbessern.

7.2.4.2 Regelungen zur Konfliktbearbeitung

Im Rahmen des strategischen Konfliktmanagements wird generell festgelegt, wie Konflikte innerhalb einer Organisation geregelt werden und somit eine transparente Verfahrensweise sichergestellt (Abb. 7.12).

Generell sollten Führungskräfte in der Lage sein, alltäglich auftretende Konflikte selbst zu managen. Zudem können Sie bei schwierigen Konflikten einen erfahrenen, sozial kompetenten Mitarbeiter zum Ombudsmann ernennen, der die Funktion einer Vertrauensperson und eines unparteiischen Schiedsmannes übernimmt.

I. Prinzipien der Konfliktbearbeitung

Folgende Prinzipien sollten bei der Konfliktbearbeitung berücksichtigt werden:

- Vertraulichkeit
  Alle Informationen aus der Konfliktbearbeitung werden vertraulich behandelt. Informationen aus der Konfliktbearbeitung werden nur mit dem Einverständnis der Konfliktbeteiligten weitergegeben.
- Transparenz
  Die Konfliktparteien werden aufgefordert zu einer offenen Aussprache sowie zur gegenseitigen Toleranz und Wertschätzung. Der Ablauf der Konfliktbearbeitung wird transparent und für andere nachvollziehbar gestaltet.
- Gewaltfreiheit
  Für eine geschützte Konfliktbearbeitung und um den Konfliktparteien das Einlassen auf eine Konfliktbearbeitung zu erleichtern wird jegliche Gewalt ausgeschlossen.
- Allparteilichkeit
  Bei der Konfliktbearbeitung werden die Macht- und Abhängigkeitsverhältnisse der Kontrahenten berücksichtigt und jede Partei erhält die gleiche Chance, ihre Sicht der Dinge darzustellen.

Konfliktprovention			
Konflikt-beteiligte	Konfliktursache	Anzeichen	Maßnahmen zur Konfliktprävention
Führung und Team	Mangelhafte Kommunikation und Information	Führung ist nicht über Teamprobleme informiert. Mitarbeiter sind nicht ausreichend über Projektstrategie und -ziele informiert.	Führung nimmt z.B. wöchentlich an Teambesprechungen teil, um sich mit Mitarbeitern über die Teamarbeit auszutauschen. Führung informiert Mitarbeiter regelmäßig über den aktuellen Projektstand.
Führung und Mitarbeiter	Machtkonflikt zwischen einem jungen Bauleiter und erfahrenem Polier	Anweisungen des Bauleiters werden z.B. unwillig ausgeführt oder sind nicht möglich oder wurden vergessen.	Bauleiter führt frühzeitig ein Gespräch mit dem Polier, um Verhaltensregeln mit ihm zu vereinbaren.
Konflikte im Team	2 Arbeiter können sich nicht auf eine Arbeitsweise einigen.	Jeder Mitarbeiter macht, was er für richtig hält; sie reagieren aufeinander gereizt.	Polier führt frühzeitig ein Gespräch mit beiden Arbeitern und definiert möglichst mit ihnen gemeinsam den Prozessablauf sowie Schnittstellenregelungen.
	Konkurrenz zwischen 2 Bauleitern im Führungsteam	Ständige Diskussionen über Aufgaben und Kompetenzen	Projektleiter definiert mit beiden Bauleitern die jeweiligen Aufgaben, Kompetenzen sowie Schnittstellenregelungen.
Konflikte zwischen Teams	Interessen- und Verhaltenskonflikte zwischen den Schichten	Streit, Aggression und Unzufriedenheit der Mitarbeiter	Bauleiter vereinbart mit Polieren die Einteilung von Ressourcen und Arbeitszeiten.
Konflikte mit anderen Abteilungen / Bereichen	Baustellen-Team ist mit den Vorschlägen des Design-Teams nicht einverstanden.	Klagen, Unzufriedenheit, Unwilligkeit, Verlust von Zeit und Kosten	Projektleiter vereinbart mit Leiter des Design-Teams eine intensivere Zusammenarbeit ihrer beiden Teams.
Konflikte mit externen Partnern	Konflikte mit Behörden, weil die Anwohner sich durch Baulärm und Baudreck belästigt fühlen.	Ständige Beschwerden der Behörden	Es sollte eine frühzeitige Kontaktpflege mit Anwohnern stattfinden und Anwohner sollten frühzeitig über Art der zu erwartenden Belästigungen durch die Baustelle informiert werden.

Abb. 7.12 Beispiel Maßnahmenplanung Konfliktprävention

- Offenheit
  Die Konfliktbeteiligten werden ermutigt, ihre Interessen, Bedürfnisse und Gefühle auszudrücken, um zu einem gegenseitigen Verständnis zu gelangen.
- Freiwilligkeit
  Die Teilnahme an einer Konfliktbearbeitung sollte grundsätzlich freiwillig sein.
- Win-win-Prinzip
  Generell wird eine Konfliktlösung nach dem Win-win-Prinzip angestrebt.

II. Festlegung des jeweiligen Konfliktmanagers

Generell sollte jeder, der einen Konflikt feststellt, seinen Vorgesetzten oder ggf. einen Ombudsmann über den Konflikt informieren. Die Führungskraft ist dafür verantwortlich, dass der Konflikt bearbeitet wird.

Bei Konflikten

- zwischen einer Führungskraft und einem Mitarbeiter übernimmt der Vorgesetzte der Führungskraft oder der Ombudsmann die Konfliktbearbeitung
- innerhalb eines Teams erfolgt die Konfliktbearbeitung durch den Teamleiter
- zwischen Teams wird der Konflikt geregelt durch die jeweiligen Teamleiter oder/und den Ombudsmann
- mit anderen Bereichen und Abteilungen wird der Konflikt bearbeitet durch den Gesamtprojektleiter
- mit externen Partnern erfolgt die Konfliktregelung durch die Vorgesetzten der Konfliktparteien.

III. Vorgehensweise bei der Konfliktbearbeitung

Die Vorgehensweise bei der Bearbeitung von Konflikten ist abhängig von der Eskalationsstufe, in der sich der Konflikt befindet.

Die Konfliktbearbeitung umfasst

- die Konfliktanalyse
  Untersuchung von Ursachen, Hintergründen, Konfliktverlauf, Konfliktverhalten.
- die Konfliktregulierung
  Die Ergebnisse der Konfliktanalyse bestimmen, welche Maßnahmen zur Konfliktregulierung eingesetzt werden. Folgende Interventionen sind möglich:
  – Konfliktgespräch,
  – Mediation,
  – Prozessbegleitung,
  – Trennung.
- Ergebnisdokumentation
  Vereinbarungen oder Zielstellungen werden schriftlich dokumentiert und ihre Einhaltung wird durch den jeweils zuständigen Vorgesetzten überprüft.
- Konfliktnachbereitung
  Hinterfragung, wie der Konflikt hätte verhindert werden können und was aus dem Konflikt und seiner Bearbeitung gelernt werden kann.

Die Umsetzung einer konstruktiven Konfliktkultur können Sie fördern, indem Sie diese als Vorbild vorleben. Seien Sie sich darüber im Klaren, dass es immer Mitarbeiter geben wird, die aufgrund ihrer Einstellungen nicht in der Lage oder willens sind, Konflikte konstruktiv zu lösen.

Weisen Sie bei Konflikten Ihre Mitarbeiter darauf hin, dass ein Konflikt immer auch die Chance bietet, zu lernen, sich zu verbessern und zu entwickeln. Fördern Sie die Konfliktfähigkeit Ihrer Mitarbeiter, denn konfliktfähige Menschen können frühzeitig Konfliktanzeichen erkennen und Maßnahmen zur Konfliktlösung initiieren.

Fair Management

8

Zusammenfassung

Um eine faire und partnerschaftliche Zusammenarbeit im Bauwesen zu fördern, haben Initiativen der deutschen Bauwirtschaft unterschiedliche, innovative Vorgehensweisen entwickelt wie Wertemanagement, Compliance-Management-Systeme oder das Partnering-Modell. Diese Ansätze eines Fair-Managements werden in diesem Kapitel vorgestellt.

Um eine faire und partnerschaftliche Zusammenarbeit im Bauwesen zu fördern, haben Initiativen der deutschen Bauwirtschaft unterschiedliche, innovative Vorgehensweisen entwickelt wie Wertemanagement, Compliance-Management-Systeme oder das Partnering-Modell. Diese Ansätze eines Fair-Managements werden in diesem Kapitel vorgestellt.

Der Begriff Fair-Management ist eine Bezeichnung für Managementmethoden, die auf Werten basieren wie z. B. Fairness, Ehrlichkeit, Integrität und ein partnerschaftliches Verhalten.

8.1 Ethisches Management

Wirtschaftsethische Themen gewinnen zunehmend an Relevanz. Umwelt-, Bilanz- und Korruptionsskandale, Ausbeutung in Drittweltländern, Bonuszahlungen für Manager bei Missmanagement u. Ä. führen zu einer kritischen Auseinandersetzung über die soziale, ökologische und ökonomische Verantwortung von Unternehmen aller Branchen.

Als Führungskraft im Bauwesen haben Ihre Entscheidungen und Ihr Handeln immer eine technische, wirtschaftliche, soziale und ethische Dimension.

© Springer Fachmedien Wiesbaden GmbH, ein Teil von Springer Nature 2021
B. Polzin und H. Weigl, *Führung, Kommunikation und Teamentwicklung im Bauwesen*,
https://doi.org/10.1007/978-3-658-31150-6_8

Sofern Ihre Handlungen die Interessen anderer betreffen, wie Auftraggeber, Lieferanten, Subunternehmer, Mitarbeiter etc. sollten Sie Ihre Entscheidungen daraufhin überprüfen, ob sie rational begründbar und moralisch vertretbar sind.

Beispiel

- Während eines Bauprojekts entdecken Sie, dass Sie wesentliche Teile der Wärmeisolierung vergessen haben. Sie wissen, dass dieser relevante Ausführungsfehler zu langfristigen Nachteilen für den Bauherrn führen wird. Wenn Sie die Möglichkeiten haben, entweder das Bauprojekt so zu steuern, dass der Fehler nicht entdeckt wird oder den Fehler zu Ihren Kosten zu sanieren. Für welche Lösung entscheiden Sie sich? ◄

Welches Verhalten ist moralisch korrekt? Moralisches Handeln wird von ethischen Grundregeln bestimmt.

Ethik

Ethik (griechisch = éthos bedeutet Sitte oder Brauch) ist ein Teilgebiet der Philosophie, das sich mit dem menschlichen Handeln und moralisch richtigen Verhalten auseinandersetzt (vgl. Göbel 2005, S. 87). Ethische Fragestellungen beziehen sich auf ein moralisch korrektes Handeln wie z. B.: „Was sollen wir tun?" oder „Wie verhalten wir uns sittlich richtig?" Aufgabe der Ethik ist es, allgemein gültige Aussagen über ein moralisch richtiges Handeln zu finden. Als Wissenschaft der Moral bildet die Ethik die theoretische Basis der Moral.

Die Umsetzung der theoretischen Ethikgrundsätze erfolgt durch die Moral.

Moral

Moral ist ein System allgemein akzeptierter Werte und Normen, die sich in den Verhaltensweisen einer sozialen Gemeinschaft widerspiegeln, wie z. B. in einer Familie, Gruppe, Unternehmen, Partei und Gesellschaft. Die Moral ist quasi die gelebte Ethik und umgangssprachlich werden Moral und Ethik oft gleichgesetzt.

Moralisches Handeln

Als Führungskraft im Bauwesen sind Sie zum unternehmerischen Denken und Handeln verpflichtet und bewegen sich in einem ständigen Spannungsfeld divergierender Interessen der Stakeholder. Stakeholder stehen i. d. R. in einem wechselseitigen Verhältnis zueinander, wobei jeder seine eigenen Interessen verfolgt.

Beispielsweise fordert der Auftraggeber von Ihrem Unternehmen eine angemessene Bauleistung für sein Geld, die Subunternehmer und Lieferanten erwarten von Ihnen als Kunde und Projektleiter einen fairen Umgang und Ihre Mitarbeiter sind in ihrer Arbeit darauf angewiesen, dass Subunternehmer und Lieferanten ihre Leistungen wie vereinbart erbringen.

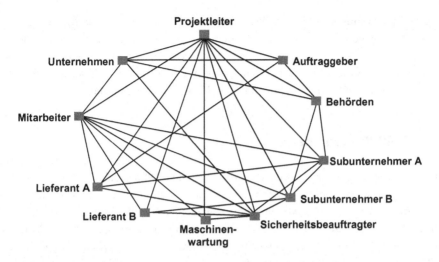

Abb. 8.1 Beispiel für ein Netzwerk wechselseitiger Interessen der Stakeholder

Eine erfolgreiche Projektdurchführung erfordert, dass Sie die unterschiedlichen Interessen managen und in Einklang bringen können. Dies erreichen Sie mit dem sogenannten Stakeholder Management.

Stakeholder Management umfasst die systematische Identifizierung und Analyse der unterschiedlichen Interessen der Stakeholder sowie ein geplantes Vorgehen, um sie mittels Kommunikation, Verhandlung, Überzeugung oder ggf. Beeinflussung in Einklang zu bringen mit den Projekt- bzw. Unternehmenszielen.

Die obige Grafik zeigt modellhaft die wechselseitigen Interessen möglicher Stakeholder eines Bauprojekts in Form eines Netzwerkdiagramms (Abb. 8.1).

Es existieren unterschiedliche Stakeholder-Managementkonzepte. Beispielsweise berücksichtigt das strategische Stakeholder Management bevorzugt jene Interessen, die zu einem wirtschaftlichen Gewinn beitragen. Hingegen berücksichtigt das normative Konzept auch ethisch bedingte Anliegen.

Das normative Stakeholder Management berücksichtigt ethisch-moralische Aspekte und insbesondere die soziale Verantwortung. Unternehmensentscheidungen dürfen nicht nur dem Management, den Eigentümern/Aktionären oder Kunden dienen. Die Interessen jener Stakeholder sind zu beachten, die von den unternehmerischen Entscheidungen betroffen sind wie z. B. Mitarbeiter. Der normative Ansatz geht davon aus, dass ein ethisch geprägtes Stakeholder-Management den Geschäftsverlauf langfristig positiv beeinflusst.

Normatives Stakeholder Management setzt sich im Bauwesen zunehmend durch. Beispielsweise führen immer mehr Bauunternehmen einen Code of Conduct ein. In diesen ethischen Orientierungshilfen und verbindlichen Verhaltensrichtlinien für alle Führungskräfte und Mitarbeiter werden auch nicht-ökonomische Stakeholder-Interessen berücksichtigt.

Ethisches Management berücksichtigt, dass Ethik und wirtschaftliches Handeln in einer sich gegenseitig prägenden Beziehung zueinanderstehen. Als Teilgebiet der Wirtschafts- und Unternehmensethik befasst sich ethisches Management mit Wertvorstellungen, die das wirtschaftliche Handeln bestimmen, und dem Verhältnis zwischen unternehmerischem Gewinnstreben, ethischen Idealen und moralischem Handeln[1].

8.2   EMB-Wertemanagement Bau

Der Bayerische Bauindustrieverband initiierte in den 1990er Jahren die Entwicklung eines ethischen Managementsystems mit dem Ziel, einen fairen und transparenten Wettbewerb zu stärken. Der Trägerverein „EthikManagement für die Bauwirtschaft e. V." entwickelte unter der wissenschaftlichen Begleitung von Prof. Karl Homann und Prof. Josef Wieland 1996 ein „EthikManagement für die Bauwirtschaft" (vgl. Ulrich und Wieland 2002, S. 239 ff.). In 2007 änderte der Verein seinen Namen in „EMB-Wertemanagement Bau e. V."[2] und den Namen des EthikManagement-Systems in „EMB-Wertemanagement Bau". Zudem wird seit 2007 die Initiative zur bundesweiten Einführung von Wertemanagementsystemen in der Bauwirtschaft von der Deutschen Bauindustrie e. V. unterstützt.

Grundlegende Ziele des EMB-Wertemanagement Bau
Das EMB-Wertemanagement Bau e. V. unterstützt mit seinem Wertemanagementsystem eine werteorientierte Unternehmensführung in der Bauwirtschaft.

Ausgehend von der interdependenten Beziehung zwischen Handlung und Handlungsrahmen sieht es das EMB-Wertemanagement Bau als seine Aufgabe an, die Handlungsbedingungen für die Baubranche so zu gestalten, dass die Einzelnen im Handlungsvollzug die Integrität, Fairness und Transparenz, die sie praktizieren wollen, ohne Nachteile auch praktizieren können (vgl. EMB-Wertemanagement Bau e. V. 2007, S. 4). Dieses soll im Rahmen eines sich selbstentwickelnden Lernprozesses geschehen.

Ein weiteres wesentliches Ziel des EMB-Wertemanagement Bau ist die Sicherung der Unternehmensexistenz und Steigerung des Unternehmenserfolgs.

Werte des EMB-Wertemanagement Bau
Die wesentlichen Werte des EMB-Wertemanagementsystems sind Fairness, Offenheit, Ehrlichkeit, Vertrauenswürdigkeit und Integrität.

---

[1]In der Literatur gibt es keine einheitlichen Definitionen zu Unternehmensethik und ethischem Management. Diese Definition berücksichtigt, dass es sich bei ethischem Management um eine unternehmerische und damit zweckgebundene Ethik handelt und nicht den Gesamtbereich ethischer Fragestellungen einbezieht.

[2]Das Kürzel „EMB" steht für den früheren Namen des Trägervereins „Ethikmanagement der Bauwirtschaft e. V.".

Als gelebte Werte prägen sie die Unternehmenskultur und bilden die Basis für wirtschaftliches Handeln.

Bereiche des EMB-Wertemanagement Bau
Das EMB-Wertemanagement Bau umfasst die Bereiche:

- Integritäts- und Risikomanagement
- Lieferanten- und Kundenmanagement
- soziale Verantwortung und bürgerliches Engagement.

Wesentliche Elemente des EMB-Wertemanagement Bau
Das EMB-Wertemanagement Bau umfasst mindestens folgende 4 verpflichtende Elemente:

- Kodifizierung
  Das zentrale Element des EMB-Wertemanagement Bau ist die Kodifizierung der Grundwerte eines Unternehmens. Das bedeutet, dass die verschiedenen Werte eines Unternehmens in eine Grundwerterklärung zusammengefasst werden, z. B. in einem Leitbild oder einem vergleichbaren Dokument.
  Mit der Grundwerte-Erklärung dokumentiert das Unternehmen seine grundsätzlichen Werte, auf denen seine internen und externen Unternehmensaktivitäten basieren.
  Eine Grundwerte-Erklärung im Sinne des EMB-Wertemanagement Bau erfordert eindeutige Stellungnahmen zur Unternehmensintegrität, wie die Einhaltung von Rechtsvorschriften und faires Verhalten gegenüber den Geschäftspartnern.
- Implementierung
  Die abstrakten Grundwerte werden in das Unternehmen integriert durch die Entwicklung entsprechender unternehmensspezifischer Verhaltensstandards wie z. B. Rechtstreue, Ablehnung wettbewerbsbeschränkender Vereinbarungen und den Umgang mit Stakeholdern wie z. B. Kunden und Lieferanten.
  Führungskräfte haben in ihrer Vorbildfunktion die Aufgabe, die Verhaltensstandards vorzuleben und ihren Mitarbeitern zu vermitteln. Die Information der Mitarbeiter kann z. B. über Schulungen erfolgen, in denen Inhalte und Konsequenzen des Wertemanagementsystems vermittelt werden.
  Ein wesentliches Instrument zur Durchsetzung der Verhaltensstandards ist ihre Integration in das Arbeitsverhältnis.
- Kontrolle
  Im Rahmen einer Umsetzungskontrolle kann ein Unternehmen seine Bereitschaft und seine Fähigkeit bezogen auf die Umsetzung des Wertemanagementsystems deutlich machen.
  Mit einer internen Kontrolle überprüft ein Unternehmen selbst, ob die Grundwerte und Verhaltensstandards im Geschäftsalltag umgesetzt werden.

Durch ein externes Audit und einen neutralen Auditor kann ein Unternehmen seine Bestrebungen zur Umsetzung der Grundwerte nachweisen. Unternehmer, die das EMB-Wertemanagement nachweisbar umsetzen, zeigen internen und externen Partnern, dass sie sich für ein faires Geschäftsgebaren einsetzen.

- Organisation
Für die Einführung und Umsetzung eines Wertemanagementsystems ist die Unternehmensleitung verantwortlich. Dabei übernimmt sie eine Vorbild- und Entscheidungsfunktion. Im Rahmen ihrer Entscheidungsfunktion entscheidet sie bei ethischen Konfliktsituationen über das jeweils richtige Verhalten unter Offenlegung der Gründe für die Entscheidung.
Organisatorisch übernimmt ein Mitglied der Unternehmensleitung die Verantwortung für das Wertemanagement. Diese Führungskraft ist verantwortlich für die strategische Integration des Wertemanagements und seine operative Umsetzung durch die Mitarbeiter.

Vorteile durch EMB-Wertemanagement Bau

Folgende positive Effekte können z. B. durch ein Wertemanagement realisiert werden:

EMB-Wertemanagement im Unternehmen

- Eine wertorientierte, gelebte Unternehmenskultur fördert die Identifikation der Mitarbeiter mit dem Unternehmen und wirkt positiv auf die Mitarbeitermotivation.
Motivierte Mitarbeiter wollen gute Leistungen erbringen, was eine kontinuierliche Verbesserung der Qualität von Produkten und Prozessen sowie der Kostenstruktur fördert.

- Das Wertemanagement beeinflusst auch die Ausgestaltung des Risikomanagements: Im Rahmen des Risikomanagements werden eventuelle Prozess- und Verhaltensrisiken berücksichtigt, die nicht mit dem Wertemanagement übereinstimmen. Präventiv wird durch die Vorgabe, Gesetze und Vorschriften einzuhalten, eine Verhaltensweise festgelegt, die in kritischen Situationen handlungsleitend sein soll.
Ziel ist die Vermeidung unrechtmäßigen Handelns bezogen auf die Vorschriften zur Unternehmensführung (Corporate Governance), Aufsichtspflicht und Organhaftung[3].

EMB-Wertemanagement im Markt

- Ein Wertemanagement verbessert die Marktzutrittschancen. Zunehmend fordern private und öffentliche Auftraggeber den Nachweis eines Wertemanagements als Vorbedingung zur Zulassung zur Auftragsvergabe und als Anforderung der Lieferantenklassifizierung.

---

[3]Eine Aktiengesellschaft hat die 3 Organe: Vorstand, Aufsichtsrat und Hauptversammlung. Der Begriff Organhaftung bezeichnet die Verpflichtung des Organmitglieds, für durch ihn verursachte Schäden einzustehen und Ersatz zu leisten.

- Im Rahmen eines Nachunternehmer- und Lieferantenmanagements werden die Unternehmen moralisch und juristisch für das Verhalten ihrer Nachunternehmer und Lieferanten verantwortlich gemacht.
  Die verbindlichen Verhaltensstandards für Nachunternehmer und Lieferanten sind Bestandteile der Geschäftsbeziehungen. Somit besteht eine Rechtssicherheit für alle Beteiligten, was dazu führt, dass sich das Konfliktpotenzial und die damit verbundenen Kosten reduzieren.

EMB-Wertemanagement und Unternehmensverantwortung

Ein Wertemanagement berücksichtigt auch die soziale und gesellschaftliche Verantwortung des Unternehmens z. B. mittels Corporate Social Responsibility.

Im Rahmen von Corporate Social Responsibility (CSR) übernehmen Unternehmen oder sonstige Organisationen wie z. B. Verbände freiwillig gesellschaftliche Verantwortung, die über ihre rechtlichen Pflichten hinausgeht. Die Europäische Union definiert CSR als ein System, das den Unternehmen als Grundlage dient, auf freiwilliger Basis soziale Belange und Umweltbelange in ihre Unternehmenstätigkeit und in die Wechselbeziehungen mit den Stakeholdern zu integrieren. (vgl. Kommission der Europäischen Gemeinschaften 2001, S. 7)

CSR bietet Unternehmen die Möglichkeit, weitergehende gesellschaftliche Ziele zu verfolgen und Standards zu setzen. Beispielsweise steigt die Zahl der Unternehmen, die von ihren Zulieferern aus Entwicklungsländern fordern, dass die gelieferten Produkte ausschließlich ohne Kinderarbeit hergestellt werden. Das freiwillige Engagement der Unternehmen gilt als ein neues Zusammenspiel zwischen Wirtschaft, Politik und Gesellschaft und wird durch die Politik gefördert.

CSR fördert die Reputation eines Unternehmens und ermöglicht ihm, eigene Aktivitäten und Interessen in gesellschaftliche und politische Prozesse einzubringen und zu verfolgen.

Empirische Untersuchungen zum EMB-Wertemanagement Bau haben ergeben: Die Ausrichtung eines Unternehmens an Wertvorstellungen und ihre Implementierung in den relevanten Unternehmensstrukturen fördern positive Effekte wie die Verbesserung von Kommunikation, Führungsstil, Informationsverhalten und Rechtssicherheit sowie eine Intensivierung aller Arten von Geschäftskontakten.

8.3 Partnering im Bauwesen

Generell handelt es sich bei **Partnering** um einen Managementansatz, der ein kooperatives Verhalten zwischen Auftraggeber und Auftragnehmer sowie weiteren Beteiligten regelt, da Kooperation eine wesentliche Voraussetzung für eine erfolgreiche Projekt- bzw. Geschäftsdurchführung ist. Wesentliche Grundsätze des Partnering-Ansatzes sind eine gemeinsame Zielvereinbarung sowie eine abgestimmte Vorgehensweise zur Entscheidungsfindung und Problemlösung. Mittels konkreter Methoden und

Arbeitsweisen werden die abstrakten Prinzipien konkretisiert und in die Projektdurchführung integriert. Generelle Ziele des Partnering sind die konstruktive Zusammenarbeit zwischen Auftraggeber und Auftragnehmer sowie weiteren Projektbeteiligten und die Förderung des wirtschaftlichen Erfolges.

Entstanden ist die Partnering-Idee in den USA als Reaktion auf ein eskalationsorientiertes Geschäftsverhalten: Anfang der 1980er Jahre führte die Wirtschaftsrezession zu starken Einbußen in der Bauindustrie. Die veränderte Marktsituation förderte ein auf Eskalation ausgerichtetes Verhalten der Bauunternehmen, wobei die Auseinandersetzungen zunehmend mit spezialisierten Bauanwälten auf dem Rechtsweg ausgetragen wurden. Einen ersten Widerstand gegen die aggressive Art der Projektdurchführung leistete das Mineralölunternehmen Shell, das für seine Ölförderung eine rasche Entwicklung und Erstellung von Ölplattformen benötigte. Bereits 1984 vereinbarte Shell Oil ein Partnering-Agreement und die Idee des Partnering-Modells setze sich zunehmend in den USA durch.

Zu Zeiten der Baukrise in England in den 1990er Jahren wurde nach Alternativen zu einem eskalationsgeprägten Marktverhalten gesucht und der Partnering-Ansatz aufgegriffen. Nachdem die englische Regierung den Aspekt des Partnering in die Vergabepraxis integriert hatte, wurde der Partnering-Ansatz Teil der englischen Standardvertragsbedingungen. Von England und Amerika ausgehend hat sich der Partnering-Ansatz weltweit verbreitet.

Als Mitte der 1990er Jahre die Baukrise in Deutschland einsetzte, begann in der deutschen Baubranche ein Verdrängungswettbewerb sowie eine auf Eskalation ausgerichtete Projektdurchführung mit einem ausgeprägten Claimmanagement.

Kennzeichnend für die Situation der deutschen Bauwirtschaft war und ist u. a.:

- Akquisition zu nicht kostendeckenden Preisen
- Übernahme nicht kalkulierbarer Risiken in den Bauvertrag
- Budget- und Terminüberschreitungen
- mangelhafte Planungen
- geringe Toleranzschwelle bezogen auf Nachträge, Behinderungen etc.
- defizitäre bzw. unvorteilhafte Projektlösungen
- hohes Konfliktkostenrisiko.

Das Interesse, die konfliktorientierte Vorgehensweise in der Bauprojekt- und Bauvertragsabwicklung in ein partnerschaftlich geprägtes Verhalten zu ändern, sowie die positiven internationalen Erfahrungen mit dem Partnering-Ansatz führten dazu, dass der Hauptverband der Deutschen Bauindustrie in 2005 eine Initiative zur Förderung von Partnering in der Bauwirtschaft startete. (vgl. Schmidt und Damm 2008, S. 130).

Das Partnering-Modell des Hauptverbandes der Deutschen Bauindustrie e. V
Die Umsetzung des Partnering-Ansatzes wird exemplarisch vorgestellt anhand des Partnering-Modells des Hauptverbandes der Deutschen Bauindustrie e. V.

Die Philosophie des Partnerings im Bauwesen lautet **Kooperation statt Konfrontation** (vgl. Hauptverband der Deutschen Bauindustrie e. V. 2005, S. 3). Das Partnering-Modell soll eine konstruktive Zusammenarbeit zwischen den Vertragsparteien fördern, die von dem Gedanken eines gemeinsamen Erfolges geprägt ist.

Mit Partnering bei Bauprojekten soll erreicht werden, dass durch eine gemeinsame Zielorientierung der Vertragspartner

- Win-win-Potenziale freigesetzt und genutzt werden können
- eine effiziente Projektdurchführung unterstützt wird
- Konfliktpotenziale minimiert werden.

Ein wesentlicher Grundgedanke des Partnering ist, dass durch gegenseitiges Vertrauen und eine gemeinsame Zielorientierung Projekte rascher durchgeführt werden können und bei besserer Qualität geringere Kosten entstehen – was wiederum die Zufriedenheit aller Beteiligter fördert.

Entsprechend sind bei Partnerschafts-Modellen die Ziele eines gemeinsamen Projekterfolges und die Optimierung der Baudurchführung handlungsleitend.

Erfolgsfaktoren von Partnering-Modellen

Zu den Erfolgsfaktoren des Partnering-Modells gehören folgende Prinzipien:

- die frühzeitige Einbindung eines Bauunternehmers, um seine Ausführungskompetenz bereits in der Planungsphase nutzen zu können; dabei ist die Gestaltungshoheit des Architekten zu gewährleisten,
- eine gemeinsame Definition des Bau-Solls und eine identische Bau-Soll-Auslegung vor Vertragsabschluss durch die Vertragspartner,
- eine ausgewogene Vertragsgestaltung und Risikominimierung für die beteiligten Vertragspartner,
- eine transparente Zusammensetzung der pauschalierten Vergütung nach dem Prinzip der gläsernen Taschen sowie ggf. eine. Guaranteed Maximum Price (GMP)-Vergütung,
- eine Einigung auf Projektablaufstrukturen, dokumentiert im Projekthandbuch, sowie ein gemeinsames Projektcontrolling,
- eine Einigung auf außergerichtliche Konfliktlösungsmodelle wie z. B. Mediation.

Ein wesentlicher Aspekt des Partnering-Ansatzes ist die Zusammenführung aller Projektbeteiligten in ein Team, um eine optimale Zusammenarbeit zu erreichen.

Ablauf des Partnering-Prozesses

Bauvorhaben nach dem Partnering-Modell umfassen grundsätzlich die 2 Phasen Bauvorbereitung und Baudurchführung.

Ausgehend von seiner Zielvorstellung und einem Vorentwurf wird durch den Bauherrn ein Kompetenzwettbewerb initiiert, um das beste Bauunternehmen für die Phase der Bauvorbereitung zu beauftragen.

- **Phase 1: Bauvorbereitung**
  Die erste Phase Bauvorbereitung startet mit der vertraglichen Einbindung eines Bauunternehmers in den Planungsprozess. Der zeitige Einbezug der fachlichen Kompetenz der Bauunternehmung ermöglicht eine frühe Überprüfung der Planungen auf Risiken und Umsetzbarkeit sowie die Erarbeitung von Verbesserungsvorschlägen zur Reduzierung von Bau- und Betriebskosten bei gleichbleibend hoher Bauwerksqualität.
  Bauherr und Bauunternehmer definieren gemeinsam das Bau-Soll und einigen sich auf eine identische Bau-Soll-Auslegung. Auf dieser Basis erstellt das Bauunternehmen ein differenziertes Angebot und einen Terminplan für die Bauphase. Mit der Übergabe des Angebots für die zweite Phase der Bauausführung an den Bauherrn endet die Phase der Bauvorbereitung.
  Ein relevanter Aspekt des Partnering-Modells ist, dass am Ende der ersten Phase für beide Vertragspartner die Option besteht, die Zusammenarbeit zu beenden. Wenn die Entwurfsplanung mit ihren Preisen und Terminen den Vorstellungen des Bauherrn entspricht und beide Vertragspartner mit der Kooperation zufrieden waren, wird i. d. R. die Zusammenarbeit fortgesetzt.
- **Phase 2: Bauausführung**
  Für die Bauphase schließen Bauherr und Bauunternehmer einen Bauvertrag ab, in dem auch die grundsätzlichen partnerschaftlichen Prinzipien vereinbart sind. Entsprechend einigen sich die Vertragspartner auf die Projektablaufstrukturen und führen ein gemeinsames Projektcontrolling durch.

Vorteile durch Partnering

Die kooperative Zusammenarbeit zwischen Bauherrn und Bauunternehmer führt zu folgenden Vorteilen:

- Optimierung des Planungsprozesses
  Die frühzeitige Einbindung des Bauunternehmers ermöglicht, dass seine Verbesserungsvorschläge direkt in die Planung integriert werden und somit Wiederholungsschleifen im Planungsprozess vermieden werden können.
- Verkürzung der Projektdauer
  Durch die Einigung auf das Bau-Soll sowie Preise und Termine in der ersten Phase kann nach Abschluss des Bauvertrages mit der Bauausführung direkt begonnen werden. Zeitaufwendige Ausschreibungen entfallen. Zudem kann der Bauunternehmer sofort mit den Arbeiten beginnen, da er wesentliche Vorüberlegungen in Phase 1 geleistet hat.

- Reduzierung von Konfliktpotenzial
  Eine frühzeitige Einbeziehung des Bauunternehmers ermöglicht ihm, eventuelle Planungsrisiken zu erkennen und einzuschätzen. Somit ist für ihn die bauvertragliche Übernahme von Planungsrisiken kalkulierbar, was seine Leistungssicherheit erhöht. Zudem wird durch die identische Bau-Soll-Auslegung der Vertragspartner das Nachtragsrisiko minimiert.
  Die Vermeidung von Auseinandersetzungen um Nachträge führt zu einer Reduzierung des Konfliktpotenzials.
- Außergerichtliche Konfliktlösungen
  Außergerichtliche Auseinandersetzungen, z. B. im Rahmen eines Mediationsverfahrens, ermöglichen sachlich-kompetente Konfliktlösungen zeitnah und gemeinsam zu erarbeiten.
  Eine zügig erzielte Einigung trägt dazu bei, dass Projekttermine gehalten und konfliktbedingte Projektkosten vermieden werden können.
- Kosteneinsparungen und -sicherheit
  Die oben genannten Vorteile fördern die Einsparung von Ausgaben und die Kostensicherheit für Bauherrn und Bauunternehmer.

Das Partnering-Modell fördert durch die kooperative Zusammenarbeit der Vertragspartner eine kostengünstige und zügige Projektdurchführung bei guter Qualität und einer hohen Zufriedenheit aller Beteiligter.

Partnering bei Bauprojekten und EMB-Wertemanagement Bau sind mit ihrer partnerschaftlichen und fairen Vorgehensweise praktikable Ansätze eines Fair-Managements in der Bauwirtschaft.

Literatur

Appelo, J.: Management 3.0: Leading Agile Developers, Developing Agile Leaders, Pearson Education, Inc., Boston/USA, 2011

Bährle, R.J.: Arbeitsrecht für Arbeitgeber: Tipps zur Vermeidung von kostspieligen Fehlern, Verlag Linde, Wien, 2010

Bauer, T.: Die Vereindeutigung der Welt: Über den Verlust an Mehrdeutigkeit und Vielfalt, Verlag Reclam, Philipp, jun. GmbH, Ditzingen, 2. Auflage, 2018

Bausenwein, M./ Erett, A. Aufbau eines Innovationsmanagements durch die Technologieberatung UNITY, in: Fisch, J.H. / Roß, J.-M. (Hrsg.): Fallstudien zum Innovationsmanagement, Wiesbaden, 2009, S. 51–68

Becker, F.: Mitarbeiter wirksam motivieren - Mitarbeitermotivation mit der Macht der Psychologie, Verlag Springer, Berlin, 2019

Bertagnolli, F.: Lean Management: Einführung und Vertiefung in die japanische Management-Philosophie, SpringerGabler Verlag, Wiesbaden, 2018

Berthel, J.: Personalmanagement, Schäfer-Poeschel Verlag, Stuttgart, 1997

Birker, K.: Projektmanagement, Cornelsen Giradet, Berlin, 2002

Bischoff, I: Körpersprache und Gestik trainieren: Auftreten in beruflichen Situationen. Ein Arbeitshandbuch, Beltz Verlag, Weinheim und Basel, 2007

Blahusch, F.: Organisation, formale-informale, in: Fuchs/Klima/Lautmann/Rammstedt/Wienold (Hg.): Lexikon der Soziologie, Westdeutscher Verlag, Opladen, 1978, S. 548

Brenner, J: Lean Production: Praktische Umsetzung zur Erhöhung der Wertschöpfung, Carl Hanser Verlag GmbH & Co. KG; 3. Auflage, München, 2018

Bruhn, M. Kundenorientierung: Bausteine für ein exzellentes Customer-Relationship-Management (CRM), DTV-Beck Verlag, München, 2012

Bundesministerium für Gesundheit, Die Drogenbeauftragte der Bundesregierung (Hrsg.): Drogen- und Suchtbericht 2019, Berlin 2019

Burns, J. MacG.: Leadership, Harper & Row, New York, 1978

Cerwinka, G./Schranz, S.: Die Macht der versteckten Signale: Wortwahl – Körpersprache – Emotionen. Nonverbale Widerstände erkennen und überwinden, Linde Verlag, Wien, 2014

Covey, S. R.: Die 7 Wege zur Effektivität: Prinzipien für persönlichen und beruflichen Erfolg, Wilhelm Heyne Verlag, München, 1998

Conner, D./Clements, E.: Die strategischen und operativen Gestaltungsfaktoren für erfolgreiches Implementieren, in: Spalinek, H. (Hrsg.): Werkzeuge für Change-Management, Verlag Frankfurter Allgemeine Zeitung, Frankfurt a.M., 1999, S. 22–64

Croset, P./Dobler, M.: Die rechtssichere Abmahnung: Ein Leitfaden für Personalabteilung und Geschäftsführung, Gabler Verlag, Wiesbaden, 2012

© Springer Fachmedien Wiesbaden GmbH, ein Teil von Springer Nature 2021   259
B. Polzin und H. Weigl, *Führung, Kommunikation und Teamentwicklung im Bauwesen,*
https://doi.org/10.1007/978-3-658-31150-6

De Bono, Edward: Das Sechsfarben-Denken: Ein neues Trainingsmodell, Econ, 1987

Dehner, R./Dehner, R.: Coaching als Führungsinstrument. So fördern Sie Mitarbeiter in schwierigen Situationen, Campus Verlag, Frankfurt a.m., 2009

DHS/BEK: Deutsche Hauptstelle für Suchtfragen e. V. (DHS), Barmer (BEK) GEK (Hrsg.): Alkohol am Arbeitsplatz – Eine Praxishilfe für Führungskräfte, Hamm, 2010

Dick, R. van/West, M.A.: Teamwork, Teamdiagnose, Teamentwicklung: Praxis der Personalpsychologie, Hogrefe-Verlag, Göttingen, 2005

Dill, P.: Unternehmenskultur. Grundlagen und Anknüpfungspunkte für ein Kulturmanagement, BDW Service- und Verlag-Ges. Kommunikation, Bonn, 1986

Doppler, K./Lauterburg, C: Change Management: Den Unternehmenswandel gestalten, Campus Verlag, Frankfurt a.m., 2014

Eberhardt, St.: Wertorientierte Unternehmensführung. Der modifizierte Stakeholder-Value-Ansatz, Deutscher Universitätsverlag, Wiesbaden, 1998.

Edmüller, A./Willhelm, T.: Manipulationstechniken. So wehren Sie sich, Haufe Gruppe, München, 2016

EMB-Wertemanagement Bau e. V. (Hrsg.): EMB-Wertemanagement Bau, München 2007

Epskamp, H.: System, kulturelles, in: Lexikon zur Soziologie, Westdeutscher Verlag, Opladen, 1994, S. 662–663

Erll, A./Gymnich, M.: Interkulturelle Kompetenzen, Klett Verlag, Stuttgart, 2013

Eyer, E./Hausmann, T.: Zielvereinbarung und variable Vergütung, SpringerGabler, Wiesbaden, 2018

Fengler, J./Rath, U.: Feedback geben: Strategien und Übungen, Beltz Verlag, Weinheim und Basel, 2009

Fiedler, M.: Das Toyota-Production-System - TPS, in: Fiedler, M. (Hrsg.): Lean Construction - Das Managementhandbuch, SpringerGabler Verlag, Wiesbaden, 2018, S. 39–63

Fischbacher, A.: Geheimer Verführer Stimme: Erfolgsfaktor Stimme. 77 Antworten zur unbewussten Macht in der Kommunikation, Junfermannsche Verlagsbuchhandlung, Paderborn, 2010

Fischer-Epe, M.: Coaching: Miteinander Ziele erreichen, Rowohlt Taschenbuch Verlag, Reinbek bei Hamburg, 2012Fisher, R./Ury, W. L./Patton, B. M.: Das Harvard-Konzept: Ein Klassiker der Verhandlungstechnik, Campus Verlag, Frankfurt/Main, 1996

Francis, D./Young,D.: Mehr Erfolg im Team: ein Trainingsprogramm mit 46 Übungen zur Verbesserung der Leistungsfähigkeit in Arbeitsgruppen, Windmühle Verlag, Hamburg, 1996

Friedag, H.R./Schmidt, W.: My Balanced Scorecard: Das Praxishandbuch für Ihre individuelle Lösung, Haufe Verlag, Freiburg, 2008

Fuchs, R./Resch, M: Alkohol und Arbeitssicherheit, in: Fuchs, R. et al. (Hrsg.): Betriebliche Sucht¬prävention, Verlag für Angewandte Psychologie, Göttingen, 1998, S. 31–49

Gabler Wirtschafts-Lexikon (mit 6 Bänden), Gabler Verlag, Wiesbaden, 1988

Glasl, F. (Hrsg.): Konfliktmanagement: Ein Handbuch für Führungskräfte, Beraterinnen und Berater, Haupt Verlag, Bern/Verlag Freies Geistesleben, Stuttgart, 2010

Glass, L. Sprich doch einfach Klartext! Wie man selbstbewusst kommuniziert und die Initiative ergreift, Oesch Verlag, Zürich, 2000

Glatz, H./Graf-Götz, F.: Handbuch Organisation gestalten, Beitz Verlag, Weinheim/Basel, 2007

Göbel, E.: Stakeholder-Management. Ein Beitrag zum ethischen Management, in: Brink, A./ Tiberius, V.A. (Hrsg.): Ethisches Management, Haupt Verlag, Bern, 2005, S. 87–129

Goleman, D.: Emotionale Intelligenz, Deutscher Taschenbuch Verlag, München, 1997

Goleman, D./Kaufman, P./Ray, M.: Kreativität entdecken, Carl Hanser Verlag, München, 1997

Gordon,T.: Managerkonferenz. Effektives Führungstraining, Wilhelm Heyne Verlag, München, 1998

Gostomzyk, J.G.: Alkohol im Unternehmen: vorbeugen – erkennen – helfen, Landeszentrale für Gesundheit in Bayern e. V. (Hrsg.), München, 2009

Grote, S./Kauffeld, S./Frieling, E. (Hrsg.): Kompetenzmanagement – Grundlagen und Praxisbeispiele, Schäffer-Poeschel, Stuttgart, 2012

Grotzfeld, S./Haub, C./Mentzel, W.: Mitarbeitergespräche, Haufe Verlag, München, 2009

Günthner, W.A./Boppert, J.: Lean Logistics: Methodisches Vorgehen und praktische Anwendung in der Automobilindustrie, SpringerVieweg, Wiesbaden, 2013

Hachtel, G./Holzbaur, U.: Management für Ingenieure, Vieweg+Teubner, Wiesbaden, 2010

Haeske, U.: Team- und Konfliktmanagement, Cornelsen Verlag, Berlin, 2008

Hammacher, P./Erzigkeit, I./Sage, S.: So funktioniert Mediation im Planen und Bauen, Vieweg+Teubner Verlag, Wiesbaden, 2008

Harms, M.: Abmahnung und Kündigung: Ein Schnelleinstieg für Führungskräfte und Personaler, Books on Demand, Norderstedt, 2012

Hauptverband der Deutschen Bauindustrie e. V. (Hrsg.): Partnering bei Bauprojekten, Berlin, 2005

Heidenreich, S.: Englisch für Architekten und Bauingenieure – English for Architects and Civil Engineers, Vieweg+Teubner Verlag, Wiesbaden, 2008

Heinen, E.: Unternehmenskultur: Perspektiven für Wissenschaft und Praxis, Oldenbourg Wissenschaftsverlag, , München, 1987

Hentze, J./Graf, A./Kammel, A./Lindert, K.: Personalführungslehre – Grundlagen, Funktionen und Modelle der Führung, UTB, Stuttgart, 2005

Herbig, A. F. (Hrsg.): Führungskonzepte und -theorien: Grundlagen professioneller Mitarbeiterführung, Books on Demand, Norderstedt 2005

Hiatt,J.M./Creasey, T.J.: Change Management: The People Side of Change, Prosci Inc, Loveland, Colorado, USA, 2012

Hofert, S.: Das agile Mindset, SpringerGabler, Wiesbaden, 2018

Hoffmann, E.: Manage Dich selbst und nutze Deine Zeit, W3 l-Verlag, Witten, 2007

Hoffmann, O.: Performance Management. Systeme und Implementierungsansätze, Verlag Paul Haupt, Bern/Stuttgart/Wien, 2000

Horvath, P.: Controlling, 5. Auflage, München, Verlag F. Vahlen, 1994

Hungenberg, H.: Problemlösung und Kommunikation im Management: Vorgehensweisen und Techniken, Oldenbourg Wissenschaftsverlag, München, 2010

Jäger, R.: Selbstmanagement und persönliche Arbeitstechniken, Verlag Dr. Götz Schmidt, Wettenberg, 2007

Jaworski, J./Zurlino, F.: Innovationskultur: Vom Leidensdruck zur Leidenschaft, Campus Verlag, Frankfurt/New York, 2009

Jetter, W.: Performance Management, Schäfer-Poeschel Verlag, Stuttgart, 2000

Jochum, E. „Laterale" Führung und Zusammenarbeit mit Kollegen, in: Rosenstiel, L. v./Regnet, E./Domsch, M. (Hrsg): Führung von Mitarbeitern, Auflage: 4, Stuttgart, 1999, S. 429–439

Jung, R. H./Bruck, J./Quarg, S.: Allgemeine Managementlehre. Lehrbuch für die angewandte Unternehmens- und Personalführung, Erich Schmidt Verlag, Berlin, 2013

Kamiske, G.F./Brauer, J.-P.: ABC des Qualitätsmanagements, Carl Hanser Verlag, München, 2012

Kaplan, R.S./Norton, D.P.: Balanced Scorecard. Strategien erfolgreich umsetzen, Schäfer-Poeschel Verlag, Stuttgart, 1997

Karst, K.: Strategisches Management, Cornelsen Verlag, Berlin, 2000

Kellner, H.: Konferenzen, Sitzungen, Workshops effizient gestalten, Hanser Verlag, München, 2000a

Kellner, H.; Projekte konfliktfrei führen, Hanser Verlag, München, 2000b

Kessler, T./Fritsche, I.: Sozialpsychologie, Springer Fachmedien, Wiesbaden, 2018

Kirn von G.: Manipulation, in: Fuchs, W. et al.. (Hrsg.): Lexikon zur Soziologie, Westdeutscher Verlag, Opladen, 1994, S. 414

Kitzmann, Q./ Brenk, W.: Entwicklung von Lean Management hin zu Lean Construction, in: Fiedler, M. (Hrsg.): Lean Construction - Das Managementhandbuch, SpringerGabler Verlag, Wiesbaden, 2018, S. 79–92.

Klasen, J.: Business Transformation, SpringerGabler, Wiesbaden, 2019

Klau, R.: How Google set goals:OKRs, https://library.gv.com/how-google-sets-goals-okrs-a1f69b0b72c7, 2013

Klein, Z.M.: Kreative Seminarmethoden, GABAL Verlag, Offenbach, 2003

Klevers, T.: Agile Prozesse mit Wertstrommanagement – Ein Handbuch für Praktiker, CETPM Publising, Weiden i.d. OPF., 2015

Knoblauch, J./Wöltje, H./Hausner,M./Kimmich, M.: Zeitmanagement, Haufe Verlag, Freiburg 2012

Kochendörfer, B./Liebchen, J./Viering, M.: Bau-Projekt-Management: Grundlagen und Vorgehensweisen, Vieweg+Teubner Verlag, Wiesbaden, 2004

Kommission der Europäischen Gemeinschaft (Hrsg.): Grünbuch. Europäische Rahmenbedingungen für die soziale Verantwortung der Unternehmen, Brüssel, 2001

Königswieser, R./Sonuç, E./Gebhardt, J./Hillebrand, M.: Das Komplementär-Modell; in: Königswieser, R./Sonuç, E./Gebhardt J. (Hrsg.): Komplementärberatung: Das Zusammenspiel von Fach- und Prozess-Know-how, Klett-Cotta Verlag, Stuttgart, 2006

Kotter, J.P.: Chaos Wandel Führung – Leading Change, ECON Verlag, Düsseldorf, 1997

Kotter, J.P.: Force For Change: How Leadership Differs from Management, THE FREE PRESS a Division of Simon & Schuster Inc., New York, 1990

Kranz, Ch.:Durch Selbstreflexion zum Erfolg, Symbolon Verlag, Wien, 2011

Kraus, G./Becker-Kolle, C./Fischer, T.: Change-Management, Cornelsen Verlag, Berlin, 2010

Kröger, S./Fiedler, M.: Praxiserfahrung aus der Implementierung von Lean Construction, in: Fiedler, M. (Hrsg.): Lean Construction - Das Managementhandbuch, SpringerGabler Verlag, Wiesbaden, 2018, S. 425–446

Kromrei, S.: Zur Bedeutung und Praxis von Kompetenzmodellen für Unternehmen, Rainer Hampp Verlag, München und Mering, 2006

Krüger, W.: Teams führen, Haufe Verlag, München, 2007

Kruse, P.: Next Practice: Erfolgreiches Management von Instabilität: Veränderung durch Vernetzung, GABAL Verlag, Offenbach, 2005

Laufer, H.: Grundlagen erfolgreicher Mitarbeiterführung, GABAL Verlag, Offenbach, 2005

Leimböck, E./Klaus, U.R./Hölkermann, O.: Baukalkulation und Projektcontrolling: unter Berücksichtigung der KLR Bau und der VOB, Vieweg+Teubner, Wiesbaden, 2011

Liker, J.K.: Der Toyota Weg: 14 Managementprinzipien des weltweit erfolgreichsten Automobilkonzerns, FinanzBuch Verlag, München, 6. Auflage, 2009

Liker, J.K./Hoseus, M.: Die Toyota Kultur: Das Herz und die Seele von „Der Toyota Weg", FinanzBuch Verlag, München, 2016

Linde, B. von der/Heyde, A. von der: Psychologie für Führungskräfte, Haufe Verlag, Freiburg, 2007

Lobscheid, G.: Mitarbeiter einvernehmlich führen, Deutscher Taschenbuch Verlag, München, 1998

Lorenz, M./Rohrschneider, U.: Personalauswahl – schnell und sicher Top-Mitarbeiter finden, Haufe Verlag, München, 2002

Maehrlein, K: Wie Agilität gelingt: Ein agiles Mindset entwickeln – typische Hürden meistern, GABAL Verlag, Offenbach a.M., 2020

Mahlmann, R.: Führungsstile gezielt einsetzen, Beltz-Verlag, Weinheim und Basel, 2011

Matschnig, M: Körpersprache im Beruf: Wie Sie andere überzeugen und begeistern, Gräfe & Unzer Verlag, München, 2012

McGregor, D.: Der Mensch im Unternehmen, McGraw-Hill Book Company GmbH, Hamburg 1986

Meinhardt, St./Pflaum, a. (Hrsg.): Digitale Geschäftsmodelle – Band 1, Springer Vieweg, Wiesbaden, 2019

Moesslang, M.: So würde Hitchcock präsentieren: Überzeugen Sie mit dem Meister der Spannung, Redline Verlag, München, 2011

Müller, R. C.: E-Leadership: Neue Medien in der Personalführung, Verlag Books on Demand, Norderstedt, 2008

Molcho, S.: Alles über Körpersprache: sich selbst und andere besser verstehen, Mosaik Verlag, München, 2002

Müller, G.: Führung durch Selbstführung, in: Gruppendynamik und Organisationsberatung, 36. Jahrgang, Heft 3, S. 325–334

Neuberger, O.: Führen und führen lassen, UTB, Stuttgart, 2002

Nyiri, A.: Corporate Performance Management. Ein ganzheitlicher Ansatz zur Gestaltung der Unternehmenssteuerung, facultas.wuv Verlag, Wien, 2007

Oelsnitz, D. von der/Busch, M.W.: Team: Toll, ein anderer macht's!: Die Wahrheit über Teamarbeit, Ovell Füssli Verlag, Zürich, 2012

Ohno, T.: Das Toyota-Produktionssystem, Campus Verlag, Frankfurt/Main, 2013

Pelz, W. Transformationale Führung – Forschungsstand und Umsetzung in der Praxis, in: C. von Au (Hrsg.), Wirksame und nachhaltige Führungsansätze, Springer Fachmedien, Wiesbaden, 2016, S. 93–112

Pleier, N.: Performance-measurement-systeme und der Faktor Mensch: Leistungssteuerung effektiver gestalten, Gabler Verlag, Wiesbaden, 2008

Pöhm, M.: Präsentieren Sie noch oder faszinieren Sie schon?, mvg Verlag, Heidelberg, 2006

Pricewaterhouse Coopers (Hrsg.): Digitalisierung der deutschen Bauwirtschaft, Juni 2019, in: https://www.pwc.de/de/digitale-transformation/digitalisierung-der-deutschen-bauindustrie-2019.pdf, Abruf: 23.03.2020

Probst, H.-J.: Balanced Scorecard leicht gemacht: Zielgrößen entwickeln und Strategien erfolgreich umsetzen, Redline Wirtschaftsverlag, Heidelberg, 2007

Pullig, K.-K.: Innovative Unternehmenskulturen, Rosenberger Fachverlag, Leonberg, 2000

Röhner, J./Schütz, A.: Psychologie der Kommunikation, Springer Fachmedien, 2. Auflage, Wiesbaden, 2016

Rosenstiel, L.v.: Motivation im Betrieb, Rosenberger Fachverlag, Leonberg, 2010

Schallmo, D./Reinhart, J./Kuntz, E.: Digitale Transformation von Geschäftsmodellen erfolgreich gestalten: Trends, Auswirkungen und Roadmap, SpringerGabler, Wiesbaden, 2018

Schirmer, U./Woydt, S.: Mitarbeiterführung, Springer Gabler Verlag, Berlin/Heidelberg, 2012

Schmidt, B./Damm, von C.: Partnering-Modelle der Bauunternehmen im Hochbau, in: Eschenbruch/Racky. (Hrsg): Partnering in der Bau- und Immobilienwirtschaft, Kohlhammer Verlag, Stuttgart, 2008, S. 130–145

Schmidt, G.: Prozessmanagement. Modelle und Methoden, SpringerGabler/Springer-Verlag, Berlin, Heidelberg, 2012

Schmidt, K.H./Kleinbeck, U: Führen mit Zielvereinbarungen, Hofgrefe Verlag, Göttingen, 2006

Schneider, H./Knebel, H.: Team und Teambeurteilung: Neue Trends in der Arbeitsorganisation, Wirtschaftsverlag Bachem, Köln, 1995

Schneider, W.: Deutsch für Profis – Wege zu gutem Stil, Goldmann Verlag, München, 1999

Scholz, C.: Generation Z: wie sie tickt, was sie verändert und warum sie und alle ansteckt, Verlag Wiley-VCH, Weinheim, 2014

Schulz von Thun, F.: Miteinander reden:1. Störungen und Klärungen. Allgemeine Psychologie der Kommunikation, Rowohlt Tb Reinbek, 2011a

Schulz von Thun, F.: Miteinander reden:3. Das „Innere Team" und situationsgerechte Kommunikation. Kommunikation, Person, Situation, Rowohlt Tb Reinbek, 2011b

Schwarz, G.: Konfliktmanagement. Konflikte erkennen, analysieren, lösen, Gabler Verlag, Wiesbaden, 2010

Seifert, J. W.: Visualisieren. Präsentieren. Moderieren, GABAL-Verlag, Offenbach, 2002

Smutny, P./Hopf, H.: Ausgemobbt: Wirksame Reaktionen gegen Mobbing, Verlag Manz'sche, Wien, 2003

Sprenger, R./Plaßmann, T.: Mythos Motivation. Wege aus einer Sackgasse, Campus Verlag, Frankfurt a.m., 1999

Stahl, E.: Dynamik in Gruppen: Handbuch der Gruppenleitung, Verlag Beltz, Weinheim, Basel, 2012

Stahl, S./Alt, M.: So bin ich eben! Erkenne dich selbst und andere, Ellert & Richter, Hamburg, 2011

Stamm, M.: Controlling als Managementinstrument für den organisatorischen Wandel, in: Spalinek, H. (Hrsg.): Werkzeuge für Change-Management, Verlag Frankfurter Allgemeine Zeitung, Frankfurt a.M., 1999, S. 143–178

Steinle, C./Eggers, B./Ahlers, F.: Change Management: Wandlungsprozesse erfolgreich planen und umsetzen, Rainer Hampp Verlag, München und Mering, 2008

Steyrer, J.:Charisma in Organisationen. Sozial-kognitive und psychodynamisch-interaktive Aspekte von Führung, Verlag Campus, Frankfurt a. M., 1995

Stolzenberg, K./Heberle,K.: Change Management: Veränderungsprozesse erfolgreich gestalten – Mitarbeiter mobilisieren., Springer Verlag, Heidelberg, 2013

Stotko, E. C.: Geleitwort zur 2. Auflage (2009), in: Taiichi Ohno: Das Toyota-Produktionssystem, Campus Verlag, Frankfurt/New York, 3. Auflage, 2013

Stamm, M.: Controlling als Managementinstrument für den organisatorischen Wandel, in: Spalinek, H. (Hrsg.): Werkzeuge für Change-Management, Verlag Frankfurter Allgemeine Zeitung, Frankfurt a.M., 1999, S. 143–178

Thom, N.: Change Management, in: Corsten, H./Reiß, M. (Hrsg.): Handbuch Unternehmensführung. Konzept – Instrumente – Schnittstellen, Gabler Verlag, Wiesbaden, 1995, S. 869–879

Thommen, J.-P./Achleitner, A.-K.: Allgemeine Betriebswirtschaftslehre: Umfassende Einführung aus managementorientierter Sicht, Gabler Verlag, Wiesbaden, 2012

Toyota: Toyota Way 2001, in: : www.toyota.de/finanzdienste/toyotaway, Stand: 04.2020

Tscheuschner, M./Wagner, H.: TMS – Der Weg zum Hochleistungsteam – Praxisleitfaden zum Team Management System nach C. Margerison und D. McCann, GABAL-Verlag, Offenbach, 2008

Triantafyllidis, T.: Planung und Bauausführung im Spezialtiefbau: Teil 1: Schlitzwand- und Dichtwandtechnik, Ernst & Sohn ,Verlag, Berlin, 2003

Ulrich, P./Wieland, J. (Hrsg.): Unternehmensethik in der Praxis. Impulse aus den USA, Deutschland und der Schweiz, Bern, Paul Haupt Verlag, 2002

Umbach, C: Die Bedeutung der Einstellung zur Arbeit für Individuum und Organisation, Shaker Verlag, Aachen, 2000

Waal de, F.: Das Prinzip Empathie: Was wir von der Natur für eine bessere Gesellschaft lernen können, Carl Hanser Verlag, München, 2011

Walhalla Fachredaktion: Das neue Vergabe- und Vertragsrecht für Bauleistungen, Walhalla Fachverlag, Regensburg, 2013

Watzlawick, P./Beavin, J.H./Jackson, D.D.: Menschliche Kommunikation. Formen, Störungen, Paradoxien, Verlag Hans Huber, Bern, 2011

Weibler, J.: Personalführung, Verlag Vahlen, München, 2012

Weigl, H.:Sole-Vereisung für die Querschläge am Westerschelde-Tunnel, in: 6. Internationales Tunnelbau-Symposium im Rahmen der Bauma 2001, Verlag Glückauf GmbH Essen, S. 147–157

Weller, D.: Ich verstehe Sie!: Verständigung in Praxis, Klinik und Pflege, Verlag W. E. Weinmann, Filderstadt, 2006

Wieland, J./Fürst, M.: WerteManagentSysteme in der Praxis. Erfahrungen und Ausblicke. – Empirische Ergebnisse einer Längsstudie, KIeM-Working-Paper Nr. 04/2003, Konstanz Institut für Wertemanagement, Fachhochschule Konstanz; ResearchPaper zugänglich unter: http://www.ub.uni-konstanz.de/opus-htwg/volltexte/2003/12/, 01.08.2014

Winkelhake, U.: Die digitale Transformation der Automobilindustrie, SpringerVieweg, Wiesbaden, 2017

Winkler, B./Hofbauer, H.: Das Mitarbeitergespräch als Führungsinstrument: Handbuch für Führungskräfte und Personalverantwortliche, Carl Hanser Verlag, München, 2010

Winter, R./Müller, J./Gerocle, A.: Business Engineering: Der St. Galler Ansatz zum Veränderungsmanagement, in: OrganisationsEntwicklung, 27, (2008), 2, S. 40–47

Wolmerath, M.: Mobbing. Rechtshandbuch für die Praxis, Nomos Verlag, Baden-Baden, 2013

Womack, J.P./ Jones, D. T. / Roos, D.: The Machine That Changed the World: The Story of Lean Production, Verlag: Scribner, New York, 1990

Womack, J.P./ Jones, D.T.: Lean Thinking: Banish Waste and Create Wealth in Your Corporation, Verlag: Free Press; Auflage: Free Press Simon & Schuster, Inc. New York, 2003

Wunderer, R.: Führung und Zusammenarbeit – Eine unternehmerische Führungslehre, Verlag Luchterhand, Köln, 2011

Zollondz, H.-D.: Grundlagen Lean Management, Oldenbourg Verlag, München, 2013

Stichwortverzeichnis

A

Ablaufplan, 83
Abmahnung, 85
Abschlussphase, 92
Acht-Stufen-Prozess von Kotter, 201
Adjourning, 81, 92
Analyst, 90
Arbeitsantrieb, 48
Arbeitsatmosphäre, 80
Argumentationsstrategie, 125
Aufgabe, 86
Aufgabenbezogene Aufgeschlossenheit, 48
Aufmerksamkeitsreaktion
    nonverbale, 111
    verbale, 111
Aussage, eindeutige, 113

B

Balanced Scorecard (BSC), 6
Bedrohlichkeit der Veränderung, 196
Besprechung, 144
Besprechungsteilnehmer, 148
Beziehungskonflikt, 213
Bottom-up-Prinzip, 131
Brainstorming, 163
Brainwriting, 164

C

Cheflösung, 89
Corporate Social Responsibility (CSR), 253

D

Daily, 65
Debriefing, 92
Denken
    analytisches, 39
    strategisches, 38
    systemisches, 39
    unternehmerisches, 39
Dokumentation, 87
Dokumentationspflicht, 92
Drei-Phasenmodell von Lewin, 201
Du-Botschaft, 114
Durchsetzungsvermögen, 48

E

Einfühlungsvermögen, 37
EMB-Wertemanagement Bau, 250
Empathie, 37
Empfänger, 106, 110, 120
Entscheidungskonflikt, 211
Ethik, 248

F

Fairness, 73
Feedback-Regel, 129
Feedbackgespräch, 127
Forming, 81, 82
Fragetyp, 156
Framework, 53
Freezing, 201

© Springer Fachmedien Wiesbaden GmbH, ein Teil von Springer Nature 2021
B. Polzin und H. Weigl, *Führung, Kommunikation und Teamentwicklung im Bauwesen*,
https://doi.org/10.1007/978-3-658-31150-6

Printed in the United States
by Baker & Taylor Publisher Services